大型企业专利管理：
理论与实务

主　编◎李　鹏
副主编◎王庆红　张　驰　万小丽

本书系"南方电网专利全生命周期管理研究及一体化实施系统开发"项目成果

知识产权出版社
全国百佳图书出版单位

内容提要

专利是知识产权的核心内容，是企业获取竞争优势的关键资源。有效的专利管理已成为企业成功运营的法宝。对于规模庞大、研发活跃的大型企业而言，专利管理尤为重要。本书基于大型企业的特点，以企业管理理念和思维为导向，系统、全面地阐述了大型企业专利管理的理论知识和实践操作，包括专利管理的组织架构、人力资源、规章制度、财务管控、工作流程、风险防范、信息系统和战略管理。最后还介绍了国内外知名大型企业的专利管理经验，可为读者提供有益借鉴。

责任编辑：韩婷婷

图书在版编目（CIP）数据

大型企业专利管理：理论与实务/李鹏主编. —北京：知识产权出版社，2013.12
ISBN 978-7-5130-2376-4

Ⅰ. ①大… Ⅱ. ①李… Ⅲ. ①大型企业—专利—管理 Ⅳ. ①G306②F273.1

中国版本图书馆 CIP 数据核字（2013）第 251057 号

大型企业专利管理：理论与实务
DAXING QIYE ZHUANLI GUANLI：LILUN YU SHIWU

李 鹏 主编

出版发行：知识产权出版社 有限责任公司	
社　　址：北京市海淀区马甸南村1号	邮　编：100088
网　　址：http://www.ipph.cn	邮　箱：bjb@cnipr.com
发行电话：010-82000860 转 8104／8102	传　真：010-82000860 转 8353
责编电话：010-82000860 转 8359	责编邮箱：hantingting@cnipr.com
印　　刷：保定市中画美凯印刷有限公司	经　销：新华书店及相关销售网点
开　　本：720mm×960mm　1/16	印　张：17.25
版　　次：2013年12月第1版	印　次：2013年12月第1次印刷
字　　数：325千字	定　价：58.00元

ISBN 978-7-5130-2376-4

出版权专有 侵权必究
如有印装质量问题，本社负责调换。

编委会

主　编：李　鹏

副主编：王庆红　张　驰　万小丽

编　委：韦嵘晖　郑　金　周育忠　李广凯
　　　　王峻岭　文　毅　谭慧姗　宋开颜
　　　　陈雄兵　王　栋　叶广海　李双双
　　　　谢惠加　易馨培　范晓倩　林冬豫
　　　　范秀荣　高丹萍　杨亚蕾　蒋忠凡
　　　　杨雅雯　陈　欣　孙　戈

序 言

随着知识经济的快速发展和经济全球化的不断深入，知识产权对国民经济社会发展的作用日益凸显，国家之间、区域之间和企业之间的竞争愈加体现为知识产权的竞争。因此，大到一个国家、一个区域，小到一个企业，重视知识产权已是发展的内在需求。2008年《国家知识产权战略纲要》正式发布，意味着我国已从国家战略的高度开始重视知识产权；经过5年的贯彻实施，我国知识产权创造、运用、保护、管理的整体水平大幅提高，知识产权氛围和环境不断优化。十八大以来，我国从国家层面为知识产权事业发展加大了政策支撑及导向力度，十八届三中全会发布的《中共中央关于全面深化改革若干重大问题的决定》强调要加强知识产权运用和保护，2013年12月出台的《关于进一步提升专利申请质量的若干意见》强化了提升专利质量的政策导向。但是，作为重要创新主体及载体的企业，如何让知识产权产生价值？如何让知识产权成为竞争的武器？我国在这方面的能力普遍较弱。

知识产权确权非常重要，知识产权价值实现更为重要。或者说，知识产权不单是一个法律问题，更是一个管理问题。只有科学、有效地计划、组织、协调、控制知识产权工作，才可能实现知识产权的价值，这就是知识产权管理。实施国家知识产权战略就是政府在宏观层面进行的知识产权管理。企业是国民经济的细胞，对经济社会发展具有重要支柱作用。企业高度重视知识产权管理，提升知识产权竞争力，既是企业自身发展的要求，也是企业承担的社会责任。当前，我国企业创造知识产权的热情激增，但是有计划地、有谋略地创造和运用知识产权的，为数不多；将知识产权工作贯穿于企业经营管理全过程的，更是少之又少。即便是大型企业，也不例外。这也是我国企业备受跨国企业打压、在竞争市场中处于被动地位的重要原因之一。

庆幸的是，国家层面已经认识到这个问题的严重性，并于2013年发布并实施国家标准《企业知识产权管理规范》（GB/T 29490-2013），引导企业提升知识产权管理能力。但是具体怎么做，还需要企业根据自身情况好好摸索。企业要么提供产品，要么提供服务，或者兼而有之。用专利为产品和服务保驾护航，是企业占据市场的基本需求。因此，专利成为绝大部分企业最重要的一种知识产权，专利管理便成为其知识产权管理的重中之重。专利管理是一项系统工作，渗透到企业经营管理的各个环节，并非简单地申请几个专利了事；专利管理还是一项十分复杂的工作，不仅涉及专利的开发、申请、维护、运营和保护等事务性工作，还包括战略规划、人员配置、财务管控、系统支撑等较为宏观的内容。企业的规模不同、发展阶段不同，专利管理的重点和策略也有所差异。有针对性地实施专利管理，是企业提升专利竞争力、获取竞争优势的法宝。

大型企业是国民经济的中流砥柱。根据《中国统计年鉴》的数据，2012年规模以上工业企业中，大型企业的数量仅占2.7%，但主营业务收入占到41.4%，可见大型企业对国民经济的突出贡献。大型企业规模庞大、结构复杂、人才众多、研发活跃、专利数量巨大，亟需构建一套完善的专利管理体系，提升其竞争力，使其能够与跨国企业相抗衡。目前，我国已有一批大型企业在专利管理方面做得很好，如海尔、华为、中兴、腾讯等；但是整体情况不容乐观，大多数大型企业依然存在诸多问题，主要体现在专利管理的意识淡薄、机构不全、人才匮乏、策略有限、规划不足等。

《大型企业专利管理：理论与实务》一书的出版恰逢其时，及时为大型企业提供了丰富的理论知识和超值的实践经验。本书的体例十分新颖，摒弃了传统单纯的法律思维模式，真正融入企业经营管理的思想和理念，搭建了以组织架构、人力资源、规章制度、财务管控、工作流程、风险防范、信息系统和战略管理为主体的专利管理体系，使专利管理真正成为企业管理的一部分。这种模式，也正好符合大型企业一体化建设的需求，有助于各种管理体系的对接和整合，提高企业管理的整体水平和效率。此外，本书专门用一章阐述了大型企业专利管理的财务管控，有很大突破，实属难得；其内容富有极大创新，探索性地阐述了与专利有关的预算、成本控制、投资和利润管理、财务报告等，可以帮助大型企业将专利活动有效地反映到财务报表之上，便于企业高层据此做出正确的经营决策。

本书是一本难得的专业书籍，理论与实务紧密结合、相得益彰，值得企业管理人员和高校师生阅读。

（吴汉东　中南财经政法大学教授）

前　言

在知识经济时代，知识产权已成为一个国家提升竞争力的战略性资源，也成为一个企业获取竞争优势的有力武器。以知识产权为核心的无形资产占企业总资产的比重逐渐攀升，在高科技企业甚至高达90%以上。由此可见，知识产权对企业发展起着至关重要的作用。

专利是知识产权的核心内容，是企业获取竞争优势的关键资源。科学、有效地实施专利管理已成为企业成功运营的不二法宝。大型企业规模庞大、人才众多、研发活跃、专利数量较大，专业、成熟的专利管理不仅可以帮助企业有效地维护自身权益，提升市场竞争力，提高收入，还可以提高企业声誉，增强企业活力，令企业在国际市场上稳步前进。目前，我国大型企业的专利管理意识已然初步形成，但探索的脚步是缓慢的，在国际竞争中体现出力不从心，亟须相关的理论知识和实践经验给予借鉴和指导。

本书以企业管理理念和思维为导向，从理论和实务两个层面，对大型企业的专利管理进行了全面、系统的阐述，整个过程都试图将专利管理融入企业的经营管理过程中。本书依据企业管理的体系，分别从专利管理的组织架构、人力资源、规章制度、财务管控、工作流程、风险防范、信息系统和战略管理予以展开。其中，专利管理的财务管控富有挑战性，专利管理的工作流程具有可操作性。最后还介绍了国内外知名大型企业的专利管理经验，可为读者提供有益借鉴。

本书的成稿，得益于南方电网各位领导的关心和支持、各位专利管理人员的配合与协作，得益于华南理工大学知识产权学院各位老师和同学的辛勤耕作，以及广州奥凯信息咨询有限公司从老板到员工的倾力合作。希望本书能够对广大读者有所启发和帮助，尤其是引导企业专利管理人员和企业决策者开展专利管理工作，推动企业发展。

专利管理博大精深，理论和实践都在不断发展和变化。本书难免存在不足之处，欢迎广大读者来电来函提供宝贵意见。

本书编委会

2013年10月

目录 CONTENTS

第一章 专利制度基础理论/1

1.1 专利权的概念与特征/1

1.2 专利权的主体与客体/2

  1.2.1 专利权的主体/2

  1.2.2 专利权的客体/5

1.3 专利权的内容与限制/10

  1.3.1 专利权的内容/10

  1.3.2 专利权的限制/12

1.4 专利权的取得条件与程序/16

  1.4.1 专利权的取得条件/16

  1.4.2 专利国内申请程序/21

  1.4.3 专利国际申请程序/30

1.5 专利权的行政保护与司法保护/33

  1.5.1 专利权的行政保护/33

  1.5.2 专利权的司法保护/34

第二章 大型企业专利管理概述/38

2.1 大型企业的基本情况/38

  2.1.1 大型企业的划分标准/38

  2.1.2 大型企业的分类/40

  2.1.3 大型企业的特点/40

  2.1.4 我国大型企业的分布/42

2.2 大型企业专利管理的概念与特点/42

  2.2.1 大型企业专利管理的概念/42

2.2.2 企业专利管理的特点/43
　　2.2.3 大型企业专利管理的特点/44
2.3 大型企业专利管理的目标与内容/45
　　2.3.1 大型企业专利管理的目标/45
　　2.3.2 大型企业专利管理的内容/46
2.4 我国大型企业专利管理的意义/48
　　2.4.1 我国大型企业专利的基本状况/48
　　2.4.2 我国大型企业专利管理的基本状况/54
　　2.4.3 我国大型企业专利管理的意义/55

第三章　大型企业专利管理的组织架构/56

3.1 企业专利管理组织架构的模式/56
　　3.1.1 直属于最高管理层的模式/57
　　3.1.2 隶属于研发部门的模式/63
　　3.1.3 隶属于法务部门的模式/64
3.2 大型企业专利管理组织架构的设计/65
　　3.2.1 大型企业组织架构的基本模式/65
　　3.2.3 大型企业专利管理组织架构的设计/69
3.3 大型企业专利管理组织的职能/73

第四章　大型企业专利管理的人力资源/78

4.1 专利管理人员的配置/78
　　4.1.1 专利管理人员的职位设置/78
　　4.1.2 专利管理人员的职位描述/79
4.2 专利管理人员的招聘与选拔/82
　　4.2.1 专利人才的素质要求/82
　　4.2.2 专利管理人员的招聘/83
　　4.2.3 专利管理人员的选拔/86
4.3 专利管理人员的培训与开发/87
　　4.3.1 专利管理人员的培训/87
　　4.3.2 专利管理人员的开发/90
4.4 专利管理人员的绩效与奖酬/91
　　4.4.1 专利管理人员的绩效/91
　　4.4.2 专利管理人员的奖酬/93

4.5 专利管理的全球性人力资源/94

第五章 大型企业专利管理的规章制度/96

5.1 保密制度/96
5.2 专利权利归属制度/97
    5.2.1 职务发明创造专利权利归属制度/98
    5.2.2 合作和委托发明创造专利权利归属制度/99
5.3 专利申请制度/101
    5.3.1 发明创造申报阶段/101
    5.3.2 发明创造的评审阶段/102
    5.3.3 专利申请阶段/102
5.4 专利实施运用制度/103
    5.4.1 专利实施制度/104
    5.4.2 专利转出制度/104
    5.4.3 引进专利制度/105
5.5 职务发明创造奖酬制度/105
5.6 专利教育培训制度/107
5.7 专利管理合作交流制度/109
    5.7.1 专利管理对外合作交流制度/109
    5.7.2 专利管理对内合作交流制度/110
5.8 大型企业专利管理办法/111

第六章 大型企业专利管理的财务管控/119

6.1 专利管理的预算和成本控制/119
    6.1.1 专利取得阶段的预算和成本控制/120
    6.1.2 专利存续阶段的预算和成本控制/122
    6.1.3 专利会计账务系统科目设置和账务处理预想/125
6.2 专利投资管理/127
    6.2.1 专利投资管理理论简介/127
    6.2.2 专利投资预测/129
    6.2.3 专利投资决策/130
6.3 专利收入及利润管理/133
    6.3.1 专利的资本价值/133
    6.3.2 专利收入/135

6.3.3 利润管理之职务发明报酬的分配/136
6.3.4 利润管理之合作创新中的利润分配问题/139
6.4 专利财务报告与分析/140
6.4.1 专利与财务报告/140
6.4.2 专利信息的披露/143
6.4.3 专利财务分析指标/145

第七章 大型企业专利管理的工作流程/153

7.1 专利开发管理/153
7.2 专利申请管理/161
7.2.1 自行申请专利的管理/161
7.2.2 委托申请专利的管理/164
7.3 专利维护管理/166
7.4 专利评估管理/169
7.5 专利运用管理/171
7.5.1 专利实施/172
7.5.2 专利许可/173
7.5.3 专利转让/176
7.5.4 专利出资/177
7.6 专利保护管理/178
7.6.1 保护自己的专利/178
7.6.2 尊重他人的专利/183

第八章 大型企业专利管理的风险防范/186

8.1 人力资源管理中的专利风险防范/186
8.2 研发阶段的专利风险防范/187
8.2.1 分析利用信息/187
8.2.2 专利规避设计/189
8.2.3 明确约定权属/189
8.3 专利申请中的风险防范/190
8.3.1 专利不被授权的风险防范/190
8.3.2 专利权利瑕疵的风险防范/191
8.3.3 专利布局不当的风险防范/191
8.4 生产销售阶段的专利风险防范/191

8.4.1 生产阶段的专利风险防范/191
    8.4.2 销售阶段的专利风险防范/192
  8.5 专利运营中的风险防范/196
    8.5.1 专利价值评估不当的风险防范/196
    8.5.2 专利投资中的风险防范/197
    8.5.3 专利交易中的风险防范/197
    8.5.4 专利滥用的可能性控制/197
  8.6 企业重组中的专利风险防范/198

第九章 大型企业专利管理的信息系统/199
  9.1 企业专利管理信息化的意义/200
  9.2 专利信息检索分析系统介绍/201
    9.2.1 国内外免费专利信息平台/201
    9.2.2 国内外商业专利信息平台/202
  9.3 专利管理系统介绍/206
  9.4 大型企业专利管理的信息系统建设/210
    9.4.1 大型企业专利管理信息系统的必要功能/210
    9.4.2 大型企业专利管理信息系统的发展方向/212

第十章 大型企业专利战略管理/214
  10.1 大型企业专利战略的制定与实施/214
    10.1.1 大型企业专利战略的制定/214
    10.1.2 大型企业专利战略的实施/217
  10.2 专利信息战略/219
    10.2.1 提高研发质量的专利信息战略/219
    10.2.2 为帮助专利申请的专利信息战略/220
    10.2.3 用于专利诉讼的专利信息战略/220
    10.2.4 寻找合作伙伴的专利信息战略/220
  10.3 专利进攻战略/221
    10.3.1 基本专利战略/221
    10.3.2 专利网战略/222
    10.3.3 专利许可、转让战略/223
    10.3.4 专利与商标相结合战略/225
    10.3.5 专利回输战略/225

10.3.6 专利诉讼战略/226
   10.3.7 专利收买战略/227
 10.4 专利防御战略/227
   10.4.1 令障碍专利无效战略/227
   10.4.2 文献公开战略/229
   10.4.3 利用失效专利战略/229
   10.4.4 绕过障碍专利战略/231
   10.4.5 专利诉讼应对策略/231
 10.5 专利综合战略/232

第十一章 大型企业专利管理典型案例/234
 11.1 跨国公司专利管理/234
   11.1.1 IBM专利管理/234
   11.1.2 高通专利管理/237
 11.2 国有大型企业专利管理/241
   11.2.1 海尔专利管理/241
   11.2.2 中石化专利管理/245
 11.3 私营大型企业专利管理/248
   11.3.1 联想专利管理/248
   11.3.2 华为专利管理/253

第一章 专利制度基础理论

1.1 专利权的概念与特征

"专利"一词的英文表达是 patent，最初是指国王特别发布的独占权利证书。该证书是公开的，谁都可以打开来看。因此，专利一开始就具有垄断和公开的双重含义。所谓垄断，就是独享其利；所谓公开，就是将技术公之于众。现代专利制度处处体现了这两个基本特征。

"专利"一词具有多重含义，最基本的含义是指"专利权"，即国家依法授予发明创造人对其发明创造在一定期限内享有的独占权。除此之外，"专利"还可以指发明创造本身，或者专利文献。但"专利"最基本的含义还是指法律授予的专利权。❶ 专利权具有知识产权最基本的特征，专有性、地域性和时间性。

1. 专有性

专利权的专有性也称"独占性"，是指专利权被授予后，除《中华人民共和国专利法》（以下简称《专利法》）另有规定的以外，任何单位或者个人未经专利权人许可，都不得实施其专利。专有性主要体现在禁止他人为营利性目的而实施专利技术，而不是对专利技术的所有使用方式的垄断。他人在专利技术的基础上从事改进发明或者为科学研究而实施专利技术的，专利法并不禁止。

专利权的专有性与著作权和商标权的专有性也有所区别。著作权的专有性主要体现在作品使用的专有权；商标权的专有性主要体现在商标的专有使用权。但是上述的"使用"各有其自身的含义。传统作品的功能在于赏心悦目，因而其使用也是一种非实用目的的使用，或者进一步讲是对构成作品的各类符号，如文字、色彩、线条等要素的集合的使用。著作权和专利权之间的"实用和非实用"的划分原则正式以此为基础提出的。商标作为商品的一种标记，其使用固然涉及符号，但商标使用人的目的却是要在特定的商品与由符号构成的特定标记之间建

---

❶ 吴汉东. 知识产权法（第5版）[M]. 北京：北京大学出版社，2013：132.

立联系，使客户或消费者将该标记作为特定商品的标记。商标权所保护的正式这种商品与标记之间的联系。所有这些专有性都与专利不同，他们都未涉及对技术的实施，因而在权利内容上完全不同。❶

2. 地域性

专利权的效力具有地域范围，一个国家依照其本国专利法授予的专利权，仅在该国法律管辖的范围内有效，对其他国家没有约束力，外国对其专利权不承担保护义务。❷ 如果一项技术只在我国取得专利，那么专利权人只在我国享有专利权。如果有人在其他国家和地区生产、使用或销售该发明创造，则不属于侵权行为。因此，如果发明创造具有国际市场前景，就不仅仅要及时申请国内专利，而且还应该不失时机地在拥有良好市场前景的其他国家和地区申请专利，否则其在国外的市场就得不到保护。

3. 时间性

专利权有法定的保护期限，期限届满后，任何人均可自由使用该专利技术。在我国，发明专利的保护期限为20年；实用新型和外观设计专利权的期限为10年，均自申请日起算。

应当指出的是，各国所授予专利的绝大部分，并没有达到法律规定的最高年限就提前终止或失效。原因是许多专利保护期虽未届满，但其经济上和技术上的保护价值已经不大，专利权人便自动放弃。由于专利权具有时间性，因此在专利技术许可和转让中应特别注意卖方所拥有的专利的法律状况，以免对过期或即将过期的专利支付不应支付的费用。有时在一个专利许可合同中可能包含多项专利，而每一项专利的有效期又不可能完全相同，因此在计算许可费的时候就应根据有效期的长短分别计算。❸

1.2 专利权的主体与客体

1.2.1 专利权的主体

1. 职务发明创造的专利权主体

职务发明创造是指执行本单位的任务，或者主要是利用本单位的物质技术条

---

❶ 刘春田．知识产权法［M］．北京：北京大学出版社、高等教育出版社，2003：147.
❷ 胡佐超．专利基础知识［M］．北京：知识产权出版社，2004：3.
❸ 胡佐超．专利基础知识［M］．北京：知识产权出版社，2004：3.

件所完成的发明创造。"本单位"既包括完成发明创造的发明人或者设计人所属的单位，也包括临时工作单位。发明人或者设计人是指对发明创造的实质性特点做出创造性贡献的人，在完成发明创造过程中，只负责组织工作的人、为物质技术条件的利用提供方便的人或者从事其他辅助工作的人，不是发明人或者设计人。

职务发明创造包括两种类型。第一，执行本单位任务所完成的发明创造。这一类型的的职务发明创造又包括以下3种情形：①在本职工作中作出的发明创造；②履行本单位交付的本职工作之外的任务所作出的发明创造；③工作人员退职、退休或者调动工作后1年内作出的，与其在原单位承担的本职工作或者原单位分配的任务有关的发明创造。第二，主要是利用本单位的物质技术条件所完成的发明创造。"主要利用本单位的物质技术条件"，是指职工在完成发明创造研究开发过程中，全部或者大部分利用了本单位的资金、设备、器材或原材料；或者该发明创造的实质性内容是在该单位尚未公开的技术成果、阶段性技术成果或者关键技术的基础上完成的。个人完成的技术成果，如果属于执行原所在法人或者其他组织的工作任务，又主要利用了现所在法人或者其他组织的物质技术条件的，应当按照该自然人原所在和现所在法人或者其他组织达成的协议确认权益。不能达成协议的，根据对完成该项技术成果的贡献大小由双方合理分享。[1]

职务发明创造申请专利的权利属于该单位；申请被批准后，该单位为专利权人。但是，根据我国《专利法》第6条第3款的规定，对于利用本单位的物质技术条件所完成的发明创造，单位与发明人或者设计人订有合同，对专利申请权的归属作出约定的，从其约定。

2. 非职务发明创造的专利权主体

非职务发明创造，是指职务发明创造以外的所有发明创造。非职务发明创造主要包括3种情形：①不任职于任何单位的独立的发明人或者设计人作出的发明创造；②在单位原有科研、开发任务的工作人员退职、退休或者调动工作1年以后所作出的发明创造；③虽然是有关单位的工作人员，但在有关单位不是执行科研、开发任务，并且不是利用本单位的物质技术条件所完成的发明创造。

非职务发明创造，申请专利的权利属于发明人或者设计人；申请被批准后，该发明人或者设计人为专利权人。如无相反的证明，专利局推定申请人是有权提出申请的人。任何单位或个人不得压制发明人或者设计人就其非职务发明创造提出专利申请。

---

[1]《最高人民法院关于审理技术合同纠纷案件适用法律若干问题的解释》（法释〔2004〕第20号）第5条。

3. 合作完成的发明创造的专利权主体

我国《专利法》第8条规定，两个以上单位或者个人合作完成的发明创造，除另有协议的以外，申请专利的权利属于完成或者共同完成的单位或者个人，申请被批准后，申请的单位或者个人为专利权人。根据此规定：①合作完成的发明创造的申请专利的权利和专利权的归属适用合同优先原则。合同可以约定属于合作关系中的一方单独所有，也可以约定属于多方或者所有各方共同所有。②在没有合同的情况下，申请专利的权利和专利权属于完成或者共同完成的单位或者个人。完成或者共同完成的单位是指完成这种发明创造的发明人或者设计人所属的单位，不是指参加合作的所有单位。

需要注意的是，对于合作完成的发明创造，如果合作开发的当事人共有专利申请权，当事人一方转让其共有的专利申请权的，其他各方享有以同等条件优先受让的权利。同行，合作开发当事人一方声明放弃其共有的专利申请权的，可以由另一方单独申请或者其他各方共同申请。申请人取得专利权的，放弃专利申请权的一方可以免费实施该专利。合作开发的当事人一方不同意申请专利的，另一方或者其他各方不得申请专利。

4. 委托完成的发明创造的专利权主体

我国《专利法》第8条规定，一个单位或者个人接受其他单位或者个人委托所完成的发明创造，除另有协议的以外，申请专利的权利属于完成或者共同完成的单位或者个人，申请批准后，申请的单位或者个人为专利权人。依照规定：①委托完成的发明创造的申请专利的权利和专利权的归属适用合同优先的原则。合同可以约定属于委托关系中的一方单独所有，也可以约定属于委托方、受托方双方共同所有。②在没有合同的情况下，申请专利的权利和专利权属于完成或者共同完成的单位或者个人。

5. 专利权继受人

专利权继受人，是指通过受让、继承、受赠等方式取得专利权的人。这里的专利权应该是广义上的专利权，即包括申请专利的权利、专利申请权和专利权。继受后两种权利应当按照规定由当事人订立书面合同，向国家知识产权局登记，由国家知识产权局予以公告，自登记之日起产生效力。

6. 外国人

在我国境内有经常居所或者营业所的外国人、外国企业或者外国其他组织，如果符合我国《专利法》的相关规定，则享有我国国民同样的待遇。我国《专利法》第18条的规定："在中国没有经常居所或者营业所的外国人、外国企业或者外国其他组织在中国申请专利的，依照其所属国同中国签订的协议或者共同参加的国际条约，或者依照互惠原则，根据本法办理。"但是，根据我国《专利法》第19条的规定，在中国没有经常居所或者营业所的外国人、外国企业或者外国其他组织在中国申请专利和办理其他专利事务的，不能自己向国家知识产权局申请专利，而必须是委托依法设立的专利代理机构办理。

1.2.2 专利权的客体

1. 受专利权保护的对象

（1）发明

发明是指对产品、方法或者其改进所提出的新的技术方案。发明具有以下特点[1]：

①发明中应当包含技术创新。所谓的创新，是指与现有技术相比，发明必须具前所未有的，并且有一定的进步，而非简单重复前人的劳动成果。在当代，任何一项发明创造都难以脱离前人的劳动成果而独立作出，从这一意义上讲，一项新技术只要在某一方面比现有技术效果更好，就可能成为一项发明。

②发明必须是利用"自然规律"的结果。从专利法的角度而言，不利用自然规律的发明不能称之为发明。此外的"自然规律"是指自然界中存在的物、化学的定律或原理。从这种意义上讲，没有利用自然规律的方案不属于技术方案，故而也应称其为发明。比如，财务结算方法、逻辑推理法则以及数学运算方法等均不是专利法意义上的发明。科学规律是对自然规律本身的新认识，并不是利用，因此也不是发明。发现物品或方法的新用途，虽不是"发明"，但若是积极利用所发现的用途，且有后续的创造时，可以成为"用途发明"。

③发明是具体的技术性方案。所谓"具体"，是指发明必须能够实施，达到一定效果并具有可重复性。所谓的"技术方案"。一般而言，是指运用自然规律解决人类生产、生活中某一特定技术问题的具体构思，是利用自然规律、自然力并使之产生一定效果的方案。技术方案 一般由若干技术特征组成。例如，产品方案的技术特征可以是零件、部件、材料、器具、设备、装置的形状、结构等；方法技术方案技术特征可以是工艺、步骤、过程，所涉及的压力、温度、时间以及所采用的设备和工具等。各个技术特征之间的相互关系也是技术特征。

专利法意义上的发明，可以分为产品发明和方法发明。

产品发明（包括物质发明）是人们通过研究开发出来的关于各种新产品、新材料、新物质等的技术方案。专利法上的产品，可以是一个独立、完整的产品，也可以是一个设备或仪器中的零部件。其主要内容包括：A. 制造品，如机

---

[1] 国家知识产权局条法司. 新专利法详解[M]. 北京：知识产权出版社，2001：9-10.

器、设备以及各种用品；B. 材料，如化学物质、组合物等；C. 具有新用途的产品。

方法发明，是指人们为制造产品或解决某个技术问题而研究开发出来的操作方法、制造方法以及工艺流程等技术方案。方法可以是由一系列步骤构成的一个完整过程，也可以是一个步骤。它主要包括：制造方法，即制造特定产品的方法；其他方法，如测量方法、分析方法、通信方法等；产品的新用途。

要严格区分产品和方法是很困难的。一般来说，方法和产品的一个主要区别在于方法在其实施过程中具有时间因素，即方法通常是由多个行为或若干现象在时间上按一定规则排列组合而构成，这其中包含着时间的延续因素。当然，有的方法也可能是数个行为或现象同时进行或发生的，但毕竟还是需要一个时间过程才能完成。在实践中，产品和方法之间确实存在一个模糊地带，有的发明既可以作为产品，也可以作为方法。如："一种可以分辨市电和感应电势的试电笔"，这是产品发明；而"一种可以分辨市电和感应电势的方法"则属于方法发明。这两个发明的核心内容是完全相同的。

（2）实用新型

实用新型是指对产品的形状、构造或者其结合所提出的适于实用的新的技术方案。实用新型与专利最大的共同之处在于它们都属于技术方案，在申请手续、授权条件、保护方式等许多方面非常接近。实用新型具有以下特点：①实用新型的客体必须是一种产品。非经加工制造的自然存在的物品以及一切有关的方法，不属于实用新型专利保护的范围。②实用新型是针对产品的形状、构造或组合而言，即必须是对产品的外部形状、内部结构或者二者的结合提出的一种新的技术方案。实用新型专利不能是气态产品、液态产品，也不能是粉末状、糊状、颗粒状等无固定形状或者结构的固态产品；③作为实用新型对象的产品必须具有实用性，能够在工业上应用；④作为实用新型的对象产品必须是可自由移动的物品。当然，一件物品本来是可自由移动的，后来被人们固定在不能动的物品上，这样的物品仍然可作为实用新型的对象。

在实用新型中，所谓产品的形状，是指产品具有可以从外部观察到的确定的空间形状；产品的构造，是指产品的内部构造，即产品的组成部分及其结构，它们是确定的空间位置关系，以某种方式相互联系而构成一个整体。

（3）外观设计

外观设计是指对产品的形状、图案或者其结合以及色彩与形状、图案的结合所作出的富有美感并适于工业应用的新设计。一般来说，外观设计具有如下特点：①外观设计的载体必须是产品。产品是指任何用工业方法生产出来的物品。不能重复生产的手工艺品、农产品、畜产品、自然物等，不能作为外观设计的载体。②构成外观设计的是产品的形状、图案或者其结合或者他们与色彩的结合。产品的色彩不能独立构成外观设计。③该外观设计能应用于工业上并形成批量生产。④外观设计是一种富有美感的心的设计方案。

2. 不受专利权保护的对象

（1）违反国家法律、社会公德或者妨害公共利益的发明创造

①违反国家法律的发明创造

发明创造本身的目的与国家法律相违背的，例如用于赌博的设备、机器或工具，吸毒的器具，不能被授予专利权。发明创造本身的目的并没有违反国家法律，但是由于被滥用而违反国家法律的，如以医疗为目的的各种毒药、麻醉品、镇静剂、兴奋剂，则不属于此列。❶

违反国家法律的发明创造，不包括仅其实施为国家法律所禁止的发明创造。也就是说，如果仅仅是发明创造的产品的生产、销售或使用受到国家法律的限制或约束，则该产品本身及其制造方法并不属于违反国家法律的发明创造。例如，以国防为目的的各种武器的生产、销售及使用虽然受到国家法律的限制，但这些武器本身及其制造方法仍然属于可给予专利保护的客体。

②违反社会公德的发明创造

社会公德，是指公众普遍认为是正当的，并被接受的伦理道德观念和行为准则。它的内涵基于一定的文化背景，随着时间的推移和社会的进步不断地发生变化，而且因地域不同而各异。我国《专利法》中所称的社会公德限于中国境内。发明创造在客观上与社会公德相违背的，不能被授予专利权。

③妨害公共利益的发明创造

妨害公共利益，是指发明创造的实施或使用会给公众或社会造成危害，或者会使国家和社会的正常秩序受到影响。例如，发明创造以致人伤残或损害财物为手段的，如一种目的在于使盗窃者双目失明的防盗装置及方法，不能被授予专利权；发明创造的实施或使用会严重污染环境、破坏生态平衡的，不能被授予专利权。专利申请的文字或者图案涉及国家重大政治事件或宗教信仰、伤害人民感情或民族感情或者宣传封建迷信的，不能被授予专利权。但是，如果因为对发明创造的滥用而可能造成妨害公共利益的，或者发明创造在产生积极效果的同时存在某种缺点的，例如对人体有某种副作用的药品，则不能以"妨害公共利益"为理由拒绝授予专利权。

---

❶ 国家知识产权局条法司. 新专利法详解 [M]. 北京：知识产权出版社，2001：26.

④违反法律、行政法规的规定获取或者利用遗传资源，并依赖该遗传资源完成的发明创造

遗传资源是指来自植物、动物、微生物或者其他来源的任何含有遗传功能单位的、有实际或潜在价值的遗传材料。为保护我国的遗传资源，我国《专利法》第三次修订增加了本条内容，即依赖遗传资源完成的发明创造，其遗传资源的获得和利用应当符合我国有关法律和行政法规的规定。

(2) 其他不受专利权保护的对象

①科学发现

科学发现，是指对自然界中客观存在的现象、变化过程及其特性和规律的揭示。科学理论是对自然界认识的总结，是更为广义的发现。它们都属于人们认识的延伸。这些被认识的物质、现象、过程、特性和规律不同于改造客观世界的技术方案，不是专利法意义上的发明创造，因此不能被授予专利权。例如，发现卤化银在光照下有感光特性，这种发现不能被授予专利权，但是根据这种发现制造出的感光胶片以及此感光胶片的制造方法则可以被授予专利权。又如，从自然界找到一种以前未知的以天然形态存在的物质，仅仅是一种发现，不能被授予专利权。但是，科学发现能获得发现权。

②智力活动的规则和方法

智力活动，是指人的思维运动，它源于人的思维，经过推理、分析和判断产生出抽象的结果，或者必须经过人的思维运动作为媒介才能间接地作用于自然产生结果，它仅是指导人们对信息进行思维、识别、判断和记忆的规则和方法，由于其没有采用技术手段或者利用自然法则，也未解决技术问题和产生技术效果，因而不构成技术方案。因此，指导人们进行这类活动的规则和方法不能被授予专利权。

在完成一项发明创造的过程中，人的智力活动是必不可少的。这里所说的智力活动的规则和方法，不是指那种意义的智力活动，而是指发明创造完成以后，在它的实施过程中仍然有赖于人的智力活动。

③疾病的诊断和治疗方法

疾病的诊断和治疗方法是指以有生命的人体或者动物体为直接实施对象，进行识别、确定或消除病因或病灶的过程。出于人道主义的考虑和社会伦理的原因，医生在诊断和治疗过程中应当有选择各种方法和条件的自由；而且，这类方法直接以有生命的人体或动物体为实施对象，无法在产业上利用，不属于专利法意义上的发明创造。因此，疾病的诊断和治疗方法不能被授予专利权。

用于实施疾病诊断和治疗方法的仪器或装置，以及在疾病诊断和治疗方法中使用的物质或材料属于可被授予专利权的客体。

④动物和植物品种

动物和植物是有生命的物体，一般是依生物学的方法繁殖的，特别是植物，它们的繁殖受温度、水土和光照等自然条件的影响很大。因而动植物保护所需具备的条件与发明专利所需具备的条件不相同，许多国家采取不用专利法保护的立场。动物和植物品种不能被授予专利权，但可以通过专利法以外的其他法律保护，如植物新品种可以通过《植物新品种保护条例》给予保护。

专利法所称的动物，是指不能自己合成，而只能靠摄取自然的碳水化合物及蛋白质来维系其生命的生物。专利法所称的植物，是指可以借助光合作用，以水、二氧化碳和无机盐等无机物合成碳水化合物、蛋白质来维系生存，并通常不发生移动的生物。

对动物和植物品种的生产方法，可以授予专利权。但这里所说的生产方法是指非生物学的方法，不包括生产动物和植物主要是生物学的方法。一种方法是否属于"主要是生物学的方法"，取决于在该方法中人的技术介入程度；如果人的技术介入对该方法所要达到的目的或者效果起了主要的控制作用或者决定性作用，则这种方法不属于"主要是生物学的方法"，可以被授予专利权。例如，改进饲养方法生产瘦肉型猪的方法可以被授予发明专利权。

⑤用原子核变换方法获得的物质

用原子核变换方法所获得的物质关系到国家的经济、国防、科研和公共生活的重大利益，不宜为单位或私人垄断，因此不能被授予专利权。原子核变换方法也不能被授予专利权。

原子核变换方法，是指使一个或几个原子核经分裂或者聚合，形成一个或几个新原子核的过程，如完成核聚变反应的磁镜阱法、实现核裂变的各种类型反应堆的方法等，这些变换方法是不能被授予专利权的。但是，为实现原子核变换而增加粒子能量的粒子加速方法，如电子对撞法、电子环形加速法等，不属于原子核变换方法，属于可授予发明专利权的客体；为实现核变换方法的各种设备、仪器及其零部件等，均属于可授予专利权的客体。

用原子核变换方法所获得的物质，主要是指用加速器、反应堆以及其他核反应装置生产、制造的各种放射性同位素，这些同位素不能被授予发明专利权。但是这些同位素的用途以及使用的仪器、设备属于可授予专利权的客体。

⑥对平面印刷品的图案、色彩或者二者的结合作出的主要起标识作用的设计

起主要标识作用的本面印刷品的图案可能跟商标权发生重叠，为了防止不同工业产权之间的重叠保护和权利冲突，我国《专利法》第三次修订将其排除在外观设计的专利保护范围。

1.3 专利权的内容与限制

1.3.1 专利权的内容

1. 实施权

实施权，是指专利权人依法对其专利产品或者专利方法及依照专利方法直接获得的产品或者外观设计专利产品享有的进行制造、使用、许诺销售、销售、使用的专有权利。

（1）产品专利的实施权

专利产品是指具有专利权人在发明或者实用新型的权利要求书中所记载的全部技术特征的产品。发明和实用新型产品专利的实施权包括：①制造权，是指通过机械或者手工方式作出具有权利要求所记载的全部技术特征的产品的权利。②使用权，是指利用并实现专利产品用途的权利。③许诺销售权，是指明确表示愿意出售专利产品的权利。许诺销售行为，是指以做广告、在商店橱窗中陈列或者在展销会上展出等方式作出销售专利产品的意思表示。既包括合同法中的要约行为，又包括要约邀请行为。④销售权，是指把专利产品的所有权从一方有偿转移到另一方的权利。⑤进口权，是指把专利产品从专利权的有效地域外引进入专利权有效地域内的权利。

（2）方法专利的实施权

发明专利，除了产品专利以外还包括方法专利。方法专利的实施权包括：①专利方法的使用权。专利方法是指具有方法专利的权利要求所述技术特征的方法。②对于依照专利方法所直接获得的产品的使用权、许诺销售权、销售权、进口权。

依照该专利方法直接获得的产品，不仅包括符合授予专利权条件的新产品，而且也包括原始产品以及依《专利法》规定不属于能够授予专利权的产品。例如，按照《专利法》的规定，动植物品种不能授予专利权，但是动植物的培育方法可以授予专利权。因此，动植物品种的培育方法获得专利以后，该专利的效力就延及该品种。所谓"直接获得的产品"，是指依照专利方法最初获得的原始产品，即应用该方法的第一步到最后一步所得到的产品，对得到的该产品进一步加工、使之发生变化而获得的产品就不是直接得到的产品。

如果一种制造方法所直接获得的产品是新产品，该产品符合授予专利权的条件，那么最好对该产品直接申请产品专利，或者在申请方法专利的同时申请产专利，而不宜仅仅依靠方法专利来保护该产品，因为对方法专利的延伸保护只局限于用该种方法所获得的产品。如果有人未经许可而制造相同的产品，但所采用的是不同的制造方法，就不构成对方法专利的侵犯。产品专利则不然，它所提供的保护是绝对的保护，只要产品相同，无论用任何方法制造都属于专利权的效力范围，都应当取得专利权人的许可。❶

(3) 外观设计专利的实施权

外观设计专利产品，是指某种产品的外观设计与获得专利的外观设计相同或者相似，而且该产品与外观设计专利在被授权时指定使用该外观设计的产品类别相同或者相似。外观设计专利的实施权包括外观设计专利产品的制造权、许诺销售权、销售权和进口权。

2. 转让权

转让权是指专利权人将其专利权转移给他人所有的权利。专利权转让的方式有出卖、赠与、投资入股等。转让专利申请权或者专利权的，当事人应当订立书面合同，并向国家知识产权局登记，由国家知识产权局予以公告。专利申请权或者专利权的转让自登记之日起生效。根据《公司法》《中外合资经营企业法》《合伙企业法》等有关法律的规定，投资者可以专利权作价入股出资。《公司法》规定，以工业产权出资的，应当依法办理财产权的转移手续。这表明，以专利权投资的，视为专利权的转让，当事人应当依照专利法关于专利权转让的相关规定办理相应的手续。同时，根据《专利法实施细则》第14条的规定，如果中国单位或者个人向外国人转让专利申请权或者专利权的，则必须经由国务院对外经济贸易主管部门会同国务院科学技术行政部门批准。

3. 许可权

许可权是指专利权人通过实施许可合同的方式，许可他人实施其专利并收取专利使用费的权利。许可他人实施专利的，应当订立书面合同。专利权人可以允许被许可人在专利权的有效期限内，在专利权效力所及的地域，从事各种实施专利的行为。

专利实施许可可以采取独占许可、排他许可、普通许可等方式。在实践中，较为常见的其他许可方式还有交叉许可和分许可。不同的许可方式特点及当事人的权利义务不尽相同：①独占许可。是指让与人在已经许可受让人实施专利的范围内无权就同一专利再许可他人实施或自己实施。这种许可，在合同约定的时间和地域范围内，被许可方独占对该专利的实施权，除法律另有规定外，任何人

---

❶ 国家知识产权局条法司. 新专利法详解 [M]. 北京：知识产权出版社，2001：77.

（包括专利权人自己）均不得以合同约定的方式实施该专利。②排他许可。是指让与人在已经许可受让人实施专利的范围内无权就同一专利再许可他人实施。这种许可，在合同约定的时间和地域范围内，专利权人不得再许可任何第三人以与此相同的方式实施该项专利，但专利权人自己却可以进行实施。③普通许可。是指让与人在已经许可受让人实施专利的范围内仍可以就同一专利再许可他人实施。这种许可没有独占性或排他性，专利权人在相同的地域和时间内还可以自己实施，也可以许可任何第三方实施该项技术。④分许可。是指在专利许可合同中，专利权人允许被许可人在合同约定的期限和地域范围内再许可他人实施该项专利或者该项专利的一部分。分许可的有效期限不得超过原许可的有效期限，超过期限的部分无效；分许可所及的地域范围不得超过原许可的有效地域范围，超过原许可地域范围的行为可能构成专利侵权；被许可方给分许可的被许可方所授予的实施方式不得超过原许可所约定的实施方式。总之，分许可只能从属于原许可，不得有任何超越行为。⑤交叉许可。是指两个专利权人互相许可对方实施自己的专利。他们互为许可方和被许可方，这种许可方式多出现在相关专利的专利权人之间。

4. 标识权

标识权，是指专利权人或被授权的被许可人有权在其专利产品、产品的包装或产品的说明书等材料上标注专利标识。专利标识主要包括两个部分：一是表明专利权类别的中文字样，如中国发明专利、中国实用新型专利、中国外观设计专利；二是专利号。除此之外，可以附加其他文字、图形标记，但附加的文字、图形标记及其标注方式不得误导公众。专利标识的主要作用在于向公众表明该产品获得了专利保护，任何人未经许可不得擅自仿制。专利号是专利局在授予专利权时给予的专利编号。标明专利号的主要作用在于指明涉及哪件专利，便于第三人核实该专利是否真实有效，并查阅相关的专利文献。专利号以其汉语拼音的首位字母"ZL"开头，后继9位数字和1个小数点，其中小数点前8位中最前面两位数表示申请专利的年代；第3位数表示申请专利的类别。"1"为发明，"2"为实用新型，"3"为外观设计；第4位至第8位数代表当年该类专利申请的序号。标识权是专利权人的权利，而不是义务。经专利权人许可制造或者销售专利产品的人也可以在有关专利产品和该产品的包装上标明专利标记和专利号。

1.3.2 专利权的限制

1. 推广应用

我国《专利法》第14条规定，国有企业事业单位的发明专利，对国家利益或者公共利益具有重大意义的，国务院有关主管部门和省、自治区、直辖市人民政府报经国务院批准，可以决定在批准的范围内推广应用，允许指定的单位实施，由实施单位按照国家规定向专利权人支付使用费。推广应用必须符合以下条件：①推广应用的对象，限于中国国有企业事业单位的对国家利益或者公共利益具有重大意义的发明专利；②推广应用的程序，由国务院有关主管部门和省、自治区、直辖市人民政府提出，经国务院批准；③由指定的单位实施，实施行为可以包括实施专利的一切行为，实施单位应向专利权人支付使用费。

2. **强制许可**

强制许可，也称非自愿许可，是国家专利主管部门根据具体情况，不经专利权人许可，授予他人实施发明或者实用新型专利的一种法律制度。强制许可的实施人不能无偿实施专利，必须向专利权人支付合理的使用费。

（1）合理条件的强制许可。根据我国《专利法》第48条第1项的规定，专利权人自专利权被授予之日起满3年，且自提出专利申请之日起满4年，无正当理由未实施或者未充分实施其专利的，国务院专利行政部门根据具备实施条件的单位或者个人的申请，可以给予实施发明专利或者实用新型专利的强制许可。

适用防止滥用的强制许可，必须具备以下条件：①申请强制许可的主体应当具备实施发明或者实用新型的条件；②申请实施强制许可的时间必须是自专利权授予之日起满3年，且自提出专利申请之日起满4年；③申请实施强制许可的对象只能是发明专利或实用新型专利，不能是外观设计专利；④专利权人必须无正当理由未实施或未充分实施该专利；⑤申请强制许可的单位或者个人应当提供证据，证明其以合理的条件请求专利权人许可其实施专利，但未能在合理的时间内获得许可。

（2）防止垄断的强制许可。根据我国《专利法》第48条第2项的规定，专利权人行使专利权的行为被依法认定为垄断行为，为消除或者减少该行为对竞争产生的不利影响的，国务院专利行政部门根据具备实施条件的单位或者个人的申请，可以给予实施发明专利或者实用新型专利的强制许可。在此种情况下，强制许可所生产的产品，应当主要为了供应国内市场。

（3）为公共利益的强制许可。在国家出现紧急状态时或者为了公共利益的目的，国家知识产权局可以给予实施发明专利或者实用新型专利的强制许可。同时，国家为了公共健康目的，对取得专利权的药品，国务院专利行政部门可以实施强制许可，允许他人制造并将药品出口到符合中华人民共和国参加的有关国际条约规定的国家或者地区。

（4）从属专利的强制许可。从属专利的强制许可，是指一项取得专利权的发明或者实用新型比前已经取得专利权的发明或者实用新型具有显著经济意义的重大技术进步，其实施又有赖于前一发明或者实用新型的实施的，国务院专利行政部门根据后一专利权人的申请，可以给予实施前一发明或者实用新型的强制许可。在此情形下，国务院专利行政部门根据前一专利权人的申请，也可以给予实施后一发明或者实用新型的强制许可。这种许可也通常称为交叉强制许可。

专利局授予从属专利的强制许可，应当符合以下条件：（1）两个专利之间存在从属关系，后一专利是在前一专利的基础上进一步发展而完成的，后一专利若不能利用前一专利，其发明或者实用新型就不能得到实施；（2）取得后一专利权的发明或者实用新型比取得前一专利权的发明或者实用新型具有显著经济意义的重大技术进步。

3. 不视为侵犯专利权的情形

（1）权利用尽

我国《专利法》第 69 条第 1 项规定，专利产品或者依照专利方法直接获得的产品，由专利权人或者经其许可的单位、个人售出后，使用、许诺销售、销售、进口该产品的，不视为侵犯专利权。但是，如果专利权人获得了两项专利权，其中一项是关于制造方法的专利，另一项是实施该方法的专用设备的专利；或者专利权人获得了一项制造方法的专利，而且该方法的实施需要一种专用设备，但是该专用设备没有获得专利保护。那么，当专利权人自己或者许可他人出售其专利（专用）设备时，购买者用它来实施方法专利时，除非专利权人在售出专利（专用）设备时有明确的限制，否则应认为购买者也同时获得了实施其方法专利的默认许可，即购买者可以利用这样的专利（专用）设备来实施专利方法而不需要另行获得该专利权人的许可。

（2）先用权

根据我国《专利法》第 69 条第 2 项的规定，在专利申请日前已经制造相同产品、使用相同方法或者已经作好制造、使用的必要准备，并且仅在原有范围内继续制造、使用的，不视为侵犯专利权。

在先使用人要得到继续实施的权利，应当符合下列条件：①必须已经开始制造相同的产品、使用相同的方法或者已经作好制造、使用的必要准备。当然，在先使用人也有权使用、许诺销售、销售他自己制造的产品。"必要的准备"，是指已经进入实际准备，而不能仅是准备的意愿，同时所进行的准备必须是技术型的准备工作，而且已经进行的准备工作与该专利技术的实施具有因果关系。②制造相同产品、使用相同方法或者为制造相同产品、使用相同方法所作的准备必须在专利权有效的领土范围内进行，且必须发生在申请日之前，并持续到申请日。除非是不可抗力的原因，不能处于停止状态。③制造相同产品、使用相同方法或者为制造相同产品、使用相同方法所作的准备必须是善意的。这就是说，这种制造、使用或者为此而作的准备必须是根据他自己研究开发或者是从合法途径得来的信息而进行的，包括从后来的申请人合法地获得有关技术信息。例如，后来的专利申请人在不丧失新颖性的宽限期内公开其发明（如在国际展览会上首次展出）的同时没有申请专利，也没有其他的权利根据，那么第三人在获得该信息以后并在后来的申请提出以前，制造该发明的产品或者使用该发明的方法是完全合法的，而且，如果后来的申请人提出专利申请，也是继续合法的。但是如果第三人的制造、使用或者为此而作的准备是违背与申请人之间的信任关系或者侵犯他的其他权利的结果，例如通过贿赂申请人的雇员而获得发明的信息，那么第三人的制造、使用或者为此而作的准备是违法的，在先使用权就不能成立。④仅在原有范围内继续制造、使用。"仅在原有范围内"，一般是指维持原来的产量。不过按照通常的解释，应当包括专利申请提出时原有设备可以达到的生产能力，或者根据原先的准备可以达到的生产能力。这样解释是符合法律规定的目的的。"继续制造、使用"是指允许继续原先的使用，例如，原先是制造相同产品的，可以继续制造相同产品。这种权利并不允许延及性质不同的实施（例如，原先为制造相同产品，就不能改为进口相同产品）或者目的不同的实施（例如，原先是为企业内部使用而制造相同产品，就不能改成为一般销售而制造相同产品），也不延及与原先准备的实施不同的实施。其中，"制造相同产品"，包括"许诺销售、销售、使用"制造的产品；"使用专利方法"，包括"许诺销售、销售、使用依据专利方法直接获得的产品"。

先用权不能单独移转，必须随同制造相同产品、使用相同方法的企业或者企业中制造相同产品、使用相同方法的一部分，或者随同为此而作准备的企业或其一部分一起移转。

（3）临时过境

临时通过中国领陆、领水、领空的外国运输工具，依照其所属国同中国签订的协议或者共同参加的国际条约，或者依照互惠原则，为运输工具自身需要而在其装置或者设备中使用了我国有关专利的产品的，不视为侵犯我国的专利权。这是为了维护国际间的运输自由，根据《巴黎公约》所作出的规定。

临时过境的外国运输工具上使用专利的行为不视为侵犯专利权，必须符合以下条件：①必须是临时进入我国领陆、领水、领空的外国运输工具。"临时进入"包括暂时进入和偶然进入。暂时进入包括定期进入，偶然进入则可能因躲避风暴、机械故障或者船舶失事所致。后一种情况，即使停留时间长一些，也可以认为不侵犯专利权。领陆指我国管辖下的陆地，领水包括我国的领海和内河，以及包括码头在内的全部港口，领空指我国领域的上空。外国运输工具，指在中国以外的其他国家或者地区登记注册的运输工具，包括船舶、航空器和陆地运输车辆等。②必须是与我国签订协议、共同参加了国际条约（如《巴黎公约》）或者规定有互惠原则的国家的运输工具。③必须是外国运输工具为自身需要而在其装置或者设备中使用有关专利。运输工具的需要可能是各种各样的，但只限于为运输工具自身需要而在其装置或者设备中使用专利产品，如在船舶的传动装置使用享有专利保护的发明或者实用新型，才不视为侵犯专利权。如果用作其他用途，如使用船舶上的滑车装置把货物从一个仓库输送到大卡车上，就不是为船舶本身的需要而使用滑车。"使用专利"是指这个词的狭义，即指实现某种专利的用途，所以不包括制造、许诺销售、销售或者进口等行为在内。

(4) 科学研究和实验

专为科学研究和实验目的而使用专利的行为，不视为侵犯专利权。"专为科学研究和实验"是指专门针对专利技术本身进行的科学研究和实验，目的在于考察专利技术本身的技术特性或者技术效果，或者对该专利技术本身作进一步的改进，而不是泛指一般的科学研究和实验。"专为科学研究和实验而使用有关专利"是指为科学研究目的制造权利要求书所述的那种结构的产品，或者使用按照权利要求书所述的那种工艺步骤和工艺条件的方法。专为科学研究和实验目的的使用不包括许诺销售、销售、进口专利产品或者依照专利方法直接获得的产品。专为科学研究和实验而使用有关专利，并不是指把该专利产品或者方法作为科学研究机构进行其他的科学研究和实验使用的工具，也不是指把依照专利方法直接获得的产品作为今后进行其他的科学研究和实验使用的材料。

(5) 药品专利例外

为提供行政审批所需要的信息，制造、使用、进口专利药品或者专利医疗器械的，以及专门为其制造、进口专利药品或者专利医疗器械的行为，不受专利权的限制。

1.4 专利权的取得条件与程序

1.4.1 专利权的取得条件

发明创造要取得专利权，必须满足法律规定的实质条件和形式条件。实质条件也称可专利性，是指申请专利的发明创造自身必须具备的属性要求。发明创造必须具备新颖性、创造性和实用性，即通常所说的专利"三性"。不过，发明和实用新型的"三性"要求有别于外观设计。形式条件则是指申请专利的发明创造在申请文件和手续等程序方面的要求，贯穿于专利权取得的整个过程。形式条件留待与取得程序一起阐述，此处主要介绍专利权取得的实质条件。

1. 发明和实用新型的实质条件

（1）新颖性

《专利法》第 22 条规定：新颖性，是指该发明或者实用新型不属于现有技术；也没有任何单位或者个人就同样的发明或者实用新型向国务院专利行政部门提出过申请，并记载在申请日以后公布的专利申请文件或者公告的专利文件中。也就是说，申请专利的发明或者实用新型满足新颖性的标准，必须不同于现有技术，同时还不得出现抵触申请。

①现有技术。现有技术是判断专利新颖性的参照系。如果申请专利的发明和实用新型属于现有技术范围，则不具备新颖性；反之亦然。现有技术是指申请日以前在国内外为公众所知的技术❶。为公众所知是指将技术内容向不负有保密义务的不特定相关公众公开，能为公众所获取。公开的程度以所属技术领域一般技术人员能实施为准。公开的方式多种多样，概括起来有以下三种：出版物公开、使用公开和其他方式公开。出版物可以是印刷、打印、手写的，也可以是采用电、光、磁、照相等其他方式制成的。其载体不限于纸张，也包括各种其他类型的载体，如缩微胶片、影片、磁带、光盘、照相底片等。使用公开，即通过使用或实施方式公开技术内容。其他方式公开，主要指口头方式公开，如通过口头交谈、讲课、作报告、讨论发言、在广播电台或电视台播放等方式，使公众了解有关技术内容。目前，网络公开也是一种十分重要的公开形式。

②抵触申请。抵触申请是指一项申请专利的发明或者实用新型在申请日以前，已有同样的发明或者实用新型由他人向专利局提出过申请，并且记载在该发明或实用新型申请日以后公布的专利申请文件或者公告的专利文件中。在先申请被称为在后申请的抵触申请，破坏在后申请的新颖性。这种规定是为了防止同样的发明或实用新型被重复授权。

③不丧失新颖性的公开。不丧失新颖性的公开又叫新颖性宽限期，指发明创造在申请日以前的某个期限内，以一定方式的公开不破坏其新颖性。该制度旨在满足发明人参加展览、学术交流等提前公开技术信息的需要，充分保护发明人的利益。各个国家对新颖性宽限期的期限、公开形式和援引条件的规定差异较大，发明人不可轻易在申请专利以前展览或发表其发明创造，以免在国外申请专利时丧失新颖性。❷ 我国的规定是：申请专利的发明、实用新型和外观设计在申请日

---

❶ 此标准为"绝对新颖性标准"，即申请日以前在任何地方以任何形式公开的技术都是现有技术。我国专利法第三次修改以前采用"相对新颖性标准"，即申请日以前在国外公开使用或其他方式公开的技术不是现有技术。我国采用"绝对新颖性标准"以后，专利授权实质条件提高，专利质量随之提高。

❷ 刘华，万小丽，赵静. 对新颖性宽限期规则的研究 [A]. 国家知识产权局条法司.《专利法》及《专利法实施细则》第三次修改专题研究报告 [C]. 北京：知识产权出版社，2006：220-245.

以前6个月内,在中国政府主办或者承认的国际展览会上首次展出的,或者在国务院有关主管部门和全国性学术团体组织召开的学术会议或者技术会议上首次发表的,或者他人未经申请人同意而泄露其内容的,不丧失新颖性。

(2) 创造性

《专利法》第22条规定:创造性,是指同现有技术相比,该发明有突出的实质性特点和显著的进步,该实用新型有实质性特点和进步。美国称之为"非显而易见性"(Non-obviousness),欧洲很多国家称之为"进步性"。创造性标准是确定发明创造的技术先进程度的标尺。与现有技术相比,申请专利的发明或实用新型必须在技术上有"质"的飞跃,是通过创造性思维活动的结果,不能是对现有技术进行简单的分析、归纳、推理就能够自然获得的结果。发明的创造性比实用新型的创造性要求更高。创造性的判断以所属领域普通技术人员的知识和判断能力为准。

①所属领域的普通技术人员

发明或者实用新型是否具备创造性,应当基于所属领域普通技术人员的知识和能力进行评价。所属领域的普通技术人员是一种假设的"人",假定他知晓申请日或者优先权日之前发明所属技术领域所有的普通技术知识,能够获知该领域中所有的现有技术,并且具有应用该日期之前常规实验的手段和能力,但他不具有创造能力。如果所要解决的技术问题能够促使本领域的普通技术人员在其他技术领域寻找技术手段,在判断创造性时,该领域的普通技术人员的知识和能力应当作为判断创造性的基础。❶

②突出的实质性特点

发明有突出的实质性特点,是指发明相对于现有技术,对所属技术领域的普通技术人员来说,是非显而易见的。如果发明是其所属技术领域的普通技术人员在现有技术的基础上通过逻辑分析、推理或者试验可以得到的,则该发明是显而易见的,不具备突出的实质性特点。

③显著的进步

发明有显著的进步,是指发明与最接近的现有技术相比能够产生有益的技术效果。比如,发明克服了现有技术中存在的缺点和不足,或者为解决某一技术问题提供了一种不同构思的技术方案,或者代表某种新的技术发展趋势。

实践中,审查人员在判断创造性时还参考以下因素❷:

①发明解决了人们一直渴望解决但始终未能获得成功的技术难题。例如,自有农场以来,人们一直期望解决在农场牲畜(如奶牛)身上无痛而且不损坏牲

---

❶ 张晓都. 专利实质条件 [M]. 北京:法律出版社,2002:169,173.
❷ 中国专利局《审查指南》(2006年版)第2部分第4章第5小节。

畜表皮地打上永久性标记的技术问题,某发明人基于冷冻能使牲畜表皮着色这一发现而发明的一项冷冻"烙印"的方法成功地解决了这个技术问题,该发明具备创造性。

②发明克服了技术偏见。技术偏见,是指在某段时间内、某个技术领域中,技术人员对某个技术问题普遍存在的、偏离客观事实的认识,它引导人们不去考虑其他方面的可能性,阻碍人们对该技术领域的研究和开发。例如,对于电动机的换向器与电刷间界面,通常认为越光滑接触越好,电流损耗也越小。一项发明将换向器表面制出一定粗糙度的细纹,使电流损耗更小,优于光滑表面。该发明克服了技术偏见,具备创造性。

③发明取得了预料不到的技术效果。发明同现有技术相比,其技术效果产生"质"的变化,具有新的性能;或者产生"量"的变化,超出人们预期的想象。这种"质"的或者"量"的变化,对所属技术领域的普通技术人员来说,事先无法预测或者推理出来。

④发明在商业上获得成功。如果商业上的成功是由于发明的技术特征直接导致的,则一方面反映了发明具有有益效果,另一方面也说明了发明是非显而易见的,因而这类发明具备创造性。但是,如果商业上的成功是由于其他原因所致,例如由于销售技术的改进或者广告宣传造成的,则不能作为判断创造性的依据。

(3)实用性

《专利法》第22条规定:实用性是指该发明或者实用新型能够制造或者使用,并且能够产生积极效果。它包括两层含义:第一,该技术能够在产业中制造或者使用。产业包括了工业、农业、林业、水产业、畜牧业、交通运输业以及服务业等行业。产业中的制造和利用是指具有可实施性及再现性。如果申请的是一种产品(包括发明和实用新型),那么该产品必须在产业中能够制造,并且能够解决技术问题;如果申请的是一种方法(仅限发明),那么这种方法必须在产业中能够使用,并且能够解决技术问题。实用性强调的是发明创造必须具备客观上的可实践性,但并不要求该技术方案已经在产业上制造或使用。❶ 第二,必须能够产生积极的效果。即同现有技术相比,申请专利的发明或实用新型能够产生更好的经济效益或社会效益,如能提高产品数量、改善产品质量、增加产品功能、节约能源或资源、防治环境污染等。

实用性的判断标准相对确定,随意性较小,也用不着与成百上千的现有技术进行对比,通常需要遵循以下三个标准:

---

❶ 吴汉东. 知识产权法 [M]. 北京:中国政法大学出版社,2004:162.

①可实施性

发明创造能够被制造或使用，即具备可实施性。一项发明创造要付诸实施，必须具有详实的具体方案。仅有一个构思，而没有具体实施方案的发明创造被称作未完成发明。未完成发明是不具备可实施性的，故而也就不具备实用性。如果一个方案本身就违反了自然规律，那么无论这一发明创造如何精巧，它肯定不具备实用性。因为违背自然规律的发明创造是不可能实施的，所以只有那些有详实、具体的技术方案，且不违背自然规律的发明创造才具备可实施性。❶

②可再现性

可再现性，是指所属技术领域的普通技术人员，根据公开的技术内容，能够重复实施专利申请中为解决技术问题所采用的技术方案。这种重复实施不得依赖任何随机的因素，并且实施结果应该是相同的。有些方案尽管详实、具体，但不可能在产业上重复实施，同样也不具备可实施性。只要按照申请提出的方案去做，必定能再现所称的效果，并且可以重复任意次数，这样的发明创造才具备可实施性。

③有益性

发明创造必须能够带来积极的效果，即具备有益性。发明或者实用新型必须能够对技术、经济和社会产生一定的积极效果，可以表现为提高产品质量，改善设备性能，改善工作和生产环境，节约能源，减少环境污染，降低生产成本等。需要特别注意的是，在申请专利时发明创造所带来的积极效果可能还没有产生，有益性只要求发明创造具备产生积极效果的可能性即可。所以，对于发明创造不能只看表面现象，有些在申请时尚不完善的发明创造，甚至尚存在严重缺陷的发明创造，在克服了缺陷后可能会有不可比拟的生命力。例如，爱迪生发明的第一只灯泡，虽然只有45个小时的寿命，但却是非常伟大的发明。

2. 外观设计的实质条件

(1) 新颖性

外观设计的新颖性在形式上的要求类似于发明和实用新型，既不属于现有设计，也没有任何单位或者个人就同样的外观设计在申请日以前向国务院专利行政部门提出过申请，并记载在申请日以后公告的专利文件中。也就是说，外观设计专利申请如要符合新颖性，则不能是现有设计，也不能存在抵触申请。现有设计，是指申请日以前在国内外为公众所知的设计，采用的是"绝对新颖性标准"。外观设计必须依附于特定的产品，其形状、图案、色彩或组合设计不同于

---

❶ 刘春田. 知识产权法 [M]. 北京：高等教育出版社、北京大学出版社，2003：201.

现有设计。

(2) 创造性

专利法第三次修改以前,对申请专利的外观设计只要求与现有设计不相同或不相近似即可。在专利法第三次修改以后,增加了类似"创造性"标准,要求"授予专利权的外观设计与现有设计或者现有设计特征的组合相比,应当具有明显区别"。这个规定与"绝对新颖性标准"一起提高了取得外观设计专利的门槛。"明显区别"要求申请专利的外观设计必须具备一定程度的创新,不能将现有设计通过已知手法简单变换而来,也不能将现有设计或现有设计特征通过已知手法进行组合得到。

(3) 实用性

申请专利的外观设计应具有美感并适用于工业应用。美感是指对该外观设计在视觉感知上的愉悦感受,与产品功能是否先进没有必然联系。富有美感的外观设计在扩大产品销路方面具有重要作用。美感应属于广义的实用性,适于工业应用,要求外观设计本身以及作为载体的产品能够以工业的方法重复再现,即能够在工业上批量生产。

另外,外观设计不得与他人在申请日以前已经取得的合法权利相冲突。这里的在先权利包括了商标权、著作权、企业名称权、肖像权、知名商品特有包装装潢使用权等。"已经取得"是指在外观设计的申请日或者优先权日之前取得。外观设计专利申请人不能未经许可将他人的注册商标、他人创作的美术作品图案、他人已使用在商品上的特有的图案、装潢等作为自己的产品外观设计的一部分或全部,去申请专利。

1.4.2 专利国内申请程序

专利权是不能自动取得的,申请人必须履行专利法所规定的申请手续,向国务院专利行政部门提交必要的申请文件,同时符合可专利性的要求,经过法定的审批程序,最后审定是否授予专利权。

1. 专利申请的原则

根据我国《专利法》及《中华人民共和国专利法实施细则》(以下简称《实施细则》)的相关规定,申请专利一般要遵循四个原则:书面申请原则、先申请原则、优先权原则、单一性原则。

(1) 书面申请原则

申请专利的各种申请文件和各项手续,都应当以书面形式或国务院专利行政部门规定的其他形式办理,否则不产生效力。书面申请原则是各国普遍采用的一项原则。各国专利局对专利申请过程中应该提交的文件和履行的手续都有严格的形式要求，一般都有专门的表格，甚至在写作方式上都有专门的规定。申请人必须严格执行，否则会因此而丧失获取专利的机会。随着计算机网络技术的发展，使用电子文件提交专利申请将成为必然的发展趋势。不少国家已经开始推行专利申请的电子政务，我国于2004年也开始实施电子专利申请。电子文件只是文件表现的另一种方式，其内容和格式都必须遵循原有的规范，因此电子文件应该可以视为特殊的书面文件。

（2）先申请原则

同样的发明创造只能授予一项专利权。如果两个以上的申请人分别就同样的发明创造申请专利的，专利权授予最先申请的人，即为先申请原则。如果是两个人在同一日提出申请，则可协商解决，或者采取共同申请的方式，或者转让给其中一方申请。协商不成时，各方都不能获得批准，只能作为技术秘密保护或使其成为自由公知技术。先申请原则可以促进发明人尽早申请专利，有利于先进技术的快速传播；还可以简化专利申请审查程序。解决两个以上的申请人分别就同样的发明创造申请专利的冲突问题，除了先申请原则，还有先发明原则。目前，全球范围内仅有美国仍采用先发明原则，即专利权授予最先完成发明创造的人。先发明原则虽然体现出了实质性的公平、公正，但是缺乏操作性，难以确定谁是真正的先发明人。美国2009年《专利改革法案》提出将采用先申请原则，不过该法案还未最终通过。

（3）优先权原则

专利申请人就其发明创造自第一次提出专利申请后，在法定期限内，又就相同主题的发明创造提出专利申请的，以其第一次申请的日期为其申请日，这种权利称为优先权。此处所谓的法定期限，就是优先权期限，第一次申请日叫作优先权日。优先权源于《保护工业产权巴黎公约》（以下简称《巴黎公约》），我国是《巴黎公约》的成员国，应该遵循优先权原则。在我国，优先权包括国际优先权和国内优先权。国际优先权是指申请人自发明或者实用新型在外国第一次提出专利申请之日起12个月内，或者自外观设计在外国第一次提出专利申请之日起6个月内，又在中国就相同主题提出专利申请的，依照该外国同中国签订的协议或者共同参加的国际条约，或者依照相互承认优先权的原则，可以享有优先权。国内优先权是指申请人自发明或者实用新型在中国第一次提出专利申请之日起12个月内，又向国务院专利行政部门就相同主题提出专利申请的，可以享有优先权。值得注意的是，国内优先权不包括外观设计。

申请人要求优先权的，应当在申请的时候提出书面声明，并且在3个月内提交第一次提出的专利申请文件的副本；未提出书面声明或者逾期未提交专利申请文件副本的，视为未要求优先权。

优先权使专利申请人获得时间上的优势。国际优先权给予专利申请人足够的时间准备材料向外国提交专利申请。国内优先权有利于申请人进一步补充和完善其发明创造，同时还可以实现发明和实用新型专利申请互相转换。另外，申请人还可以利用国内优先权制度延长专利保护期限。由于我国专利保护期限从实际申请之日起开始计算，因此在优先权期限内申请人再次提出一个与首次申请完全一致的申请，实际上起到了延长专利保护期的作用。

(4) 单一性原则

所谓单一性原则，也就是"一申请一发明"原则，是指一件专利申请只限于一项发明创造。原因有两个：一是经济上的原因，为了防止申请人只支付一件专利的费用而获得几项不同专利的保护；二是技术上的原因，为了便于专利申请的分类、检索和审查。具体而言，一件发明或者实用新型专利申请应当限于一项发明或者实用新型，而属于一个总的发明构思的两项以上的发明或者实用新型，可以作为一件申请提出。这里可以作为一件专利申请提出的属于一个总的发明构思的两项以上的发明或者实用新型，应当在技术上相互关联，包含一个或者多个相同或者相应的特定技术特征，其中特定技术特征是指每一项发明或者实用新型作为整体，对现有技术做出贡献的技术特征。一件外观设计专利申请应当限于一项外观设计。然而，同一产品两项以上的相似外观设计❶，或者用于同一类别并且成套出售或者使用的产品的两项以上的外观设计，可以作为一件申请提出。"成套出售或者使用的产品"，如成套餐具中的碗、碟子、勺子等。

2. 专利申请文件

申请专利时必须提交规范的专利申请文件，如果申请文件不符合规定的内容和格式，国务院专利行政部门将不予受理。因此，了解专利申请文件的具体内容非常重要。申请文件的填写和撰写有特定的要求，申请人可以自行填写或撰写，也可以委托专利代理机构代为办理。尽管委托专利代理是非强制性的，但是考虑到精心撰写申请文件的重要性，以及审批程序的法律严谨性，对经验不多的申请人来说，委托专利代理是值得提倡的。

(1) 发明或实用新型专利申请文件

我国《专利法》第 26 条规定：申请发明或者实用新型专利的，应当提交请

---

❶ 实践中，同一设计人在同一产品的外观形成一种新的基本设计的基础上，往往会提出许多与其基本设计相似的设计方案。外观设计专利申请人普遍希望其基本设计方案以及相似外观设计方案均获得专利保护，以免在侵权诉讼中因被控侵权产品的设计与获得专利权的外观设计相比略有不同而被认定为不侵犯其外观设计专利权。然而，专利法第三次修改以前的"单一性原则"和"一发明一专利原则"不能解决这个问题。因此，专利法第三次修改增加了"同一产品两项以上的相似外观设计可以合案申请"，以充分保护外观设计专利申请人的正当利益。

求书、说明书及其摘要和权利要求书等文件。

①请求书。请求书是申请人向国务院专利行政部门表达请求授予专利意愿的书面文件。请求书应当写明发明或者实用新型的名称，发明人的姓名，申请人姓名或者名称、地址以及其他事项。其他事项包括申请人的国籍；申请人是企业或者其他组织的，其总部所在地的国家；申请人委托专利代理机构的，应当注明的有关事项；申请人未委托专利代理机构的，其联系人的姓名、地址、邮政编码及联系电话；要求优先权的，应当注明的有关事项；申请人或者专利代理机构的签字或者盖章；申请文件清单；附加文件清单；其他需要注明的有关事项。国务院专利行政部门专门印制有标准格式的专利请求书，申请人只需按要求填写表格即可。

②说明书及其摘要。说明书是描述发明或实用新型技术内容的书面文件。说明书应当对发明或者实用新型作出清楚、完整的说明，以所属技术领域的普通技术人员能够实现为准；必要的时候，应当有附图。说明书包括技术领域、背景技术、发明创造内容、附图说明和具体实施方式五个内容。技术领域：写明要求保护的技术方案所属的技术领域。背景技术：写明对发明或者实用新型的理解、检索、审查有用的背景技术；有可能的，并引证反映这些背景技术的文件。发明创造内容：写明发明或者实用新型所要解决的技术问题以及解决其技术问题采用的技术方案，并对照现有技术写明发明或者实用新型的有益效果。附图说明：发明在必要时应当有附图，实用新型必须有附图；说明书有附图的，对各幅附图作简略说明。具体实施方式：详细写明申请人认为实现发明或者实用新型的优选方式；必要时，举例说明；有附图的，对照附图。发明或者实用新型专利申请人应当按照这种方式和顺序撰写说明书，并在说明书每一部分前面写明标题，除非其发明或者实用新型的性质用其他方式或者顺序撰写能节约说明书的篇幅并使他人能够准确理解其发明或者实用新型。发明或者实用新型说明书应当用词规范、语句清楚，并不得使用"如权利要求……所述的……"一类的引用语，也不得使用商业性宣传用语。依赖遗传资源完成的发明创造，申请人应当在专利申请文件中说明该遗传资源的直接来源和原始来源；申请人无法说明原始来源的，应当陈述理由。

说明书摘要是说明发明或者实用新型技术要点的简短文字，通常不超过300字。摘要应当写明发明或者实用新型专利申请所公开内容的概要，即写明发明或者实用新型的名称和所属技术领域，并清楚地反映所要解决的技术问题、解决方案要点以及主要用途。摘要可以包含最能说明发明的化学式，但不得使用商业性宣传用语。摘要并不具有法律效力，主要用于检索和浏览，是一种技术情报。❶

---

❶ 吴汉东. 知识产权法 [M]. 北京：中国政法大学出版社，2004：169.

③权利要求书。权利要求书是申请人请求给予专利保护范围的书面文件,即发明人的独创部分,是排斥他人无偿占用的具体内容。权利要求书应当以说明书为依据,清楚、简要地限定要求专利保护的范围,不得超出说明书范围,所用的技术术语也应与说明书使用的相一致。新《专利法》用"限定"取代"说明",意在强调权利要求书不能无限地扩大权利保护范围。当专利授权以后,权利要求书具有直接的法律效力,是确定专利权利范围的依据。权利要求分为独立权利要求和从属权利要求。独立权利要求应当从整体上反映发明或者实用新型的技术方案,记载解决技术问题的必要技术特征。从属权利要求应当用附加的技术特征,对引用的权利要求作进一步限定。

独立权利要求应当包括前序部分和特征部分。前序部分要写明要求保护的发明或者实用新型技术方案的主题名称和发明或者实用新型主题与最接近的现有技术共有的必要技术特征。特征部分要使用"其特征是……"或者类似的用语,写明发明或者实用新型区别于最接近的现有技术的技术特征。这些特征和前序部分写明的特征合在一起,限定发明或者实用新型要求保护的范围。一项发明或者实用新型应当只有一个独立权利要求,并写在同一发明或者实用新型的从属权利要求之前。

从属权利要求应当包括引用部分和限定部分。引用部分要写明引用的权利要求的编号及其主题名称。限定部分要写明发明或者实用新型附加的技术特征。从属权利要求只能引用在前的权利要求。引用两项以上权利要求的多项从属权利要求,只能以择一方式引用在前的权利要求,并不得作为另一项多项从属权利要求的基础。

(2) 外观设计专利申请文件

我国《专利法》第27条规定:申请外观设计专利的,应当提交请求书、该外观设计的图片或者照片以及对该外观设计的简要说明等文件。外观设计专利请求书的内容及格式,基本上与发明或实用新型专利请求书相同,而且新《专利法》也不要求注明使用该外观设计的产品及其所属类别❶。外观设计专利权的保护范围以表示在图片或照片中的外观设计专利产品为准。申请人提交的有关图片或者照片应当清楚地显示要求专利保护的产品的外观设计。图片或者照片应从不同角度、不同侧面或不同状态,清楚地显示出请求保护的对象,必要时也可以附送使用该外观设计的产品样品或者模型。新《专利法》还对外观设计的申请文件进行了扩展,明确规定必须包括对该外观设计的简要说明。因为从信息学的角

---

❶ 原《专利法》规定外观设计必须提交外观设计产品所属的类别,但是由于申请人或者代理机构进行分类后,审查员仍然要对外观设计进行分类,纯粹是重复劳动,因此新《专利法》中删除了此项规定。

度来说，图画所包含的信息量明显大于其他表现手段。如果不通过文字说明对其进行界定，则容易造成保护范围的不确定。外观设计的简要说明应当写明使用该外观设计的产品的设计要点、请求保护色彩、省略视图等情况。简要说明不得使用商业性宣传用语，也不能用来说明产品的性能。

3. **专利申请、审批程序**

申请人向国务院专利行政部门提交专利申请文件预示着专利申请程序正式启动，之后便进入专利申请的审批程序。发明专利申请的审批包括受理、初步审查、早期公布、实质审查以及授权五个阶段，而实用新型和外观设计专利申请在审批中不进行早期公布和实质审查，只有受理、初步审查和授权三个阶段，如图1-1所示。

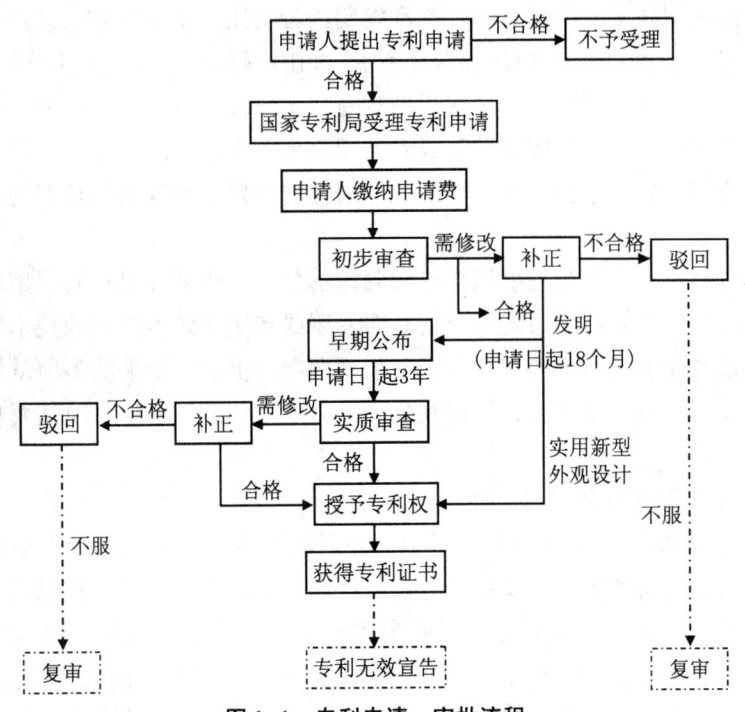

图 1-1 专利申请、审批流程

（1）专利申请的提出

申请人申请专利时，应当将准备齐全的申请文件直接提交或寄交到国务院专利行政部门受理处（以下简称专利受理处），也可以提交或寄交到国务院专利行政部门设立的专利代办处。目前在北京、沈阳、济南、长沙、成都、南京、上海、广州、西安、武汉以及郑州、天津、石家庄、哈尔滨、长春设立有专利代办处；国防专利分局专门受理国防专利申请。

申请专利的发明涉及新的生物材料，公众不能得到该生物材料，并且对该生物材料的说明不足以使所属领域的普通技术人员实施其发明的,除应当符合《专利法》及其《实施细则》的有关规定外,申请人还应当办理下列手续:①在申请日前或者最迟在申请日(有优先权的,指优先权日)将该生物材料的样品提交国务院专利行政部门认可的保藏单位保藏,并在申请时或者最迟自申请日起4个月内提交保藏单位出具的保藏证明和存活证明;期满未提交证明的,该样品视为未提交保藏;②在申请文件中,提供有关该生物材料特征的资料;③涉及生物材料样品保藏的专利申请应当在请求书和说明书中写明该生物材料的分类命名(注明拉丁文名称)、保藏该生物材料样品的单位名称、地址、保藏日期和保藏编号;申请时未写明的,应当自申请日起4个月内补正;期满未补正的,视为未提交保藏。

申请人可以对其专利申请文件进行修改,但是,对发明和实用新型专利申请文件的修改不得超出原说明书和权利要求书记载的范围,对外观设计专利申请文件的修改不得超出原图片或者照片表示的范围。申请人还可以在被授予专利权之前随时撤回其专利申请。申请人撤回专利申请的,应当向国务院专利行政部门提出声明,写明发明创造的名称、申请号和申请日。

(2) 专利申请的受理

专利受理处或代办处收到专利申请后,对符合受理条件的申请,将确定申请日,给予申请号,发出受理通知书。对申请人面交专利受理处或代办处的申请文件,当时审查申请是否符合受理条件,符合受理条件的当场办理受理手续。向专利受理处或代办处寄交申请文件的,大约在1个月内可以收到专利受理处或代办处的受理通知书或者不受理通知书以及退还的申请文件。超过1个月尚未收到专利受理处或代办处的通知的,申请人应当及时向专利受理处或代办处查询,以免申请文件或通知书在邮寄中丢失。

确定申请日是专利申请受理中一项重要的工作。根据我国《专利法》第28条的规定,国务院专利行政部门收到专利申请文件之日为申请日;如果申请文件是邮寄的,以寄出的邮戳日为申请日。申请日在法律上具有十分重要的意义:①它确定了提交申请时间的先后,按照先申请原则,对于相同主题的多个专利申请,申请的先后决定了专利权授予谁;②它确定了对现有技术的检索时间界限,这在审查中对决定申请是否具有可专利性关系重大;③申请日还是审查程序中一系列重要期限的起算日。

(3) 初步审查

初步审查又称"形式审查",是国务院专利行政部门对专利申请的形式条件进行的审查。申请人按照规定缴纳申请费以后,专利申请自动进入初步审查阶段。发明专利申请在初步审查前首先要进行保密审查,需要保密的应按保密程序处理。实用新型和外观设计专利申请在初步审查以前还应当给申请人留出2个月主动修改申请的时间。

初步审查的主要内容是：①申请文件的形式审查。对申请文件齐备及其格式是否符合要求进行审查，如审查各种文件是否采用国务院专利行政部门制定的统一格式，申请的撰写、表格的填写或附图的画法是否符合《实施细则》和《专利审查指南》（以下简称《审查指南》）规定的要求；应当提交的证明或附件是否齐备，是否具备法律效力；说明书、权利要求书、附图或外观设计图或照片是否符合出版要求。②申请文件的明显实质性缺陷审查。主要审查是否明显违反国家法律、社会公德或者妨碍公共利益；是否明显属于不授予专利权的主题；是否明显缺乏技术内容而不能构成技术方案；是否明显缺乏单一性。③申请人的身份审查。④有关申请费用的审查。实用新型和外观设计专利申请还要审查是否明显与已经批准的专利相同，是否明显不是一个新的技术方案或者新的设计，可见实用新型和外观设计的初步审查含有部分必要的实质审查。

审查不合格的，国务院专利行政部门将通知申请人在规定的期限内补正或者陈述意见，逾期不答复的申请将被视为撤回。经申请人答复后仍未消除缺陷的，予以驳回。发明专利申请初步审查合格的，将发给初步审查合格通知书，等待后续程序。实用新型和外观设计专利申请经初步审查未发现驳回理由的，将直接进入授权程序。

（4）早期公布

早期公布是指经过初步审查的符合形式条件的发明专利申请在尚未进行实质审查之前予以公布。早期公布旨在促进专利信息及早公开，有利于公众对专利申请审查进行监督，也有利于新技术迅速传播和利用，避免重复研究。早期公布仅是发明专利申请的必经程序，实用新型和外观设计专利申请经过初步审查合格以后就直接进入授权程序。

发明专利申请经初步审查认为符合要求的，自申请日起满18个月，即行公布。申请人也可以向国务院专利行政部门申请提前公布。进入公布准备程序的发明专利申请，经过格式复核、编辑校对、计算机处理、排版印刷，大约在3个月后，在专利公报上公布并出版说明书单行本。申请进入公布准备程序以后，申请人要求撤回专利申请的，申请仍然会在专利公报上予以公布。

发明专利申请公布以后，申请人就获得了临时保护的权利，也就是说自申请公布之日起，申请人就可要求实施其发明的单位或者个人支付费用。申请公布以后，申请记载的内容就成为现有技术的一部分。

（5）实质审查

实质审查也称技术审查，主要是对发明专利的新颖性、创造性和实用性进行审查。我国《专利法》第 35 条规定：发明专利申请自申请日起 3 年内，国务院专利行政部门可以根据申请人随时提出的请求，对其申请进行实质审查；申请人无正当理由逾期不请求实质审查的，该申请即被视为撤回。国务院专利行政部门认为必要的时候，可以自行对发明专利申请进行实质审查。

国务院专利行政部门对发明专利申请进行实质审查后，认为不符合法律规定的，应当通知申请人，要求其在指定的期限内陈述意见，或者对其申请进行修改；无正当理由逾期不答复的，该申请即被视为撤回。发明专利申请经申请人陈述意见或者进行修改后，国务院专利行政部门仍然认为不符合法律规定的，应当予以驳回。由于实审的复杂性，审查周期一般要 1 年或更长时间，若从申请日起 2 年内尚未授权，从第 3 年起应当每年缴纳申请维持费，逾期不缴纳或缴纳费用不足的，申请将被视为撤回。发明专利申请在实质审查中未发现驳回理由的，或者经申请人修改和陈述意见后消除了缺陷的，审查员将制作授权通知书，申请按规定进入授权准备阶段。

(6) 专利授权

实用新型和外观设计专利申请经初步审查未发现驳回理由的，发明专利申请经实质审查未发现驳回理由的，由审查员制作授权通知书，申请进入授权登记准备阶段。经授权形式审查人员对授权文本的法律效力和完整性进行复核，对专利申请的著录项目进行校对、修改确认无误以后，国务院专利行政部门发出授权通知书和办理登记手续通知书。申请人接到授权通知书和办理登记手续通知书以后，应当在 2 个月之内按照通知的要求办理登记手续并缴纳规定的费用。在期限内办理了登记手续并缴纳了规定费用的，国务院专利行政部门将授予专利权，颁发专利证书，在专利登记簿上记录，并在 2 个月后于专利公报上公告。专利权自公告之日起生效。

(7) 专利复审

专利申请人对国务院专利行政部门驳回申请的决定不服的，可以自收到通知之日起 3 个月内，向专利复审委员会请求复审。专利复审委员会复审后，作出决定，并通知专利申请人。专利申请人对专利复审委员会的复审决定不服的，可以自收到通知之日起 3 个月内向人民法院起诉。

(8) 专利无效宣告

自国务院专利行政部门公告授予专利权之日起，任何单位或者个人认为该专利权的授予不符合专利法有关规定的，可以请求专利复审委员会宣告该专利权无效。宣告专利无效的理由包括发明创造不符合专利授权的实质条件，或者不属于专利授权对象；专利申请文件不符合法律规定；专利权人本不应该取得专利权。对专利复审委员会宣告专利权无效或者维持专利权的决定不服的，可以自收到通知之日起3个月内向人民法院起诉。宣告无效的专利权视为自始即不存在。宣告专利权无效的决定，对在宣告专利权无效前人民法院作出并已执行的专利侵权的判决书、调解书，已经履行或者强制执行的专利侵权纠纷处理决定，以及已经履行的专利实施许可合同和专利权转让合同，不具有追溯力。但是因专利权人的恶意给他人造成的损失，应当给予赔偿；如果不返还专利侵权赔偿金、专利使用费、专利权转让费，明显违反公平原则，应当全部或者部分返还。

1.4.3 专利国际申请程序

随着经济的快速发展，企业研发能力的不断提高及市场扩展的需要，企业向外国申请专利的需求也逐渐增加。向外国提交专利申请有两种方式：一是根据《巴黎公约》直接向寻求专利保护的国家提交专利申请；二是根据《专利合作条约》（PCT）向受理局提交专利国际申请，然后进入寻求保护的国家。❶

1. 巴黎公约申请程序

在PCT诞生之前，向外国申请专利都是通过《巴黎公约》来实现的：申请人如果希望向外国申请专利，必须自提交本地申请之日（优先权日）起12个月内，分别向不同的国家提出专利申请，并向各个国家缴纳专利申请费，提交的申请文件要满足该国专利局接受的语言。同时，在审查过程中，每个国家的专利局都要对同一个申请人的专利文件分别进行检索、审查及公告。这一方面会造成申请人在时间上的压力、费用上的浪费以及语言方面的困难，另一方面也可能产生

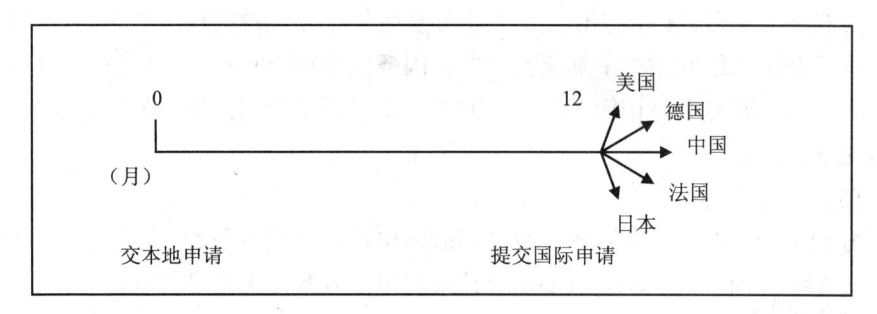

图1-2 巴黎公约国际专利申请体系

多个专利局对同一申请文件进行重复检索、审查的问题（见图1-2）。比如，一个英国申请人如果希望在美国、德国、中国、法国和日本获得专利权，就必须在提交本地申请之日（优先权日）起12个月内，以英语、德语、汉语、法语和日语分别向美国、德国、中国、法国和日本的专利局提交专利申请文件，并缴纳五

---

❶ 唐春，金泳锋．企业跨国专利申请程序及其使用策略研究［J］．电子知识产权，2008（5）：25-29，57．

次费用。同时，这五个国家的专利局都要对这个专利申请分别进行检索、审查及公告，造成申请人和专利局双方面的重复工作。

2. PCT 申请程序

PCT（Patent Cooperation Treaty），即《专利合作条约》，由世界知识产权组织国际局管理，是《巴黎公约》框架下的一个方便专利申请人获得专利国际保护的国际性条约。该条约旨在客服巴黎公约申请体系的缺陷，简化专利国际申请程序，减少各成员国专利局重复工作，节约成本，使申请更灵活。我国于1994年1月1日正式成为其成员国。

申请人如果希望根据 PCT 提交国际专利申请，只需使用一种语言、向一个专利局（受理局）提交一份申请（国际申请），该申请即自国际申请日起在所指定的国家中具有正规国家申请的效力。同时，由一个局（受理局）完成形式审查，由一个局（国际检索单位）进行检索，由国际局完成国际公布，经申请人要求，由一个局（国际初步审查单位）进行国际初步审查，最终的实质审查和授权由各指定局完成（见图1-3）。总之，PCT 国际专利申请程序包括国际阶段和国家阶段。国际阶段包括国际申请、国际检索、国际公布和国际初步审查。国家阶段是申请人在办理了进入指定国的手续后，各指定国专利局依据本国专利法对国际专利申请进行实质审查，并决定是否授予其专利权。

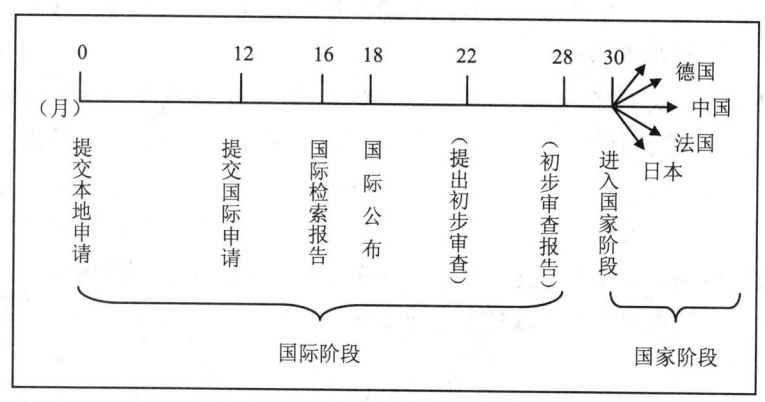

图 1-3　PCT 国际专利申请体系

（1）国际申请

申请人应当自提交本国专利申请文件之日（优先权日）起12个月内，以主管受理局❶接受的语言向其提出国际申请。受理局从以下几个方面对专利申请进行审查：①专利申请人是否至少有一人是 PCT 成员国的国民或居民；②申请语言

---

❶ 我国国家知识产权局专利局是 PCT 条约规定的国际申请受理局、国际检索单位和国际初步审查单位。

是否为受理局和主管检索单位接受的语言；③申请文件是否包括请求书、说明书、权利要求书、摘要和附图；④提出优先权的时间及优先权文件是否符合要求；⑤是否缴纳了所需费用。

如上述各方面均符合要求，受理局应确定国际申请日，并给予国际申请号，同时将申请文件传送至国际局和国际检索单位。由受理局确定的国际申请日在所指定的国家中具有正规国家申请的效力。

(2) 国际检索

国际检索单位收到申请文件后，经审查申请文件符合规定，应当自收到检索本起3个月或自优先权日起9个月，以后到期的期限为准，作出检索报告，根据相关的现有技术，在原始申请文件基础上提供关于专利性的初步意见，并对申请文件的单一性进行审查。申请人可以自优先权日起16个月或自国际检索单位寄出国际检索报告之日起2个月，以后到期的期限为准，向国际局提出修改请求，但修改仅限于权利要求书。

(3) 国际公布

国际局应自优先权日起满18个月后，对专利申请文件进行公布。如果国际申请在其公布的技术准备完成前撤回或被视为撤回，则不应公布。申请人可以向国际局申请在18个月期满之前公布。国际局和国际检索单位不允许任何人或当局在该申请作国际公布前接触该国际申请，除非申请人请求或授权这样做。

(4) 国际初步审查

如果申请人认为有必要，可以自优先权日起22个月或收到检索报告和书面意见3个月，以后到期限为准，向主管国际初步审查单位提出审查请求，请求对修改后申请文件的专利性、单一性等方面进行审查。国际初步审查并不是国际阶段的必要程序，只有在申请人认为必要，并且提出了国际初步审查申请之后，才进行审查，否则无须审查。国际初步审查单位应该在规定的期限内做出国际初步审查报告，该报告对国家阶段的实质审查无约束力。

(5) 国家阶段

申请人应该在自优先权日起30个月之内办理进入国家阶段的手续，即向指定国专利局提交国际申请的副本和译本，以及缴纳国家费用。国际专利申请进入国家阶段后，各指定国专利局无须对申请文件的形式进行审查，而只需对申请进行实质审查，并决定专利能否被授权，国际检索报告及国际初步审查报告只是作为国家阶段实质审查的参考意见，授予的专利权仅在指定国的范围内有效。

需要注意的是，通过PCT进行国际专利申请也存在一些不足，如授权时间较长（一般需3-4年）、不能授予外观设计专利权等。如果申请人只是希望在少数的一两个国家获得专利权（包括外观设计），并且希望在相对较短的时间内得到授权，则可以通过《巴黎公约》要求外国优先权的方式，直接向该国提出申请，缩短授权周期。

1.5 专利权的行政保护与司法保护

1.5.1 专利权的行政保护

我国《专利法》及其《实施细则》规定了各省、自治区、直辖市、设区的市人民政府设立的专利行政管理部门的执法职责：一是处理专利侵权纠纷案件；二是查处假冒专利行为；三是调解专利纠纷。

1. 处理专利侵权纠纷案件

我国对专利权的保护实行司法保护和行政保护，这是中国专利制度和知识产权制度的特色。专利侵权纠纷是一种民事纠纷，根据《专利法》的规定，对专利侵权行为，专利权人可以向人民法院提起侵权诉讼，也可以请求地方管理专利工作的部门处理。

专利权人请求行政机关即管理专利工作的部门处理专利侵权纠纷的，一般是以要求侵权人立即停止侵权行为为目的，如果专利权人除要求侵权人停止侵权行为以外，还要求损失赔偿的，则向人民法院提起侵权诉讼为宜。

全国各省、自治区、直辖市、设区的市人民政府设立的专利行政管理部门与有关行政执法部门联合执法，在保护专利权及知识产权的执法工作中取得实效，发挥了专利行政执法的优势作用，维护了我国社会主义市场经济秩序。

2. 查处假冒专利

假冒专利行为是违反行政管理秩序的行为，《专利法》规定由各地方专利行政管理部门进行查处。

假冒专利的，除依法承担民事责任外，由管理专利工作的部门责令改正并予公告，没收违法所得，可以并处违法所得4倍以下的罚款；没有违法所得的，可以处20万元以下的罚款；构成犯罪的，依法追究刑事责任。

根据《实施细则》的规定，假冒专利的行为包括：

（1）在未被授予专利权的产品或者其包装上标注专利标识，专利权被宣告无效后或者终止后继续在产品或者其包装上标注专利标识，或者未经许可在产品或者产品包装上标注他人的专利号；

（2）销售第（1）项所述产品；

（3）在产品说明书等材料中将未被授予专利权的技术或者设计称为专利技

术或者专利设计,将专利申请称为专利,或者未经许可使用他人的专利号,使公众将所涉及的技术或者设计误认为是专利技术或者专利设计;

(4) 伪造或者变造专利证书、专利文件或者专利申请文件;

(5) 其他使公众混淆,将未被授予专利权的技术或者设计误认为是专利技术或者专利设计的行为。

专利权终止前依法在专利产品、依照专利方法直接获得的产品或者其包装上标注专利标识,在专利权终止后许诺销售、销售该产品的,不属于假冒专利行为。

销售不知道是假冒专利的产品,并且能够证明该产品合法来源的,由管理专利工作的部门责令停止销售,但免除罚款的处罚。

3. 调解专利纠纷

根据《专利法》及其《实施细则》的规定,各地专利行政管理部门可以依当事人请求调解除了专利侵权纠纷以外的专利纠纷,这些专利纠纷包括:专利申请权和专利权归属纠纷;发明人或设计人资格纠纷;职务发明的发明人或设计人的奖励和报酬纠纷;在发明专利申请公布后专利授予前使用发明而未支付适当费用的纠纷。

专利行政管理部门对专利纠纷的调解,要在双方当事人同意接受调解的情况下,本着分清是非的原则主持进行,调解成立后不具有强制力,只依赖当事人的自觉履行。

1.5.2 专利权的司法保护

未经专利权人许可,擅自使用专利权所覆盖的发明创造的,属于侵犯专利权的行为。在发生了专利侵权行为以后,专利权人或者利害关系人可以要求专利行政管理部门处理,追究其行政责任,也可以向法院提起诉讼,要求侵权人承担民事责任。侵权行为符合刑法规定,情节严重的,还要依法追究侵权行为人的刑事责任。

1. 侵犯专利权的民事责任

(1) 侵犯专利权的行为

我国《专利法》第11条规定,发明和实用新型专利权被授予后,除本法另有规定的以外,任何单位或者个人未经专利权人许可,都不得实施其专利,即不得为生产经营目的制造、使用、许诺销售、销售、进口其专利产品,或者使用其专利方法以及使用、许诺销售、销售、进口依照该专利方法直接获得的产品。外观设计专利权被授予后,任何单位或者个人未经专利权人许可,都不得实施其专利,即不得为生产经营目的制造、许诺销售、销售、进口其外观设计专利产品。

根据第 11 条的规定，对于产品专利而言，侵权行为是指：制造该专利产品；使用该专利产品；许诺销售该专利产品；销售该专利产品和进口该专利产品。对方法专利而言，侵权行为包括：使用该专利方法；使用依照该专利方法直接获得的产品；许诺销售依照该专利方法直接获得的产品；销售依照该专利方法直接获得的产品；进口依照该专利方法直接获得的产品。对于外观设计专利而言，侵权行为是指：制造含有外观设计专利的产品；许诺销售、销售含有外观设计专利的产品；进口外观设计专利的产品。

（2）诉讼管辖

由于专利侵权诉讼具有很强的技术性和法律性，审理难度较大，最高人民法院《关于审理专利纠纷案件适用法律问题的规定》（本节简称《规定》）第 2 条规定，专利纠纷第一审案件，由各省、自治区、直辖市人民政府所在地的中级人民法院和最高人民法院指定的中级人民法院管辖。

其中，因侵犯专利权行为提起诉讼，由侵权行为地或者被告住所地人民法院管辖。侵权行为地包括：被控侵犯发明、实用新型专利权的产品的制造、使用、许诺销售、销售、进口等行为的实施专利方法使用行为的实施地；依照该专利方法直接获得的产品的使用、许诺销售、销售、进口等行为的实施地；外观设计专利产品的制造、销售、进口等行为的实施地；假冒他人专利的行为实施地；上述侵权行为的侵权结果发生地。原告仅对侵权产品制造者提起诉讼，未起诉销售者，侵权产品制造地与销售地不一致的，制造地人民法院有管辖权；以制造地与销售者为共同被告起诉的，销售地人民法院有管辖权。销售者是制造者的分支机构，原告在销售地起诉侵权产品制造者的制造、销售行为的，销售地人民法院有管辖权。

（3）举证责任的特殊问题

一般来讲，侵犯专利权诉讼的举证责任分配必须遵循民事诉讼"谁主张、谁举证"的原则。但是，在侵犯方法专利权的诉讼中，则实行"举证责任倒置"的原则。《专利法》第 61 条规定，专利侵权纠纷涉及新产品制造方法的发明专利的，制造同样产品的单位或者个人应当提供其产品制造方法不同于专利方法的证明。之所以作这样的规定，是因为根据《专利法》的规定，方法专利权的保护延及直接利用该方法所获得的产品。但是，让专利权人证明某种涉嫌侵权的产品是由其所拥有的方法专利所生产，是非常困难的。因此，法律不强人所难，将方法专利的举证责任归于被告，则较好地解决了权利人举证的困境。

（4）诉前的临时措施

对于正在实施或者即将实施的专利侵权行为，往往不能通过通常的司法救济程序予以救济，但是如果听之任之，专利权人的合法权益会受到难以弥补的损害。对此《专利法》第66条规定，专利权人或者利害关系人有证据证明他人正在实施或者即将实施侵犯专利权的行为，如不及时制止将会使其合法权益受到难以弥补的损害的，可以在起诉前向人民法院申请采取责令停止有关行为的措施。第67条规定，为了制止专利侵权行为，在证据可能灭失或者以后难以取得的情况下，专利权人或者利害关系人可以在起诉前向人民法院申请保全证据。

申请人向人民法院提出上述诉前临时措施的申请时，应当提供担保；不提供担保的，驳回申请。人民法院应当自接受申请之时起48小时内作出裁定。裁定责令停止有关行为和证据保全的，应当立即执行。申请人自人民法院采取责令停止有关行为和证据保全的措施之日起15日内不起诉的，人民法院应当解除该措施。

（5）民事责任

如果确认被告的行为构成侵犯专利权，根据《专利法》和《中华人民共和国民法通则》（以下简称《民法通则》）的有关规定，可以责令侵权人承担停止侵权、赔偿损失、消除影响、赔礼道歉等民事责任。

责令停止侵权。即法院命令被告停止侵权行为。这种责任的目的在于防止侵权人继续进行侵权活动，避免给权利人造成更多的损失。司法实践中，权利人往往会通过要求侵权人支付合理使用费用的方式，允许侵权人继续使用其专利，只有在侵权人拒绝支付使用费的情况下，才会适用本民事责任。

赔偿损失。我国《专利法》第65条规定，侵犯专利权的赔偿数额，按照权利人因被侵权所受到的损失或者侵权人因侵权所获得的利益确定；被侵权人的损失或者侵权人获得的利益难以确定的，参照该专利许可使用费的倍数合理确定。权利人的损失、侵权人获得的利益和专利许可使用费均难以确定的，人民法院可以根据专利权的类型、侵权行为的性质和情节等因素，确定给予1万元以上100万元以下的赔偿。根据该规定，专利侵权赔偿损失的标准主要有四个，即被侵权所受到的损失、侵权人因侵权所获得的利益、专利许可使用费的倍数、法定合理赔偿四种。

消除影响、赔礼道歉主要是侵犯专利权行为给权利人造成的人身权利侵害而适用的责任方式。消除影响是指侵权人以适当的方式消除由于自己的侵权行为给权利人造成的不良影响。具体来讲，侵权行为造成影响的范围多大，就应在多大的范围内消除影响。赔礼道歉是指侵权人以适当的方式向权利人表示歉意，如当面赔礼道歉，在报纸、刊物等媒体上向权利人发表致歉信等。

2. 侵犯专利权的刑事责任

《刑法》第216条规定了假冒专利罪。所谓假冒专利罪，是指假冒他人专利，情节严重的行为。根据该规定，侵犯专利有可能承担刑事责任的，只有假冒专利一种情况。《最高人民法院、最高人民检察院关于办理侵犯知识产权刑事案件具体应用法律若干问题的解释》(以下简称《关于办理侵犯知识产权刑事案件的解释》)第10条规定,所谓"假冒他人专利",是指以下行为:(一)未经许可,在其制造或者销售的产品、产品的包装上标注他人专利号的;(二)未经许可,在广告或者其他宣传材料中使用他人的专利号,使人将所涉及的技术误认为是他人专利技术的;(三)未经许可,在合同中使用他人的专利号,使人将合同涉及的技术误认为是他人专利技术的;(四)伪造或者变造他人的专利证书、专利文件或者专利申请文件的。

假冒他人专利,只有情节严重的,才构成犯罪。可见情节是否严重是区分假冒专利罪和一般专利权侵权行为的关键。何谓"情节严重",《关于办理侵犯知识产权刑事案件的解释》第4条规定,假冒他人专利,具有下列情形之一的,属于《刑法》第216条规定的"情节严重",应当以假冒专利罪判处3年以下有期徒刑或者拘役,并处或者单处罚金:(一)非法经营数额在20万元以上或者违法所得数额在10万元以上的;(二)给专利权人造成直接经济损失50万元以上的;(三)假冒两项以上他人专利,非法经营数额在10万元以上或者违法所得数额在5万元以上的;(四)其他情节严重的情形。符合这五种情况的才能定性为假冒他人专利"情节严重",否则只能做一般民事侵权行为处理,或者追究其行政责任。

根据《最高人民法院、最高人民检察院关于办理侵犯知识产权刑事案件具体应用法律若干问题的解释》(二)(下文简称《办理侵犯知识产权刑事案件解释》(二))第5条的规定,被害人有证据证明的侵犯知识产权刑事案件,直接向人民法院起诉的,人民法院应当依法受理。严重危害社会秩序和国家利益的侵犯知识产权刑事案件,由人民检察院依法提起公诉。因此,包括假冒专利权罪在内的所有侵犯知识产权犯罪案件,均属于自诉案件,对于侵犯专利权的案件,符合上述假冒专利权罪构成要件的,专利权人或者其他利害关系人可以直接向人民法院起诉。

第二章 大型企业专利管理概述

　　价值、竞争和产权约束是市场经济的特征，而专利在某种层面上展示着现代市场经济中形形色色的价值、竞争和产权，以一种差别优势的姿态存在，进而成为企业赢得市场的独步武器。❶ 知识经济大大不同于以往的工业社会和原始的物物交换，知识经济时代企业成功运营的秘籍是在资本、技术、资源和管理之上融合专利的综合优势。大型企业规模庞大，人才众多，研发活动活跃，每年的专利申请量巨大，专业成熟的专利管理不仅可以帮助企业有效地维护自身专利权利，扩大利润额，提升市场竞争力，还可以提高企业声誉，增强企业活力，令企业在国际市场上稳步前进。

2.1　大型企业的基本情况

2.1.1　大型企业的划分标准

　　大型企业是指具有较大规模的单一的经营性组织。"较大规模"是指具有较多的从业人员、较大的销售额并拥有较大的资产总额。"单一"用以区别于"大型企业集团"概念，主要指该组织不拥有两个以上独立法律地位主体，不属依靠资本、契约、利害关系等纽带形成的特殊联合体，对外只拥有一个统一名义，享有统一产权，对自身的行为负统一的法律责任，对内则实行统一的管理与运作，以行政指令为主要手段支配各职能部门与下属单位的工作。在我国，大型企业一般以公司的形式出现，在法律上具备独立的法人地位。

　　一般来说，"大型企业"的概念具有地域性，各国对于大型企业的评价标准存在差异。在美国，一般将列入美国企业 500 强之内的企业视作大型企业，其主要依据指标是市场竞争力和市场占有率；在日本，曾经将资本额在 10 亿日元以

---

❶ 胡佐超，余平. 企业专利管理 [M]. 北京：北京理工大学出版社，2008：12-15.

上，属于第一类股票上市公司或达到股票上市公司条件的企业通称作大型企业。[1]

我国的大型企业划分标准参照国际惯例，以从业人员数、营业收入、资产总额三项指标为主，结合各行业的特点分别划定。2011年7月4日，工业与信息化部会同国家统计局、发展与改革委员会、财政部，经国务院批准，联合发布《中小企业划分标准规定》。该规定指出，中型企业标准上限即为大型企业标准的下限。具体的各行业划分标准如表2-1所示。

表2-1 大型企业标准

行业名称	标准	行业名称	标准
工业 *	$X \geq 1000$	餐饮业	$X \geq 300$
	$Y \geq 40000$		$Y \geq 10000$
建筑业	$Y \geq 80000$	信息传输业 *	$X \geq 2000$
	$Z \geq 80000$		$Y \geq 100000$
批发业	$X \geq 200$	软件和信息技术服务业	$X \geq 300$
	$Y \geq 40000$		$Y \geq 10000$
零售业	$X \geq 300$	房地产开发经营	$Y \geq 200000$
	$Y \geq 20000$		$Z \geq 10000$
交通运输业 *	$X \geq 1000$	物业管理	$X \geq 1000$
	$Y \geq 30000$		$Y \geq 5000$
仓储业	$X \geq 200$	租赁和商务服务业	$X \geq 300$
	$Y \geq 30000$		$Z \geq 120000$
邮政业	$X \geq 1000$	住宿业	$X \geq 300$
	$Y \geq 30000$		$Y \geq 10000$
农、林、牧、渔业	$Y \geq 20000$	其他未列明行业 *	$X \geq 300$

说明：

X = 从业人员　计算单位：人

Y = 营业收入　计算单位：万元

Z = 资产总额　计算单位：万元

（1）大型、中型和小型企业须同时满足所列指标的下限，否则下划一档；微型企业只需满足所列指标中的一项即可。

（2）表中各行业的范围以《国民经济行业分类》（GB/T4754-2011）为准。

---

[1] ［日］清水龙莹．日本大型企业成长的奥秘［M］．台湾：文经社，1985：2-7．

带*的项为行业组合类别，其中，工业包括采矿业、制造业、电力、热力、燃气及水生产和供应业；交通运输业包括道路运输业、水上运输业、航空运输业、管道运输业、装卸搬运和运输代理业，不包括铁路运输业；信息传输业包括电信、广播电视和卫星传输服务，互联网和相关服务；其他未列明的行业包括科学研究和技术服务业，水利、环境和公共设施管理业，居民服务、修理和其他服务业，社会工作，文化、体育和娱乐业，房地产中介服务及其他房地产业等，不包括自有房地产经营活动。

（3）企业划分指标以现行统计年度为准。①从业人员，是指期末从业人员数，没有期末从业人员数的，采用全年平均人员数代替。②营业收入，工业、建筑业、限额以上批发和零售业、限额以上住宿和餐饮业以及其他设置主营业务收入指标的行业，采用主营业务收入；限额以下批发与零售业企业采用商品销售额代替；限额以下住宿与餐饮业企业采用营业额代替；农、林、牧、渔业企业采用营业总收入代替；其他未设置主营业务收入的行业，采用营业收入指标。③资产总额，采用资产总计代替。

2.1.2 大型企业的分类

按照不同的分类标准，可以将大型企业做出多种分类[1]。①按所有制结构可分为：全民所有制企业、集体所有制企业和私营企业。全民所有制企业是指企业财产属于全民所有的，依法自主经营、自负盈亏、独立核算的商品生产和经营单位。集体所有制企业是指以生产资料的劳动群众集体所有制为基础的独立的商品经济组织，集体所有制企业包括城镇和乡村的劳动群众集体所有制企业。私营企业是指由自然人投资设立或由自然人控股，以雇佣劳动为基础的营利性经济组织，包括按照《公司法》《合伙企业法》《私营企业暂行条例》规定登记注册的有限责任公司、股份有限公司、合伙企业和独资企业。②按企业法律形态可分为：公司企业和非公司企业。公司企业包括有限责任公司和股份有限公司；非公司企业包括个人独资企业、合伙企业、个体工商户等。③按股东对公司债务的负责限度不同，可分为：无限责任公司、有限责任公司、股份有限公司。④按隶属关系可分为：母公司、子公司。⑤按所属经济部门可分为：农业企业、工业企业和服务企业等。

2.1.3 大型企业的特点

大型企业由于规模庞大、人员众多，在组织结构、经营管理、财务管理、研

---

[1] 黄洁. 企业经营决策与管理综合实训［M］. 四川：西南财经大学出版社，2012：62-67.

发体系、人才组织等方面都有其独有的特点。

第一，大型企业的组织结构形态复杂。大型企业往往具有多级的下属分支机构，企业业务可能分布于多个行业，很难在较短的时间里完成全方位的协同作业。大型企业层级过多，上层传达的信息在执行过程中随时可能发生变化，同时，基层单位汇报到总部的信息也会在准确度与及时性上大打折扣。另外，市场信息源自众多的子公司、企业部门和工作人员，纷杂零碎，信息处理也将是管理层不可避免的挑战。

第二，大型企业的财务管理方式复杂。一方面，各个分公司的具体情况会有所不同，为便于分公司更好地应对市场瞬息万变的客观形势，企业不宜作出"一刀切"的管理决定，需要给分公司相对的财物自主权；但另一方面，大型企业资金运转量大，财务统一管理结算可以有效规避风险，预防浪费，杜绝腐败。如何在"集中管理"与"各自管理"中找到合适的协调点，既能做好"集中力量办大事"，又能实现"船小好掉头"，是现代大型企业管理所面临的新课题。

第三，大型企业的研发体系呈"流水作业"状貌。大型企业经营大事业，研发团队不是一两个独立的开发人员，而是成体系的下属部门或下属机构。研发团队内部设置有多层级研发人员，大体分为领导层、技术骨干层和操作层。领导层负责项目的整体规划和构思，技术骨干负责攻破技术性难关，操作层则负责执行技术骨干层设计出来的具体执行方案，每个研发人员既是团队的一份子，也是"流水线"上的一个环节。如何在"流水作业"中设置特殊的环节，既保证工作的高效性又能充分激发基层开发人员的创造，是需要思考的问题。

第四，大型企业的研发资源不断向外部扩展。部分大型企业，在公司高管层设置的"技术创新委员会""专利管理CEO"等职位，长期聘任外部专家为其"专家顾问团"成员，并配备"科技发展部门"和"知识资源部门""专业研究所"等具体部门，专门负责同事业单位研发机构和高校保持沟通接洽，培养良好的合作氛围和长期的业务关系，充分利用企业外部的资源加强自身研发实力，形成不断运作的生态链条。

第五，大型企业的员工管理方式特殊。企业规模巨大，项目覆盖面广，势必需要网罗大量的人才，并且创立灵活的管理方式以培育员工对企业的责任感。由于基层员工与企业决策层层级太远，依靠企业领导的个人魅力凝聚员工向心力的管理方式一般不太可行，大部分企业选择了以经济手段与晋升提拔相结合的激励方式。如微软公司配发给每位员工本公司股票，并设立多层级的职位头衔，定期核定晋升，以经济和荣誉相结合的方式培养员工向心力。

2.1.4 我国大型企业的分布

在我国大型企业中，大型工业企业的专利研发活动最为活跃，是每年国内专利申请的主力军，有鉴于此，本书仅对大型工业企业的分布情况做初步分析。2009年《中国大型工业企业年鉴》统计结果显示，我国大型工业企业主要集中于如下五大行业：通信设备、计算机及其他电子设备制造业（402家），交通运输设备制造业（271家），黑色金属冶炼及压延加工业（213家），电气机械及器材制造业（186家），化学原料及化学制品制造业（179家）。

大型工业企业中，资产总额列前五位的行业为：黑色金属冶炼及压延加工业（28728.6亿元），电力、热力生产和供应业（20980.5亿元），交通运输设备制造业（16621.2亿元），煤炭开采和洗选业（13981亿元），通信设备、计算机及其他电子设备制造业（13016.9亿元）。

利润总额位居前五的行业为：石油和天然气开采业（3741.9亿元），煤炭开采业和洗选业（1258.8亿元），交通运输设备制造业（977.8亿元），黑色金属冶炼及压延加工业（973.9亿元），通信设备、计算机及其他电子设备制造业（805.2亿元）。

在地区分布上，东部沿海地区、中部地区、东北工业区以及西部地区的分布并不均衡。其中，东部地区不仅占企业数量上的第一，在主营业务收入（占全国统计数额的59.4%）、企业总资产额（50.4%）、年利润额（48.6%）和从业人数（51.8%）等方面也均居全国榜首。值得一提的是，东北地区作为"中国重型工业的长子"，其间分布的大型企业以规模庞大为其主要特色：234家大型企业户均销售79亿元，户均资产81.5亿元，户均利益67.7亿元，户均从业人数1.0万人。

2.2 大型企业专利管理的概念与特点

2.2.1 大型企业专利管理的概念

所谓专利管理，是指对专利工作加以计划、组织、协调和控制的活动和过程。根据管理的主体以及管理内容的不同，可以将专利管理分为企业的专利管理、事业单位的专利管理以及相关政府部门的专利管理（即知识产权的行政管理）。知识产权管理作为一个管理学概念，既体现企业、政府与研发单位之间的互动关系，也体现法律法规政策等"有形之手"与市场规律、交易习惯等"无形之手"的调整作用（见图 2-1）。

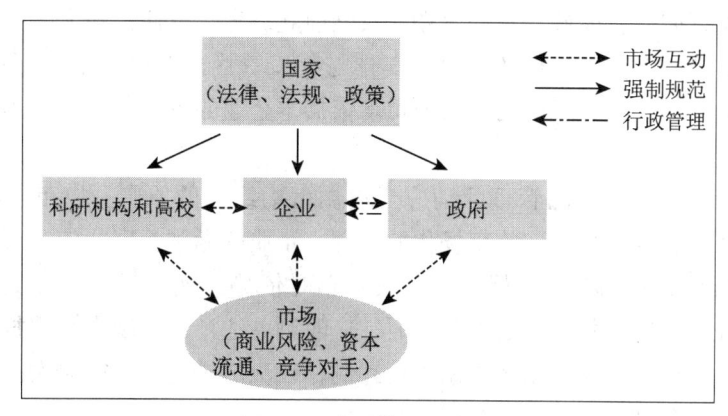

图 2-1 专利管理示意图

企业专利管理，是指为了发挥专利在企业发展中的重要作用，促进企业的自主创新能力，谋求最大经济利益和市场竞争能力，由专门的专利管理人员利用法律、经济、技术等方式方法，对企业专利（或有待申请为专利的科研成果）进行的有计划的组织、协调、谋划和利用的活动。❶专利管理可以规范企业在专利开发、维护、运营等环节的工作，提高企业的总体运营水平，提升企业的综合实力。

由于大型企业规模庞大、部门众多、分支机构广布，专利管理内容除了对专利权的申请、利用、维护、诉讼等工作外，还将不可避免地涉及人力资源管理、规章制度制定、财务管控规范化、信息系统设计以及企业专利战略等内容。总之，大型企业的专利管理是一项长远的、综合性的管理工作，其所涉及的范围覆盖专利权利从产生到灭失的所有环节，并延伸至企业长期规划等战略性内容，在提升企业的整体竞争力上具有重要作用。

2.2.2 企业专利管理的特点

一般来说企业专利管理具有法律性、市场性、动态性、从属性和文化性。❷

法律性，是指企业对于专利工作实施管理应当依据专利权的相关制度进行。一方面，于外，企业的专利管理必须符合我国的专利法律制度，这里的"法"既包括立法层次较高的《专利法》《专利法实施条例》《反不正当竞争法》，也包括立法层级相对较低的行政法规、地方性法规、部门规章以及司法解释；另一方

---

❶ 宋伟主编. 知识产权管理 [M]. 安徽：中国科学技术大学出版社，2010：84-85.
❷ 朱雪忠. 企业知识产权管理 [M]. 北京：知识产权出版社，2008：7-8.

面，对内，企业内部要有制定精良的符合企业自身发展的相关制度，做到各部门、各岗位之间分工明确、责任明晰、权能独立、合作方便，在人事管理方面要做到奖惩有"法"、赏罚有度，职位安排与其权责内容相适应。美国的IBM公司、日本的三菱公司和我国的华为公司均依据本企业的特点制定了相当完备的内部规章制度。

市场性，是指企业的管理活动应当遵循市场经济的原则，以市场机制为导向，以市场效益为目标，实施市场化的管理。企业的专利管理要依据市场环境的变动而做出相应的调整，要保证自身具备随时依势而变的机动性和灵活度。比如，企业在确定对某技术的研发投入时，应时刻关注市场上现有相关技术的发展趋势并借此对研发成果的市场前景进行评测，以决定是继续自行研发抑或采用其他方式获得类似技术。

动态性，是指企业专利管理的模式和手段不能一成不变而应随势而变。企业专利管理的动态性是由三个方面的因素所决定的：第一，企业作为营利性主体，受市场规律的支配，而动态性恰恰是市场规律的内在属性。第二，专利权本身具有时间性，企业以及其竞争对手所享有的专利权的法律状态（如有效期限、权利的有效性等）会随着时间而变化，这要求企业必须依据权利状态的变化而不时地调整专利管理的方式和手段。第三，国家对于权利制度的立法和政策性态度若发生变化，一定程度上也将影响企业的专利管理。比如，专利法如若扩大了智力成果的可授权内容范围，将部分曾经不可申请专利的成果形式赋予了可专利性，则企业的专利管理工作就有必要做出相应的变动。又如，新政策将某些原可享受税收优惠待遇的专利成果排除在了新优惠政策的名单之外，会变相抬升企业的总体成本，此时企业对于研发投入的决策也应做相应的变更。

文化性，是指在专利管理的环节，每个企业因在实力和理念等方面的差别所呈现出来的不同的管理风格。专利管理的初衷是保护自身权利、鼓励创新，而管理是一门综合艺术，要实现专利管理的初衷，管理的方式和手段自然要契合企业自身的文化特点。如IBM公司在专利管理规章制度、人员聘用与培训方面均体现了其公司文化中专业缜密的一贯作风，而日本富士通公司则表现得务实稳健、富有创造力，这都是其各自企业文化的体现。

2.2.3 大型企业专利管理的特点

相较于一般的企业，大型企业从业人员多，管理层级高，内部部门庞杂，分支机构分布广，市场份额大，一次性的采购量和生产量巨大，正所谓"船大难掉头"，故而大型企业专利管理工作除了需要符合一般的素质要求之外，还应具备综合性、系统性、协作性和一体化。

综合性，是在指大型企业的专利管理工作中，管理者需要考虑的内容不仅局限于对专利权的维护和利用，还应注重专利风险的防范、信息系统的建立等操作层面的内容，甚至还包括部门的配置、人员的安排、规章的制定、战略的设计等较为宏观的内容。总之，大型企业的专利管理工作内容不仅包括产品研发、权利申请和权利维护，还涉及一系列人力、物力、财力的利用和调配，是一个综合性的管理过程，集中体现企业管理者对各种利害得失的取舍与权衡。

系统性，是指将企业专利管理过程中产生的信息在计算机数据管理系统中加以存储，并将信息内容按一定的分类方式归类整理，形成系统性极强的数据资源库。系统性不仅要求信息可以按一定的方式快速检索得到，还要求其可以通过现成的分析工具被快速地加以分析。因此，成熟的系统化管理不仅用全面的数据资源，还常常附带有成熟的分析软件。

协作性，是指企业的专利管理需要符合企业的整体经营计划，体现企业内部各个部门之间、企业与其他企业之间良好的合作关系。协作性可以从两个方面理解：一方面，就企业的内部来看，专利管理工作本身具有很强的技术性和法律性，需要大量专业人才相互合作才能完成；另一方面，就企业与其他企业间的关系来看，专利管理集中体现了企业与其他专利所有人之间的协作关系，专利作为一种"软资本"在相同领域企业之间进行流通和交换。

一体化，是指大型企业专利管理的各个环节整合在一个管理体系中，同时与企业的经营管理体系对接。专利管理是一项十分复杂的工作，对于大型企业显得尤为突出。专利管理不仅涉及专利的开发、申请、维护、运营和保护等事务性工作，而且贯穿于企业研发、采购、生产和销售整个经营过程，一体化管理有助于提高整个企业的管理效率和管理水平。

2.3 大型企业专利管理的目标与内容

2.3.1 大型企业专利管理的目标

从国内外企业的市场竞争实践可以看到，专利管理是一项贯穿于企业计划、生产、经营、生存、发展全过程的重要工作，在企业的生产、经营各个方面具有重要作用。专利管理的目标主要集中在如下几个方面。

第一，建立严格、健全的专利管理体系，将知识产权这一特殊的资源控制在可以预计的风险范围之内。设定严格的内部管理制度，如会客登记制度、研发日

志制度、核心开发人员保密协议制度等，并在职工上岗之前进行严格的知识产权培训。❶

第二，培养专业知识产权分析队伍，为企业的经营决策提供可靠的参考依据。世界上每年的科技成果有90%-95%可以在专利文献中查阅得知，企业可以利用这些公开信息分析得知技术发展趋势、市场经济内容、潜在竞争对手、专利效益前景等内容，甚至可以探知对手的发展战略和各国的贸易政策倾向。培养专业的分析队伍，可以帮助企业在竞争中知彼知己，百战不殆。

第三，探索专业化的专利营销模式，增强专利的品牌效应。专利不仅仅是一项法律权利，更是一个值得大做文章的企业宣传点，企业可以专利为支点，全面开发专利的"品牌价值"，提升企业的商业信誉，从而扩大市场份额。

第四，探索化解公共信任危机的公关方式，维护企业公共形象。在现实生活中，某知名企业的某项新产品无意间侵犯了他人的知识产权的现象并不少见，当诉诸公堂并被媒体不断披露之后，往往造成该企业的公共信任危机。目前，各国大型企业对于产品涉嫌专利侵权的公关都处于探索阶段，方式方法较为简陋，难以维护企业的形象和信誉。

2.3.2 大型企业专利管理的内容

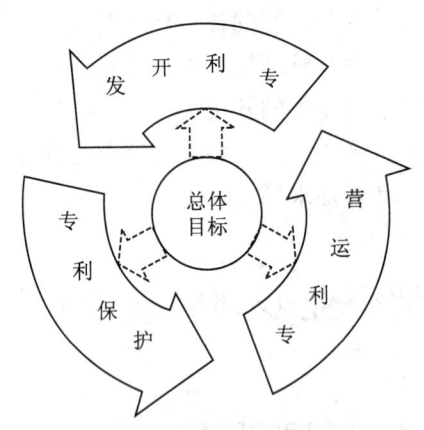

图2-2 专利管理内容示意图1

传统的专利管理模式以企业的专利资源保护为重点，现代企业专利管理模式已发展为从专利的开发到保护，再到专利资产运营的一个完整周期❷（见图2-2）。ICMG（知识资本管理组织）提出企业专利管理模式的五个阶段：①发展专

---

❶ 何敏．企业知识产权管理战略［M］．北京：法律出版社，2006：150-151．
❷ 于雪霞．现代企业专利管理模式的要素与结构分析［J］．现代管理科学，2010（5）：108．

利数量；②以有限资源获得量多质优的专利；③利用并实现专利价值；④利用专利协助企业发展策略定位；⑤利用专利领导科技发展，协助企业调整对市场的战略影响。袁真富从创新战略高度认为现代企业应该跨越专利发展模式，从专利保护的传统观念转向专利经营的现代理念，从专利的侵权防御阶段提升到专利的战略规划层次，从专利作为法律资产的桎梏中释放出专利作为商业资产的活力，进而发展到策略资产的境界。

企业专利管理的内容与知识创新过程大致呼应，专利管理的主要内容呈现为四个环节：专利的生成管理、专利的交流管理、专利的积累管理、专利的应用管理，❶如图2-3所示。该种管理在思想上，视生成管理、交流管理和积累管理为手段，视应用管理为目的，总体上体现了现代企业专利管理的目的指向型特征。

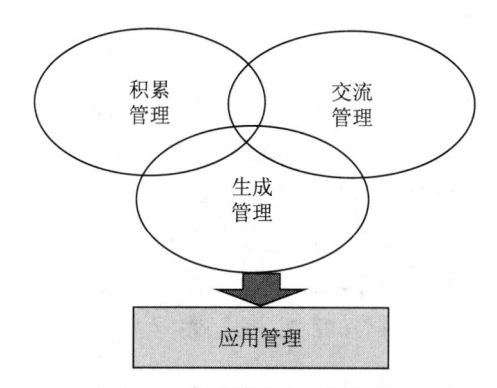

图2-3 专利管理内容示意图2

冯晓青教授认为，企业的专利管理工作是围绕企业专利的申请、授权、保护、利用等方面所进行的工作。冯教授将专利管理的主要内容大致分为：①企业专利管理机构的建立与专利管理人员的确定；②企业专利管理规章制度的建设；③企业专利产权的管理；④企业专利信息的管理；⑤企业专利管理利益的分配与奖励的管理。❷ 由此可见，冯教授所言专利管理不仅仅局限于对智力成果内容的管理和利用，而且涵括人事管理、组织架构、信息沟通等各个方面。

本书综合考虑专利管理的特殊性，将企业专利管理的内容分类为如下几个板块：①部门设置的管理；②专利人才的管理；③专利信息的管理；④专利财务的管理；⑤专利风险的管理；⑥专利战略的制定，如图2-4所示。不拘泥于对专利权利本身的管理和控制，而是将整个专利管理、运营和部署都纳入管理内容，力

---

❶ 何敏．企业知识产权保护与管理实务［M］．北京：法律出版社，2002：167-168．
❷ 冯晓青．企业专利管理若干问题研究［J］．湖南文理学院学报（社会科学版），2007（3）：17-19．

求专利管理专利化、制度化、规范化和宏观化。

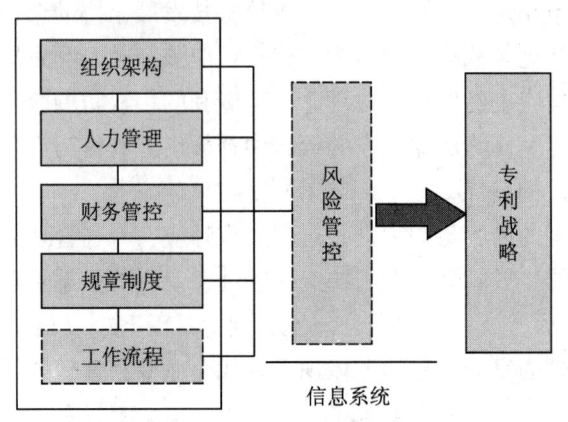

图 2-4　专利管理内容示意图 3

专利管理是企业经营的重要方面，是企业提高效益的重要途径和手段，在企业经营管理中占据十分重要的地位。大型企业的专利管理有着与中小企业截然不同的方式和特色，中小企业专利管理工作主要是围绕企业专利的申请、授权、保护、利用等方面的具体工作，而大企业则必须充分涵盖专利管理机构的建立、专利管理人员的确定、专利规章制度的建设、专利产权的管理、专利信息的管理、风险的防范、财务的管控、战略的制定等宏观内容。

2.4　我国大型企业专利管理的意义

2.4.1　我国大型企业专利的基本状况

我国大型企业专利的基本状况如表 2-3、表 2-4 所示。

表 2-3　2011 年全国规模以上工业企业❶拥有有效发明专利前 30 强❷　　单位：件

排名	法人单位名称	控股情况	发明	实用新型	外观设计	有效专利合计
1	华为技术有限公司	私人	14605	482	571	15658
2	中兴通讯股份有限公司	国有	8862	1555	713	11130

---

❶ "规模以上工业企业"，目前在我国是指年主营业务收入在 2000 万元以上的工业企业。

❷ 刘增雷，刘畅. 2011 年我国规模以上工业企业专利活动与经济效益状况报告 [N]. 专利统计简报，2013-6-6（10）.

续表

排名	法人单位名称	控股情况	发明	实用新型	外观设计	有效专利合计
3	鸿富锦精密工业（深圳）有限公司	外商	3117	1205	415	4737
4	杭州华三通信技术有限公司	港澳台	1393	131	177	1701
5	中芯国际集成电路制造（上海）有限公司	外商	1310	655	0	1965
6	比亚迪股份有限公司	私人	1251	3434	734	5419
7	乐金电子（天津）电器有限公司	外商	1178	26	33	1237
8	联想（北京）有限公司	港澳台	107	590	167	1864
9	宝山钢铁股份有限公司（总部）	国有	1041	2963	0	4004
10	大唐移动通信设备有限公司	国有	869	58	20	947
11	群康科技（深圳）有限公司	港澳台	606	224	27	857
12	海尔集团公司	集体	584	1341	1254	3179
13	奇瑞汽车股份有限公司	国有	561	1897	1877	4335
14	富准精密工业（深圳）有限公司	外商	551	66	112	729
15	上海华虹NEC电子有限公司	港澳台	457	92	0	549
16	富士康（昆山）电脑接插件有限公司	港澳台	383	3747	408	4538
17	天津天士力制药股份有限公司	其他	371	21	21	413
18	武汉钢铁（集团）公司	国有	352	1547	28	1927
19	佛山市顺德区顺达电脑厂有限公司	港澳台	329	622	107	1058
20	北京京东方光电科技有限公司	国有	321	428	2	751
21	北京北方微电子基地设备工艺研究中心有限责任公司	国有	295	32	0	327
22	成都市华为赛门铁克科技有限公司	港澳台	266	15	35	316
23	深圳富泰宏精密工业有限公司	外商	249	102	296	647
24	深圳创维-RGB电子有限公司	港澳台	246	341	117	704
25	艾默生网络能源有限公司	外商	212	277	156	645
26	力帆实业（集团）股份有限公司	私人	208	526	1653	2387
27	深圳迈瑞生物医疗电子股份有限公司	私人	206	183	165	554
28	南京乐金熊猫电器有限公司	外商	199	182	40	421
29	鲁南制药集团	私人	193	0	25	218
30	烽火通信科技股份有限公司	国有	186	83	34	303

表2-4　2011年全国规模以上工业企业拥有有效专利前30强　　　单位：件

排名	法人单位名称	控股情况	有效专利合计	发明专利	实用新型	外观设计
1	华为技术有限公司	私人	15658	14605	482	571
2	中兴通讯股份有限公司	国有	11130	8862	1555	713
3	比亚迪股份有限公司	私人	5419	1251	3434	734
4	鸿富锦精密工业（深圳）有限公司	外商	4737	3117	1205	415
5	富士康（昆山）电脑接插件有限公司	港澳台	4538	3 83	3747	408
6	奇瑞汽车股份有限公司	国有	4335	561	1897	1877
7	宝山钢铁股份有限公司（总部）	国有	4004	1041	2963	0
8	美的集团有限公司	私人	3806	77	1766	1963
9	珠海格力电器股份有限公司	国有	3216	162	1380	1674
10	海尔集团公司	集体	3179	584	1341	1254
11	重庆长安汽车股份有限公司	国有	2992	164	1347	1481
12	好孩子儿童用品有限公司	港澳台	2903	125	1066	1712
13	力帆实业（集团）股份有限公司	私人	2387	208	526	1653
14	康佳集团股份有限公司	国有	2232	135	1736	261
15	中芯国际集成电路制造（上海）有限公司	外商	2965	1310	655	0
16	武汉钢铁（集团）公司	国有	1927	352	1457	28
17	宇旭时装（上海）有限公司	港澳台	1906	0	10	1896
18	联想（北京）有限公司	港澳台	1964	1107	590	167
19	四川省宜宾五粮液集团有限公司	国有	1712	22	59	1631
20	杭州华三通信技术有限公司	港澳台	1701	1393	131	177
21	星谊精密陶瓷科技（昆山）有限公司	外商	1595	0	6	1589
22	富港电子（东莞）有限公司	外商	1513	14	917	582
23	衣恋时装（上海）有限公司	外商	1509	0	10	1499
24	中国第一汽车集团公司	国有	1367	31	1030	306
25	乐金电子（天津）电器有限公司	外商	1237	1178	26	33
26	北汽福田汽车股份有限公司	国有	1066	19	697	350
27	佛山市顺德区顺达电脑厂有限公司	港澳台	1058	329	622	107
28	番禺得意精密电子工业有限公司	港澳台	1035	69	952	14
29	安徽江淮汽车股份有限公司	国有	1008	5	347	656
30	大唐移动通信设备有限公司	国有	947	869	58	20

第二章 大型企业专利管理概述

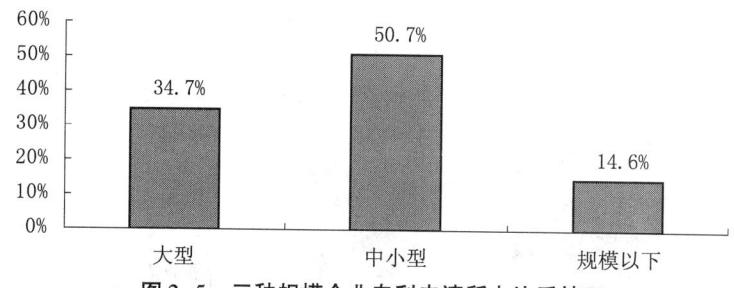

图2-5 三种规模企业专利申请所占比重情况

图2-5显示了2005年期间，不同规模企业专利申请所占比重情况。在所有回收样本企业中❶，平均每家大型企业拥有专利申请24.7件，每家中小型企业拥有5.9件，每家规模以下企业❷拥有3.7件。这一数据反映出，在具有专利保护意识的企业中，大型企业的创新能力和水平要明显优于中小型和规模以下企业。❸

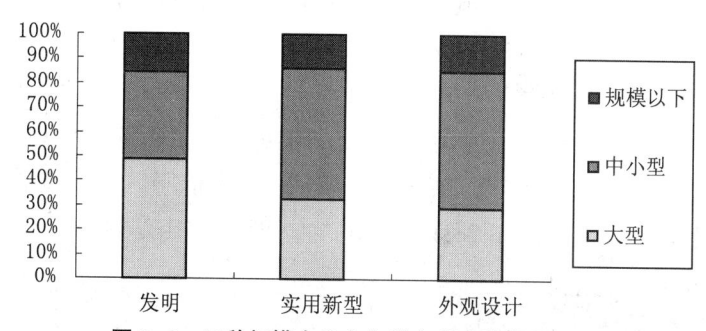

图2-6 三种规模企业占各类专利申请数量比重

图2-6统计了2005年三种规模企业占各类专利申请数量的比重，可以看到，发明专利申请几乎一半是由大型企业所提出的，规模以下企业提出的发明专利申请量最少。这与前文中所提到的大型企业的创新能力优于中小型和规模以下企业的结论是一致的。实用新型和外观设计专利的情况和发明专利基本类似。

---

❶ 本次调查共涉及110112家企业，该数字是由各调查责任单位反馈的实际调查企业数合计算出的。由于国知局专利数据库中的数据存在因输入错误而将同一家企业误认为两家或几家不同企业等情况，因此经各调查责任单位确认后的这一数字略低于国知局专利数据库提取出的统计数字。
❷ "规模以下企业"，目前在我国指年销售收入低于500万元的工业企业。
❸ 瞿卫军，毛昊．全国企业专利状况调查报告［R］．北京：全国企业专利状况调查课题组，2005.

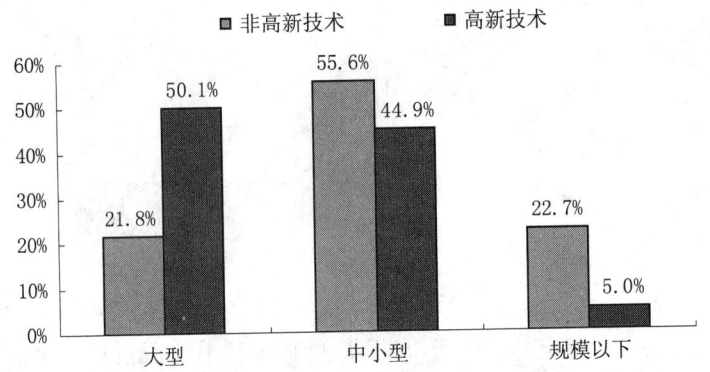

图 2-7 高新与非高新技术三种规模企业专利申请数总量分布

图 2-7 数据表明：2005 年高新技术企业的专利申请大多数集中在大型以及中小型企业申请中，大型企业专利申请占 50.1%，中小型企业占 44.9%，规模以下高新技术企业专利申请仅占全部专利申请比例的 5%。

不同规模的非高新技术企业专利申请的分布态势与高新技术企业相比有较大差异。非高新技术企业中，以中小型企业的专利数量最多，占全部总量比重的 55.6%，大型以及规模以下企业专利申请比例均在 22% 左右。图 2-8 显示了三种规模高新技术企业 1985 年至 2005 年各年专利申请量所占比重年度变化情况。图 2-9、图 2-10 和图 2-11 分别显示了他们的发明、实用新型和外观设计专利申请量所占比重的年度变化情况。

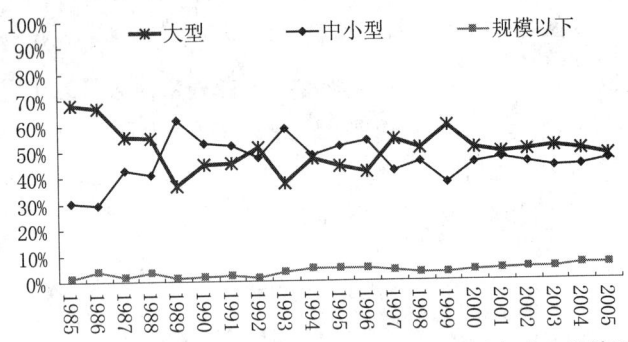

图 2-8 三种规模高新技术企业专利申请量比重年度变化情况

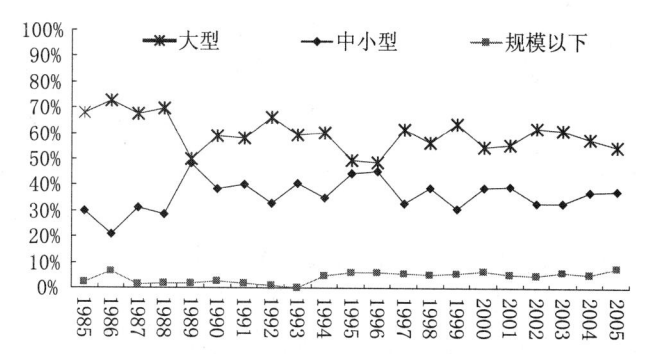

图 2-9　三种规模高新技术企业发明专利申请量比重年度变化情况

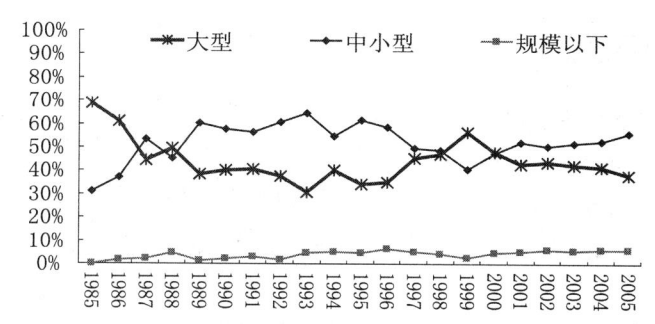

图 2-10　三种规模高新技术企业实用新型专利申请量比重年度变化情况

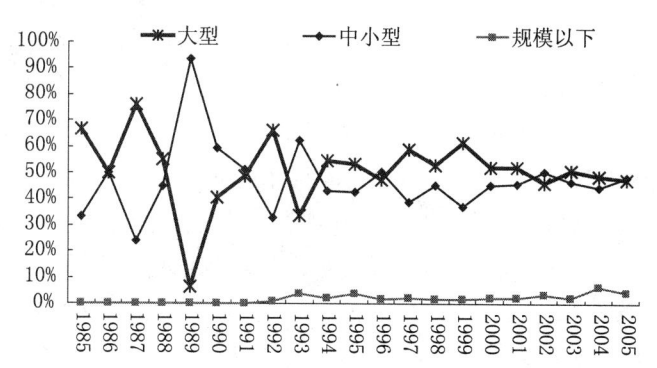

图 2-11　三种规模高新技术企业外观设计专利申请量比重年度变化情况

总体来看，规模以下高新企业各年专利申请量所占比重均比较低，大型高新企业和中小型高新企业专利申请量所占比重差距不大，各年中互有高低变化。就发明专利申请量来说，大型高新企业所占比重普遍高于中小型高新企业。实用新型专利的情况则相反，以中小型高新企业比重占优的年份为多。

2010 年，全国 45536 家大中型工业企业中，当年申请专利的企业有 10228

家，占全部大中型工业企业的22.5%；当年获得专利授权的有9967家，占全部大中型工业企业的21.9%；拥有有效专利的有13353家，占全部大中型工业企业的29.3%；2010年，全国有专利申请的大中型工业企业共实现主营业务收入168638.9亿元，实现新产品销售收入48406.2亿元，实现新产品出口额10387.8亿元，实现利润总额13901.9亿元，实现工业总产值158363.7亿元。

2011年，全国32.6万家规模以上工业企业中，当年申请专利的企业有33629家，占10.3%；当年获得专利授权的有30387家，占9.3%；拥有有效专利的有45398家，占13.9%。全国有专利申请的规模以上工业企业共实现主营业务收入244742.8亿元，实现新产品销售收入66687.8亿元，实现新产品出口额13694.7亿元，实现利润总额18744.5亿元，实现工业总产值241207.2亿元。

2.4.2 我国大型企业专利管理的基本状况

虽然与中小型企业相比，大型企业的专利申请量和拥有量巨大，但我国大型企业的专利管理状况并不容乐观。

第一，专利保护的意识仍然淡薄。我国知识产权的申请量在绝对数量上并不低，2005年我国发明专利申请量是13万件，这个数字在世界范围内可排名前几位。但是，这13万件专利，其中一半来自外国的公司，主要是跨国公司，它们在中国投资、进入中国市场，首先就是确立自己的知识产权。据统计，美国在中国的专利申请量，每年的增长额都超过20%，其中2006的申请量超过2万件。剩下的这一半中，大概有40%左右是个人申请，其余的60%即4万件左右是大专院校、科研院所、企业申请，除去三资企业的申请量，来自国有企业、民营企业的申请只有2万件左右。这2万件与我国几百万家企业的总数相比，可谓九牛一毛。正是如此，有的企业一不留神就中了竞争对手的"专利埋伏"。

第二，我国大型企业没有形成成熟的技术管理模式。目前，全国71%的大中型企业没有技术开发机构，2/3的大中型企业没有技术开发活动。2003年企业科技经费支出占产品销售收入的比重仅为1.52%。其中，用于新产品开发的支出仅占0.66%。而根据国际经验，企业技术研发投入不应低于销售收入的3%，高新技术企业的研发投入要占10%以上。

第三，大型企业的专利申请尚未走出国门。知识产权的争夺和保护已不是传统法律意义上的民事私权，而是国家发展战略主权和市场主导权的竞争。目前世界上大多数的发明专利被发达国家把持，发展中国家拥有的发明专利微乎其微。这种专利失衡带来的威胁，可能比物质财富的不平衡所带来的更大，发达国家可以不出一兵一卒，就占领其他国家市场。

第四，我国大型企业对于专利宏观政策和战略的研究不足，科技创新与经济管理、法律维权等内容严重脱节，专利带来的实际社会效益不高。对专利制度的重视不仅仅体现在对技术创新的重视上，更体现在对专利战略的宏观制定和对专利技术的后期开发上。在国际贸易中，一些国外公司越来越重视对其研究专利的后期利用，将大量的技术和方法，甚至将管理模式申请专利，令模仿其产品、方法及管理方式的竞争对手要支付巨额的费用，加重成本，降低边际利润，承担法律风险。专利制度已成为跨国公司敲开国外市场的砖石，成果打压对手、控制市场的重要手段❶。

第五，我国大型企业的专利申请在质量上严重不高。专利制度实施 16 年以来，我国国内大型企业的专利申请大部分为技术含量相对较低的实用新型专利和外观设计专利，虽在数量上明显抬升，但在质量上并未占有真正的技术优势。2000 年，发明专利申请量占专利申请总量的 18％。

2.4.3 我国大型企业专利管理的意义

专利权利事关企业存亡，对专利保护与管理的重视，与近年来兴起的新经济成长理论与创新理论渐成主流有关。技术研发与实物生产完全不同，后者为有形的生产，成本大体上也是相同与固定的；而前者则是无形的，研究投入巨大，一旦完成，便可无限地应用于生产，获取高额的利润，但仿冒者却不必付出任何研究成本。故此，对专利权的保护是提升企业竞争力和市场占有率的重要一步棋，只有加强对专利权的重视，不断维护自身专利的垄断性地位，研发者才可能收回研发成本，实现利润的最大化，否则任何技术开发只能是"为人作嫁，徒劳无功"。

目前，我国大型企业的专利管理意识已然初步形成，但探索的脚步是缓慢的，在国际竞争中体现得力不从心，据信息产业部电子知识产权咨询中心《信息技术领域专利态势分析》，1997－1999 年信息技术领域的发明专利申请，国内为 3284 件，国外为 17851 件，为国内的 5 倍之多。在信息材料与工艺方面，国内为 326 件，国外有 1971 件；在有源器件方面，国内为 146 件，国外为 1754 件；在无源元件方面，国内为 271 件，国外为 1712 件。可以看出，在我国专利制度发展的 16 年时间里，我国企业已经在国际竞争中占了劣势，因此，对目前专利制度的探索与管理显得无比紧迫。❷

---

❶ 何敏．企业知识产权管理战略［M］．北京：法律出版社，2006：5-9．
❷ 何敏．企业知识产权管理战略［M］．北京：法律出版社，2006：17-19．

第三章 大型企业专利管理的组织架构

从管理学意义上讲,组织是具有明确的目标导向和精心设计的架构的社会实体。❶ 组织架构是表明组织内部各部分之间的确立与关系,包括排列顺序、空间位置、聚散状态以及联系方式的一种模式,是整个管理系统的"框架"。❷ 有效且合理的组织架构是有效开发企业内部资源和条件的首要条件❸,直接关系到组织的高效运转与管理目标的实现。

企业专利管理,特别是对于大型企业来说,是一个极为复杂并具有较强应变性的活动。企业要对专利进行有效而科学的管理,离不开组织建设、人员安排、制度建设、风险防控等方面的支持与保障,而其中建设强有力并符合专利管理规律的专利管理组织架构是企业开展专利管理活动的前提与平台,设计组织架构的模式、设置专利管理部门并明确其相关职能是重点和关键。❹

3.1 企业专利管理组织架构的模式

企业因受主体性质、所在行业、所处地域和发展阶段等多种因素的影响,其组织架构的模式呈现不同的特点❺,没有统一的范式与标准。所谓企业专利管理组织架构的模式,即专利管理部门在整个企业组织架构中所处的位置,包括企业专利管理部门是否处于关键职能部门之位,其究竟是一个什么样的部门,与企业的法务部门、研发部门是什么关系等问题。❻ 不同的模式并无对错之分,仅仅体现了专利在企业发展中所起的作用以及管理高层对专利的重视程度。对于大型企

---

❶ 解金城.企业组织结构变革的影响因素和效果分析[D].苏州:苏州大学硕士学位论文,2012:46-47.
❷ 柴毅.企业信息化与企业组织架构关系的研究[D].北京:北京交通大学硕士学位论文,2011:28.
❸ 1979年诺贝尔经济学奖获得者西蒙教授认为,有效地开发社会资源的第一个条件是有效的组织架构。
❹ 杨胜.论企业知识产权管理组织结构模式及选择[J].改革与发展战略,2008(3):56-58.
❺ 黄贤涛等.专利·战略·管理·诉讼[M].北京:法律出版社,2008:129.
❻ 朱雪忠.企业知识产权管理[M].北京:知识产权出版社,2006:175-176.

业而言，通常都应该设立知识产权管理部门，而专利管理部门只是知识产权管理部门的一部分，但却是最主要且最重要的一部分。因此，本节讨论的专利管理组织架构模式实际从知识产权管理组织架构层面予以展开，并非将专利管理组织完全独立于知识产权管理组织。常见的三种模式包括直属于最高管理层、隶属于研发部门和隶属于法务部门，还有一些特殊模式也会在此提及。

3.1.1 直属于最高管理层的模式

企业的知识产权管理部门直属于最高管理者，即在最高管理者（总经理或者董事会）的直接领导下成立专门的知识产权管理部门，统筹整个企业所有的知识产权管理工作，对最高管理者负责。国外企业多采取这种模式，这是以企业知识产权管理层为龙头，以企业专利管理部门为依托，以研发部门、法务部门以及经营部门为支撑的模式。❶

这种模式下的知识产权管理部门是一个独立的部门，与企业的研发部门、财务部门、营销部门等组建成企业最高层组织管理机构，与企业的研发部门与法务部门等相互发生作用。❷ 专利管理部门在知识产权部门中占据着重要的地位，其既要作为企业专利工作的领导机构担负确定企业专利战略、制定专利制度以及统筹规划企业专利事务等任务；同时将专利成果管理部门与成果转化部门的职能协调起来，例如在企业的技术研发中，专利管理部门可以在专利知识方面指导研发部门，例如如何检索专利，避免重复开发，避开侵权风险，提供必要的专利信息并对技术能否专利化进行评估以及相关专利具体事务。在发生专利纠纷时，专利管理部门可以与企业的法务部门配合制定相应的应对策略。该模式的结构如图3-1所示：

图3-1 直属于最高管理层的模式结构图

该模式的优点首先在于管理结构较为简单、层级较少，一方面有利于专利管理人员同最高管理者较为通畅地交流沟通，便于将企业重大专利信息或事务进展向高层反映，有利于专利事务的及时处理；另一方面也易于专利管理部门根据企

---

❶ 张涛. 企业知识产权管理体系的组织设计要素及原则 [J]. 现代管理科学，2007（2）：43.
❷ 朱雪忠. 企业知识产权管理 [M]. 北京：知识产权出版社，2006：75.

业总体战略开展专利管理工作。❶ 其次，该模式下专利管理部门在整个企业组织架构中的地位较高，便于其直接参与企业的决策以充分发挥在专利事务方面的作用，便于发挥专利管理人员的参谋、管理职能。再次，专利管理部门直接由最高管理者控制和领导，有利于整个企业专利工作的规划与开展，不仅可以最大限度地保护知识产权并直接获得利益，也能够保障专利管理工作的上行下效。最后，将专利管理部门直接设立在公司总部之下，可以在一定程度上增强企业管理层和员工的专利理念，提高知识产权工作重要性的意识。

同样，该模式也存在缺点，主要包括以下三个方面：一方面，由于专利管理部门相对于研发部门较为独立，无法贴近研发团队，不利于专利管理人员直接从研发部门获取所需的信息；另一方面，研发部门也不便从专利管理部门获取相应的专利信息开展工作，该模式下专利管理与研究开发的合作与沟通需要付出更多成本；最后，该模式对于专利管理部门以及工作人员的素质要求较高，专利管理人员不仅需要具备丰富的专利法律知识，对于企业的技术特点也要有一定程度的把握和了解。❷

一般而言，该模式适合实力雄厚的大型企业集团，或者企业面临外部竞争者带来的专利压力较大或者企业需要有效对外部竞争者施加专利压力的情况。❸ 如美国的IBM公司、日本的佳能公司。

随着专利技术与制度在企业竞争力较量中的作用和地位日益突出，企业的专利事务越来越多，也越来越复杂，在企业中设立专门而独立的专利管理部门有较大的必要性。企业因其各自不同的实际情况，在专利管理部门的组织结构和管理体制上存在差异，大致包括三类：一类是集中管理模式，如IBM公司；一类是分散管理模式，如东芝公司；最后一类是分类管理模式，如佳能公司。这三种管理模式各具特色，但也存在共同点，即专利管理部门都处于总公司管理层的核心位置，与决策部门、技术研发部门、产品生产部门、市场营销部门密切联系，统一管理专利信息、专利申请、专利运营、专利权维护等全部专利工作，成为企业的总智囊。

1. 集中管理模式

集中管理模式又称直线型管理模式，多为实力雄厚的大型企业集团采用。全公司的专利管理部门按照统一的专利政策进行运作，最大限度地保护总公司的整体利益。❹ 在企业专利管理最高层下设若干个下一级管理层，各个下级管理层又

---

❶ 杨胜. 论企业知识产权管理组织结构模式及选择 [J]. 改革与战略, 2007 (7): 78-79.
❷ 洪晓鹏. 中小企业知识产权管理 [M]. 北京: 知识产权出版社, 2010: 75.
❸ 袁建中. 企业知识产权管理理论与实务 [M]. 北京: 知识产权出版社, 2009: 54-55.
❹ 王瑜, 王晓丰. 公司知识产权管理 [M]. 北京: 法律出版社, 2007: 56-57.

下设若干个执行层。集中管理模式的机构设置类似金字塔，企业专利最高管理层位于金字塔的顶层，与企业的研发部门、经营部门共同构成了企业的核心层，与生产部和财务部等组成企业的最高管理组织。由企业集团总部直接领导的专利管理最高层，统一管理运营并直接获得利益，并负责向下属公司派遣专利管理员或者联络员，保障专利管理工作的上行下效。金字塔的下一层是各级管理层，都从事综合性的专利管理事务，同时负责与总部进行密切的联络与有效的沟通，确保企业集团总部的专利政策和方针得到落实。

集中管理模式的优点在于：首先，由最高管理层统一负责处理所有专利事项，有利于公司政策在全公司范围的统一执行以及快速解决存在的争议，一定程度上提高了专利管理的效率；其次，自上而下的管理模式，机构设置简单、权责分明，上下级之间信息沟通便捷，有利于各个事业部门根据企业总体战略开展专利管理活动；最后，企业设立较高层次、规模较大的知识产权管理总体机构，不仅有固定的经费来源，也能够很好地整合企业集团内部的专利资源，便于形成企业核心竞争力。❶

这一模式也存在明显的不足。首先，最高管理层对于专利事务的大包大揽，忽略了各个部门自身的特点和具体情况以及知识产权的专业性与技术性，不能够直接从研发部门或市场部门获得所需信息；其次，在这样的体制架构下，企业下层在贯彻上层决策时需要经过多个环节，从而降低了决策贯彻执行的效率，容易造成信息传递失真以及部门设置、权责分工等流于形式；最后，权利的绝对集中会使基层员工参与专利工作的积极性受到抑制。

相比人员较少、规模不大的中小型企业，集中管理模式更加适应于大型企业。集中型管理模式组织结构如图3-2所示：

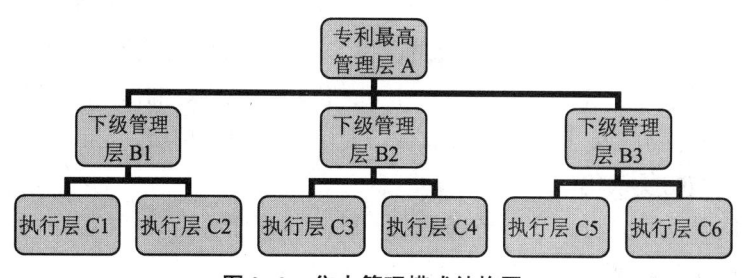

图3-2 集中管理模式结构图

IBM公司设有知识产权管理总部，其职责是负责处理所有与IBM公司业务有关的知识产权事务，如专利、商标、著作权、半导体芯片、布图设计、商业秘

---

❶ 杨胜. 论企业知识产权管理组织结构模式及选择 [J]. 改革与发展战略, 2008 (3): 64-66.

密、字型及其他有关知识产权的事务。知识产权管理总部内设两大部门：法务部和专利部。法务部负责相关的法律事务；专利部负责专利事务。专利部下设6个技术领域，每一个领域由一名专利律师担任专利经理。由于IBM公司是一个跨国集团公司，知识产权管理部门在美国本土主要设有研究所，在欧洲、中东、非洲地区、亚太地区设有分支机构。在没有设置分支机构的国家，一是由该地区各国知识产权管理部门的代理人管理；二是由邻近国家的知识产权管理部门负责，如亚太地区未设知识产权管理部门的国家，由日本的知识产权管理部门统筹管理。IBM知识产权总部对全球各子公司知识产权部门要求严格，除向总部做业务报告外，世界各地子公司的知识产权分部要执行总部统一的知识产权政策，并接受总部极强的功能性管理。

2. 分散管理模式

分散管理模式又称职能式管理模式，是指以企业专利管理最高层为主线，在最高层统一管理的前提下充分授权企业各个职能部门、事业部门或子公司各自进行专利管理。在职能部门下面设置下级管理部门，从而延伸其管理内容。分散管理模式是根据职能划分采取的一种方式，各个事业部门或职能部门可以发挥自己的专长，根据产品特性限制、市场状况决定专利申请件数、专利事务的预算以及企业专利的具体管理措施和策略。企业专利管理最高层负责处理各个事业部门呈递上来的专利法律事项。

分散管理体制的优势在于充分授权，一定程度上克服了直线式管理模式因专利较强的专业性和技术性带来的弊端；[1] 同时，专业化管理可以大大提高工作效率，避免了职能部门分工不明确；最后，专利管理工作能够更好地做到有的放矢、责任明确。[2]

但是，由于分工的专业化和部门化，在这种模式下容易出现多头领导甚至增加部门之间的摩擦，难以协调各个职能部门之间的关系；过分重视专利专项分工的横向管理而忽略了管理过程的纵向分工，包括专利战略的部署、专利信息的上传下达；专利技术与专利权利的交叉性与复杂化，很难按照职能细分，容易导致分类管理工作的复杂化。

通常情况下，大型企业，特别是业务量大、管理层级较多的大型企业比较适合采用这一模式。该模式的组织结构如图3-3所示：

---

[1] 于涛. 国外企业知识产权管理模式研究 [J]. 电子知识产权, 2003 (6): 35-37.
[2] 徐怡. 论企业专利管理 [D]. 北京: 中国政法大学硕士学位论文, 2011: 83-85.

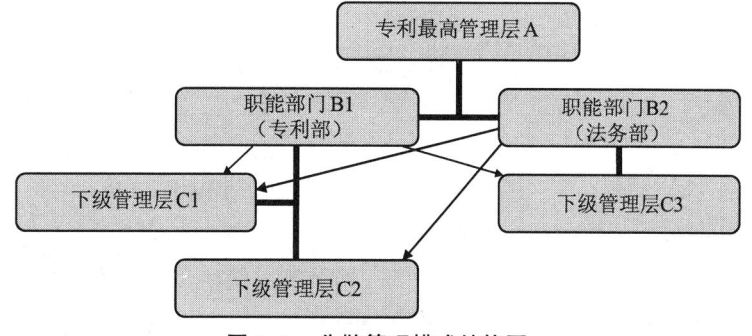

图 3-3　分散管理模式结构图

东芝公司知识产权管理部门由知识产权本部和 4 个研究所、77 个事业本部以及在各研究所和各事业部下属分别设置的专利部、科、组共同构成。本部内设 8 个部门，分别是：

策划部：负责推动全公司的中长期知识产权策略，管理知识产权行政事宜；

技术法务部：负责处理知识产权诉讼事宜；

软件保护部：负责软件著作权的登记、运用、补偿事宜；

专利第一、第二部：负责统筹管理技术契约工作；

专利申请部：集中管理国内外专利申请事宜；

设计商标部：负责设计和商标的申请、登记；

专利信息中心：负责管理专利信息，建立电子申请系统。

各研究所和各事业部配置知识产权部，直接隶属于负责技术工作的副所长或总工程师，主要担负该研究所、事业本部的知识产权行政事务，并负责从产品研发初期的专利发掘、专利调查、制作专利关系图到国内外专利的申请等所有业务。

3. 分类管理模式

分类管理模式将直线型模式与职能型模式实行交汇形成矩阵式管理模式，实行双向权责结构，打破了"一个人只能有一个上级"的传统组织原则。❶它是指按照技术类别、产品类别管理专利事务，一方面通过职能分工设立一个统一的、综合性的专利管理机构，负责本企业内相对宏观性的专利管理工作；另一方面由以技术创新为己任的项目小组负责具体的专利管理，既可以促进技术创新，又可以有效管理专利创造应用的全过程，且可以做到更有弹性、更高效率地管理专利。每个项目小组的成员可以包括研究开发人员、市场分析人员、生产人员和销售人员以及知识产权专业人员。

---

❶　陈倩思. 企业知识产权管理组织变革研究 [D]. 武汉：华中科技大学硕士学位论文，2009：17-19.

分类管理模式的优势在于，在解决了企业纵向部门之间互相交流的同时也打破了职能部门分工之间的尴尬。每个项目小组可接受多个职能部门的领导，加强了企业各部门的配合和信息交流，避免了重复劳动，提高了效率。专利的最高管理层也可以从日常事务中解脱出来，专门从事长远战略规划的制订与决策，并由协调机构来综合、协调各小组、各职能部门的专利管理工作。❶ 此外，通过项目小组的跟踪管理，能够确保专利管理的及时性、严密性与灵活性，对技术的变化和市场不确定性的适应能力大大增强，有利于技术创新和专利竞争力的提升。最后，该模式能够按照职能分工对基层的专利事务提供有力的支持，并有利于发挥基层人员参与专利管理的积极性。❷

该模式对于企业内各部门互相配合、沟通的能力要求较高，即企业内系统必须严密，各部门协调能力必须要强。同时，该模式中人员的数量一般比直线型模式要多，企业的专利管理成本较高。

基于以上种种优点，这种以灵活高效的项目小组和企业专门的专利管理机构相结合的分类管理模式是一种较适合企业专利管理的组织模式。采用这种模式的企业，多为高新技术领域、领导层级较多、研发能力较强的企业集团或者大型企业。一般的中小企业如果采用这种模式，一则容易造成人才的浪费，二来由于企业规模不大，如果设立这么多部门，则难以实现专业化管理。分类管理模式的组织结构如图3-4所示：

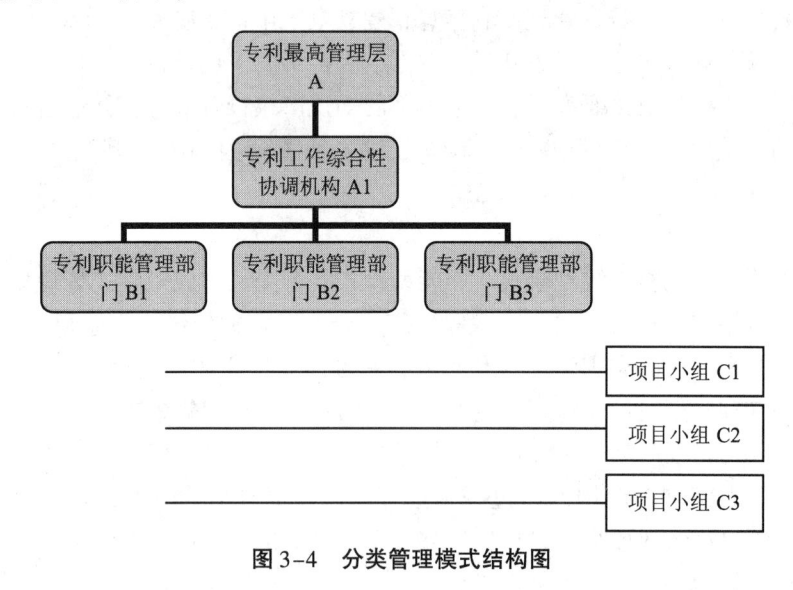

图3-4 分类管理模式结构图

---

❶ 杨胜. 论企业知识产权管理组织结构模式及选择［J］. 改革与战略，2007（7）：34-37.
❷ 黄贤涛等. 专利·战略·管理·诉讼［M］. 北京：法律出版社，2008：129.

佳能公司采用的便是分类管理模式，知识产权法务部按行列管理分为产品类及技术类，产品类设有9个部门：知识产权法务策划部、知识产权法务管理部、专利业务部、专利信息部等；技术类以技术分类设8个专利部门来管理专利。

3.1.2 隶属于研发部门的模式

相较于其他知识产权管理部门而言，专利管理部门由于专利技术性与专业性较强，更容易被置于企业研发部门之下，以更好地发挥专利管理在技术研究与开发中的作用。该模式中专利管理部门隶属于研发部门，向管理技术研发事务的领导汇报工作，也即公司总部下设研发部门，研发部门向最高管理者负责；而研发部门下设包含专利管理部门在内的多个部门，向研发部门负责；同时专利管理部门在必要时还应该与其他部门交流沟通，以更好地解决企业专利事务。该模式结构如图3-5所示：

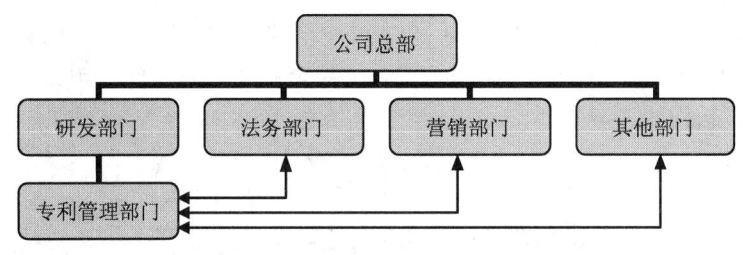

图3-5 隶属于研发部门的模式结构图

这种模式的优点包括：一是能够充分发挥专利管理在企业技术研发与创新中的作用，使得企业专利管理更加关注企业本身的技术领域与产品特性并有针对性地制定专利战略与布局，有利于专利管理人员参与到研发部门的决策和工作中。例如，可以从技术研发项目的确定、技术研发的过程以及技术的评估等方面对企业的研发进行指导和配合，避免了专利管理过于分散以及广而不深的问题。二是有利于专利管理部门与研发部门的信息传递和交流沟通。三是专利管理工作更多依赖技术信息，便于专利管理人员更高水平地利用专利技术文献，提高技术研究与专利分析的水平。❶

当然该模式也存在相应的缺点，一方面，专利管理部门在企业专利管理组织架构中的地位较低，不利于对企业整体产生较大影响以及根据企业总体战略开展专利管理活动；另一方面，这一模式也不利于专利管理人员就专利管理事务状况及时向最高管理者汇报与沟通，不利于专利事务与问题得到及时有效的解决；最

---

❶ 洪晓鹏.中小企业知识产权管理[M].北京：知识产权出版社，2010：175.

后，以技术研发为导向的管理模式往往会因为追求技术本身的完备，而忽视专利权利化过程的严谨性以及忽视专利产品的市场脉动。[1]

该模式一般适用于企业发展初期，或者是研发部门之间的技术或产品具有较大的差异性，或彼此处于竞争关系的企业。这一模式的典型代表是德国先正达公司。先正达公司是以销售农药和种子为主的欧洲著名跨国公司，其知识产权部隶属于公司研发部，共有73名工作人员。其中13人负责商标事务，60人负责专利事务，分别在瑞士总部、美国公司和英国公司从事知识产权管理工作。这些工作人员均由公司知识产权部统一聘用并考核。另外，华为公司也属于该种模式，公司在各研发产品线和业务部分配2-5名知识产权管理人员。

3.1.3 隶属于法务部门的模式

部分企业也会将专利管理部门置于企业法务部门之下，成为法务部门下的一个较为独立的企业部门，也即在最高管理者下设研发部门、法务部门以及其他部门，向最高管理者负责；在法务部门下设专利管理部门，向法务部门负责。专利管理部门负责企业专利相关工作，必要时也与企业其他部门进行相应的沟通与交流。该模式结构如3-6所示。

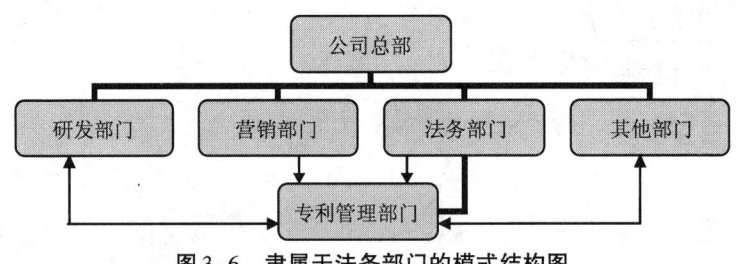

图3-6 隶属于法务部门的模式结构图

该模式将专利管理部门置于法务部门之下，有利于专利相关具体事务的顺利开展，如专利申请、专利合同的订立与专利纠纷的解决，能够更好地保护企业的技术成果，同时更好地发挥企业法律工作人员在专利事务中的作用。

与隶属于研发部门一样，隶属于法务部门的专利管理部门由于地位较低，无法真正参与到企业的决策当中，在专利重大事务上无法发挥应有的作用，无法根据企业整体战略开展专利管理工作，也不利于与企业最高管理者沟通专利战略实施与专利工作开展情况。另外，专利管理部门由于与研发部门脱节，无法掌握企业技术研发的动向，使得专利管理工作缺失技术性与专业性而与企业法律工作没

---

[1] 袁建中．企业知识产权管理理论与实务［M］．北京：知识产权出版社，2009：56．

有区别，无法保证专利信息走在技术前沿。❶

该模式主要适用于规模较小的企业或者专利技术在企业发展过程的作用较小的企业，法律事务部门能够掌控企业专利管理工作的情况。这一模式的代表是德国的拜耳公司，其内部设立了知识产权管理机构，隶属于公司法律部，向法律部汇报工作。

上述几种模式虽然各具特色，但是总体而言，当前大型企业或者跨国公司趋向于设立直属于企业最高管理者的独立的专利管理部门，组织架构的模式也趋向于集中统一。这一模式有利于专利战略与政策在整个企业的贯彻实施，保证了总公司与分公司的沟通顺畅，有利于企业竞争力的形成，也在一定程度上节约了成本。同时，虽然专利管理部门与法务部门、研发部门处于平行位置，但对于大型企业而言，根据整体战略将专利管理部门拔高至关键职能部门，对于专利战略与企业整体目标的实现有着至关重要的作用。

3.2 大型企业专利管理组织架构的设计

企业专利管理组织架构模式的选择应该考虑以下因素：专利管理组织如何实现专利价值，以符合企业以及专利管理部门的目标，即如何通过专利使企业保持长久的竞争优势；同时还要考虑到企业规模、发展状况、内外部环境、企业战略，并适时在企业不同发展阶段对其进行动态调整。

3.2.1 大型企业组织架构的基本模式

1. 职能型组织架构

职能型亦称 U 型架构（Unitary Structure），产生于现代企业的早期阶段，其以专业化分工为基础，将组织的职能部门按照一定规则构成组织结构的主要部分，负责组织某一方面的专业职能。职能型组织结构的特点在于，在管理分工上实行中央集权控制，没有中间管理层，由最高经营者直接指挥各职能部门。职能型结构的优势在于从专业化的分工中获得专业优势，将同类专家集合在一起可能产生规模经济，可以减少因资源重复配置产生的浪费，也减轻了由于直接上级的专业缺陷所产生的问题。同时，层级分明，具有专业的指挥、纪律和控制，从而保证了组织管理的优良品质。另外，同一部门的专业人员便于沟通交流，对于不

---

❶ 陈倩思. 企业知识产权管理组织变革研究 [D]. 武汉：华中科技大学硕士学位论文，2009：63-65.

同部门而言，人员调用则具有更多灵活性。[1]

然而，职能型组织架构存在以下几点缺陷[2]：①各个职能部门过分强调部门目标以及本部门的重要性，从而忽视组织的整体目标，同时各个部门的专业人员相互隔离，容易产生严重的信息障碍[3]；②各个职能部门各司其职，难以有足够的权利系统管控项目的进展和成本；③"命令—控制"式的工作模式，使团队成员习惯于奉命行事，各个职能部门自主性较小，无法激发个人、团队和企业的潜力；④最高管理者统筹管控整个组织中各个项目的进度以及成本，分散了最高决策层的力量，不利于整个组织的长久发展。[4]

直线职能型是以直线型为基础，以职能型为补充的一种架构形式。既有直线型的纵向权限关系，又有职能型横向的专业化分工，以适应组织环境日益复杂化的趋势，如图3-7所示。但是各职能部门和直线部门之间容易产生目标上的不一致，协调难度加大，难以对复杂情况及时作出反应。

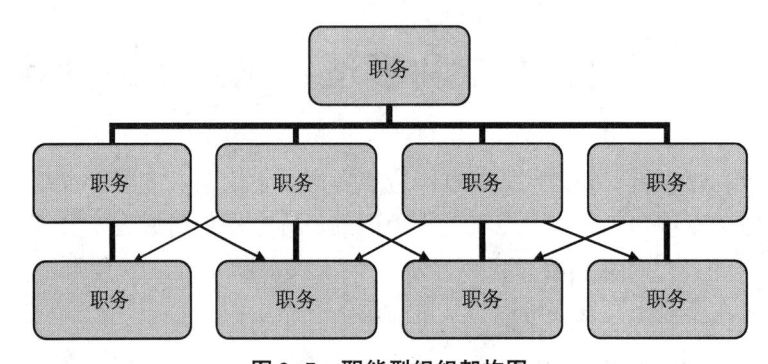

图3-7 职能型组织架构图

2. 事业部型组织架构

事业部型组织架构也称M型架构，采用这种组织结构的企业一般为多元化经营企业，公司按照不同的产品、服务、地理分布或项目来设置事业部门。企业总部统一领导下的事业部，负责制定公司长期发展战略，综合协调配置企业资源和评价各个事业部门的绩效，并为各个事业部提供必要的法律支持和财务支持。各个事业部门相对自治，有自己具体的目标，负责各自的日常经营决策。事业部

---

[1] 陈冰玉. 设计企业组织架构模式探析[J]. 现代商贸工业，2011（4）：18-20.

[2] 从交易费用经济学的角度来看，U型组织结构下由于信息和治理方面的原因，理性约束已达到了极限，有限理性导致有效控制幅度极为有限，反过来要求企业增加管理层级，而管理层级的增加将使得管理效率降低。伴随着有限理性的日益增加，各职能部门往往会机会主义地利用自己的信息优势，在目标上偏离企业利润最大化而追求各自的目标。U型组织结构不得不寻求组织创新。

[3] 杜玉梅，吕彦儒. 企业管理（第3版）[M]. 上海：上海财经大学出版社，2009：75.

[4] 何叶. 我国企业集团组织架构模式研究[J]. 经营与管理，2008（9）：67.

经理对事业部的业绩负全面责任。

事业部型组织架构的特点在于集中决策和分权经营的结合，既可以保证企业总体目标的实现，也使各个事业部具有充分的自主权。事业部组织的优点在于，一方面帮助企业适应复杂、变化的企业环境，各个事业部门能够适应不同的顾客、产品和地域；另一方面组织的最高层可以摆脱具体的日常管理事务，集中精力制定组织发展战略，同时也避免了最高层过度干预事业部的具体工作，能够充分调动分部经理的积极性，提高了事业部经营管理的自主性和灵活性。而事业部型组织架构也存在缺陷，首先，由于每个分部具有较强的独立性，极容易造成事业部本位主义，导致机构的重复设置以及各个事业部之间的利益冲突和恶性竞争，造成严重的资源浪费；❶ 其次，各个事业部目标和利益相对独立，容易忽视整体目标而增加组织最高层协调各个事业部的成本。典型的事业部型组织架构如图3-8、图3-9所示：

图3-8 按产品设置的事业部型组织架构图

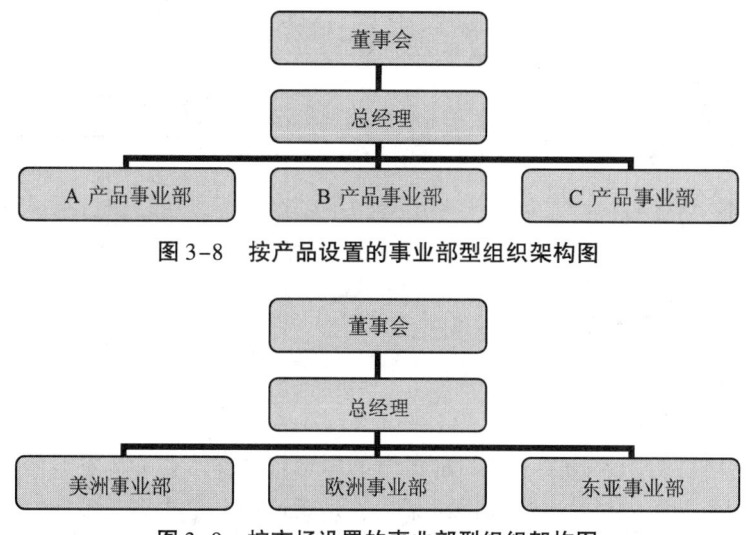

图3-9 按市场设置的事业部型组织架构图

3. 矩阵型组织架构

职能型组织架构具有专业化的优势，而事业部型组织架构更侧重管理结果，但这两种组织架构都存在各自的缺点，影响到组织战略的实现。而通过组织设计将职能部门化和产品部门化结合在一起而形成的矩阵型组织架构，充分发挥了两种组织架构的优势而克服了它们的缺点，来管理规模庞大的组织。在这种组织架构下，员工需要接受两个上级的领导，分别为职能部门的经理和产品小组或项目

---

❶ 杜玉梅，吕彦儒．企业管理（第3版）[M]．上海：上海财经大学出版社，2009：75．

小组组长。一般来说，产品小组或项目小组的领导人负责技术以及产品事务，而职能部门的经理负责员工的晋升以及薪酬。与此同时，职能部门的经理和项目小组负责人必须经常保持沟通以保障组织架构的有效运作，协调其对所属共同人员的领导。❶

矩阵型组织架构能够帮助企业适应复杂、变动的外部环境，组织弹性大，促进了职能部门之间的横向联系；同时充分发挥专家的专业化优势，促进专家在各分部之间的共享，能够使各分部在专家的参与下完成各自应当完成的任务。但矩阵型组织架构设计存在如何协调人员的双头领导问题和权力争斗问题，以及衍生出来的职责不清、岗位临时性、员工积极性不高等问题。矩阵型组织架构如图3-10所示：

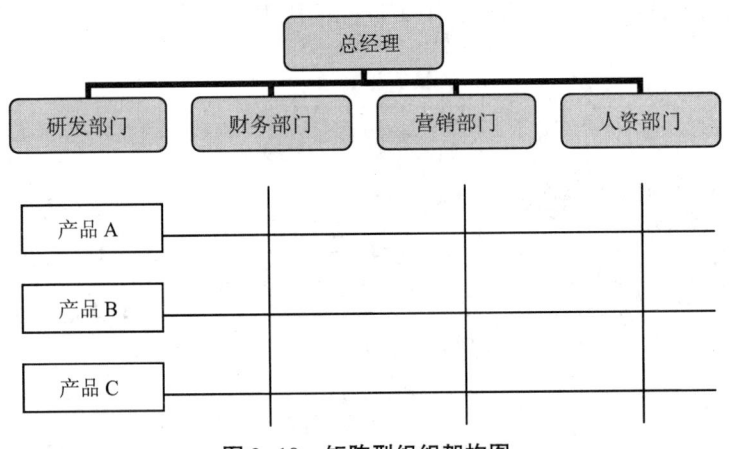

图3-10 矩阵型组织架构图

4. 动态网络型组织架构

动态网络型组织架构是一种目前流行的组织设计形式，面临新技术、新环境显示出极大的灵活应对性。所谓网络架构，是指这样一个小的核心组织，它通过合作关系依靠其他组织执行制造、营销等经营功能。网络组织在实践中已经非常普遍，这主要归功于网络经济性这一概念的提出。❷ 网络经济强调企业之间的联

---

❶ 李云霞. 高科技企业的组织结构优化研究 [D]. 武汉：武汉理工大学硕士学位论文，2012：36.
❷ 1975年，美国经济学家约翰·潘泽和罗伯特·维立格提出"范围经济"的概念，它是指企业多样化经营（扩大经营范围）带来的经济性。规模经济性和范围经济性都造成巨型企业组织的出现，这些巨型组织成为行业的巨头，垄断了市场。而进入20世纪90年代以后，市场环境的不确定性大大增强，竞争的激烈程度达到前所未有的地步，消费者需求变得多样化和个性化，这使得巨型组织无力控制环境，其规模本身已不是竞争制胜的重要力量。相反，这些庞然大物适应能力差、行动缓慢、效率低下的毛病在新环境下显得越发突出。随着信息技术的发展，工业社会开始向信息社会转变，管理学者提出必须建立一个与信息社会相适应的经济模式，这就是网络经济。

合，进行资源共享，这样一个企业就不必拥有所有的职能，它可以将一部分部门职能"外包"出去，只保留一些有竞争优势的职能。网络型组织架构的企业不会出现功能的重复。

动态网络型组织架构的最大优点是获得了高度的灵活性，便于适应动态变化的环境。但与传统的组织架构相比，其缺乏对一些职能部门的有力控制。对于大型企业而言，动态网络型组织架构的核心是一个小型的管理机构，许多重要职能不是由本组织完成的，组织管理者的主要任务之一就是在各地寻求广泛合作和控制。动态网络型组织架构如图3-11所示：

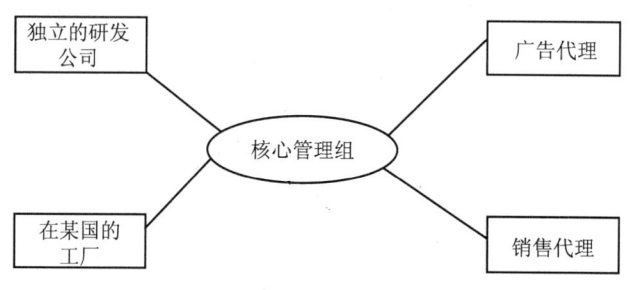

图3-11 动态网络型组织架构图

3.2.3 大型企业专利管理组织架构的设计

1．设计原则

（1）企业组织架构设计的一般原则

一个组织要实现战略目标，必须设计出符合战略要求的组织架构，才能够有效地利用和占有资源。组织架构设计是指以企业组织架构为核心的组织系统的整体设计工作。它是企业总体设计的重要组成部分，也是企业管理的基本前提。企业管理组织架构的设计应该遵循的原则及考虑的要素如下。

①战略导向原则：企业组织设计的根本目的在于实现企业的战略任务和经营目标。专利管理是为企业整体性战略目标服务的，专利作为大型企业的核心竞争力，其组织架构的设计要以企业专利战略为出发点并与企业整体发展目标相符合。衡量组织架构设计的优劣，要以是否有利于实现企业专利战略和目标为最终标准。❶ 企业专利管理目标的不同也会导致专利管理组织架构的差异，以促进技术创新、掌握专利为目标还是以创造价值为战略导向，会导致组织架构或集中或分散的不同。❷

---

❶ 柴毅．企业信息化与企业组织架构关系的研究［D］．北京：北京交通大学硕士学位论文，2011：89．
❷ 袁建中．企业知识产权管理理论与实务［M］．北京：知识产权出版社，2009：55．

②有效管理幅度以及组织层次原则：管理幅度是指一名管理者能够有效指挥的下属的数量。由于受到个人精力、知识条件的影响，一位管理者能够有效领导的下属人数是有限制的。而有效管理幅度不是一个固定值，它受职务的性质、人员的素质以及职能机构的健全与否等条件的影响。企业组织架构的设计需要保证领导人的管理幅度控制在一定范围内以保证管理工作的有效性。同时，一个组织设计的管理幅度与组织层次成反比关系。一般而言，设定的组织层次越多，最上级对下级的影响力就越弱，信息的上下传递就面临越多的阻隔，从而影响信息传递的效率和效果。在设计专利管理组织架构时要考虑到整个企业的组织架构模式、企业本身的规模、管理幅度和组织层次。

③专业分工和协作的关系：现代企业的管理，工作量大、专业性强，分别设置不同的专业部门，有利于提高管理工作的质量与效率。特别是对于专利管理而言，对管理人员的素质要求较高，管理工作专业化程度较高；同时，专利技术与专利制度在大型企业竞争力培养与发展中起到不可代替的作用，有必要设置专门独立的专利管理部门。但是，组织设计不能把专业分工和横向协调割裂开来。

④集权与分权相结合的原则：企业组织设计时，既要有必要的权力集中，又要有必要的权力分散。企业在确定内部的上下级管理权力分工时，主要应考虑的因素有：企业规模的大小，企业生产技术特点，各项专业工作的性质以及各单位的管理水平和人员素质要求等。但是企业组织设计时要注意保证行政和生产经营指挥的集中统一，避免多头领导和多头指挥。

(2) 大型企业专利管理组织架构设计的特殊原则

①专利导向原则。在企业知识产权中，专利技术代表了企业的创新和优势，从企业专利管理环节来看，专利管理战略要与企业经营发展目标相一致，在此基础上强化专利导向作用。大型企业专利管理组织设计中，要将专利管理部门设计成为专门独立的直属于企业高层的关键职能部门。关键职能是指对于完成企业的战略目标和任务起到关键性作用的一个基本职能。设计专利管理部门处于企业组织架构的中心地位，和其他的基本职能区别开来。

②专利融合原则。专利管理应该融入企业管理的各个环节及管理过程，只有专利管理与企业研发、市场等环节相适应，才能真正做到与企业经营、发展相适应，特别是遇到专利相关问题时，有利于各个部门行动一致，保证问题的及时解决。在设计专利管理组织架构时，要增加部门体系之间的适应性，需要运用已占有的资源和可能占有的资源，在内部一致性和外部环境适应性间寻求最佳和谐

点，设计与企业战略相适应的专利管理组织架构。A. 增加专利管理组织架构的柔性❶。专利管理工作的特点要求相应的组织要有充分的柔性，以适应千变万化的环境。B. 建立新型协调与沟通机制。专利管理部门的工作要以研发部门、市场部门等职能部门的活动为载体，使得专利管理部门与其他职能部门加强横向沟通，同时也加强其与企业子公司、事业部之间进行纵向交流。

2. 模式选择

结合上文，企业专利管理组织架构包括三种形式：直属于企业最高管理层、隶属于研发部门或隶属于法务部门。对于规模较大、人员较多、专利技术处于核心地位的大型企业，应该顺应跨国公司等的潮流，设计直属于最高管理层的专门独立的专利管理部门，并处于比研发部门、法务部门位阶稍高的位置，才能统筹整个企业的专利管理工作，并带领企业以专利或知识产权为导向发展。

3. 具体结构

结合跨国公司专利管理体制、模式的特点和有益经验，从企业专利管理过程出发，企业专利管理组织架构主要由企业最高决策层、知识产权办公室、专利战略委员会、专利委员会、专利情报信息中心、专利工作小组等部门或机构组成（见图3-12）。上述各个职能部门各行其职，分工协作，与企业其他管理部门一起形成企业内部集中与分散相结合的专利管理网络结构模式。

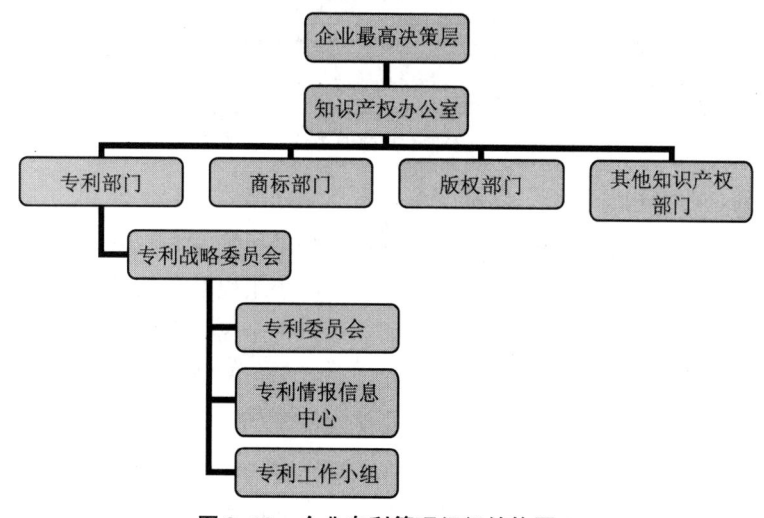

图3-12 企业专利管理组织结构图1

---

❶ 不同于传统企业的刚性组织，柔性组织是一种动态的、扁平化、网络化的组织结构，具有松散性、灵活性、高度适应性，能根据外部环境的变化做出相应的调整。柔性化体现为员工柔性化、结构柔性化和组织间柔性化。

对于知识产权类型较少，专利较为重要的企业，可以不用设置知识产权办公室而仅仅设置专利管理部门，并将其他知识产权的管理事务并入法务部门。

企业专利管理目标的实现还需要决策层与中层、基层各部门之间的协调行动，因而要实现企业各部门之间的层级协调关系。这种层级协调关系并非狭义的上级对下级的控制和下级对上级的相互协调。对于大的企业集团来说，子公司、分公司、研究所、研发实验室可能较多地遍布世界各地，处理好专利管理层面的层级协调关系尤为重要。如图3-13所示，企业总部的知识产权办公室往往负责全集团的知识产权事务。专利战略委员会在知识产权办公室领导下为各子公司、分公司、研究所、实验室等事业部门制定、实施切实可行的专利政策和战略。每个事业部门都设有专利委员会，制定部门内关于专利管理的具体措施。各子公司、分公司、研究所和实验室设立专门的专利工作小组，或者安排专利小组联络员负责本部门内部的专利申请、专利权维持和维护、纠纷处理等事宜，负责向总公司提出专利申请、专利权维持和维护、纠纷处理的意见和建议。各子公司、分公司、研究所和实验室在总公司专利管理部门统一领导下处理专利事务。

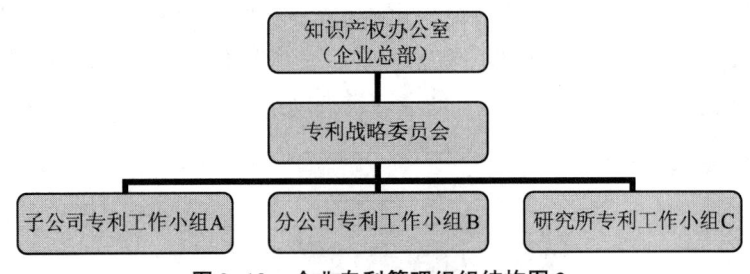

```
        知识产权办公室
         （企业总部）
              │
         专利战略委员会
              │
    ┌─────────┼─────────┐
子公司专利工作小组A  分公司专利工作小组B  研究所专利工作小组C
```

图3-13　企业专利管理组织结构图2

具体到企业专利管理组织内部，主要由专利战略委员会、专利委员会、专利情报中心和各个专利业务小组组成。专利业务小组包括专利规划小组、专利申请小组、专利市场小组、专利运营小组、技术合同小组以及争议处理小组。专利规划小组负责对本公司、本部门的专利申请、运营等全盘构思，提出策略；专利申请小组主要负责专利申请文件的撰写、提交以及与专利代理机构沟通等；专利市场小组是作为一个将专利和技术秘密市场化的特别部门而建立的；专利运营小组负责专利权转让、许可、联盟等具体事项；技术合同小组主要负责委托研发、合作研发、专利权转让、许可以及联盟中涉及的合同的签订、修改等事项；争议处理小组负责企业专利纠纷的解决，形成对竞争对手的专利的应对措施和消除侵权等。以上这些专利工作小组并非独立存在，而是在业务上有交叉，共同处理企业的专利事宜。

企业专利管理组织由于每个企业的规模和经营范围不同而各异。并且，企业的专利管理组织架构并不局限于上述形式。不同行业、处于不同发展阶段的企业，按企业所处的实际情况采取不同的组织架构。企业专利管理组织内部结构如图 3-14 所示：

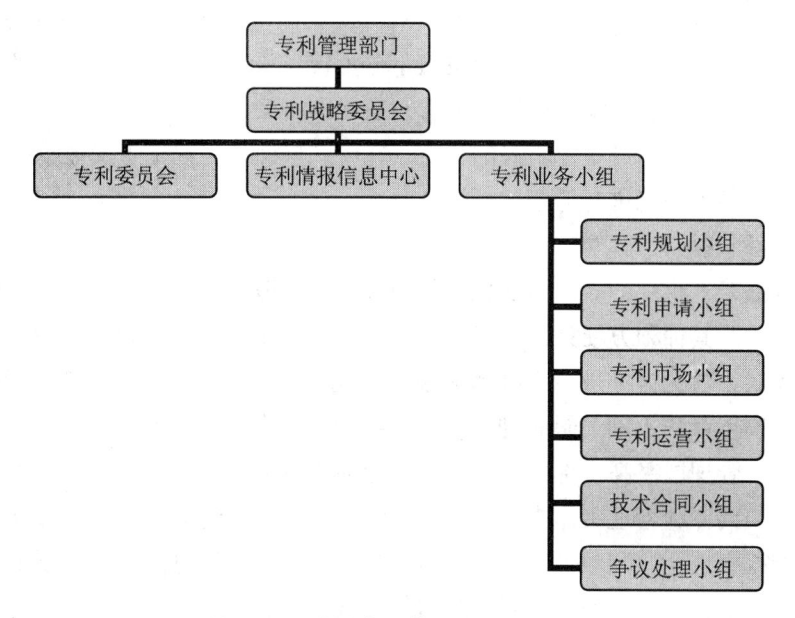

图 3-14　企业专利管理组织结构图 3

3.3　大型企业专利管理组织的职能

在设计企业专利管理组织架构以及落实专利管理部门、管理制度、管理人员之后，应当明确企业专利管理组织的职能，❶特别是对于大型企业而言，部门数量多、层级复杂，更需要在明确各自的职能之后各司其职，提高专利管理工作的效率，这也是构建企业专利管理组织的体制基础。企业专利管理组织的职能因企业特点、行业类型和不同发展阶段而不同，但是大致包括决策职能、计划职能、组织职能、指挥监督职能和协调控制职能，贯穿专利创造、运用、保护整个运营过程。对于大型企业专利管理组织而言，决策职能是企业专利管理的首要职能，科学决策是提高企业专利管理效率和效能的主要保障。在企业专利管理活动中发挥好协调控制职能，对各种关系进行调整，整合企业内部资源，才能使企业专利

---

❶ 冯晓青. 企业知识产权管理［M］. 北京：中国政法大学出版社，2008：45.

管理正常有序地进行。

现代企业专利管理涉及一系列的制度安排，以实现企业最佳经济效益和提高国际竞争力为目标，是对其所拥有和控制的专利资源进行计划、组织、协调、控制的综合性管理和系统化运筹过程。❶ 同时，企业专利管理活动涉及专利开发、保护和运营等阶段，专利管理组织也应十分重视与研发部门、市场部门的合作协调，因此企业专利管理部门的职能通常在宏观的决策、计划、组织、指挥与协调职能框架下，结合专利技术本身的特点，在微观层面分为以下七大职能，笔者在下文中将对各项职能进行详细的阐述和分类。

1. **专利战略管理职能**

专利战略是企业面对激烈变化、严峻挑战的环境，主动地利用专利制度提供的法律保护及其种种方便条件有效地保护自己，并充分利用专利情报信息，研究分析竞争对手状况，推进专利技术开发、控制独占市场，为取得专利竞争优势，为求得长期生存和不断发展而进行总体性的谋划。❷ 对于大型企业而言，首先，人员众多，管理层级高，部门庞杂，需要专利战略贯穿整个公司上下才能凝聚全部力量参与到专利管理工作当中；其次，如何保护自主创新的成果，如何运用自主知识产权实现企业利益最大化，如何超越竞争对手，如何占领技术制高点在行业中掌握话语权，如何实现专利资产增值，这些都需要制定科学的专利战略。

企业的专利战略渗透于企业的研发、生产、销售等各个环节，并在企业发展阶段赋予不同的含义。企业专利管理组织结构的设立为企业专利战略的规划提供了制度上的保障，是制定专利战略的基石。企业专利管理组织应该根据自身技术实力、所处行业、总体战略，牵头制定适合于自身发展的短期、中期和长期的专利战略，整合集团专利资源、组织实施专利战略并根据企业内外环境的变化对专利战略做出必要的调整；从不同的角度来制定不同类型的专利战略，如应对竞争、应对市场变化的需要或者谋求企业自身的发展等。

2. **专利制度管理职能**

企业专利制度是企业根据国家出台的专利方面的法律法规，结合企业发展的实际情况制定的规范企业专利管理的规章制度，包括专利申请制度、专利审核制度、专利培训制度、专利检索制度、专利奖励制度、专利许可制度、专利评估制度、技术保密制度等。这些专利制度是企业专利战略得以实施的保障，也是企业通过专利提升企业竞争力的根本途径。

---

❶ 于雪霞. 现代企业专利管理模式的要素与结构分析 [J]. 现代管理科学, 2010 (5): 33-36.
❷ 黄贤涛等. 专利·战略·管理·诉讼 [M]. 北京：法律出版社, 2008: 52.

企业专利管理组织的职能在于以企业经营发展战略和企业专利战略为导向，结合企业发展状况，制定本企业专利管理规章制度以及专利业务流程。例如，企业应依照我国《专利法》和《实施细则》对于职务发明归属的相关规定，明确规定本企业的专利权归属问题，才不至于造成企业资产流失以及企业与员工之间的争议。另外，科学合理的专利激励制度能够极大地调动研发人员进行技术创新的积极性，是加快研发速度和提高质量的重要保障，也有利于增进员工的荣誉感和对公司的归属感。同时，专利评估制度在企业专利经营中发挥着重要的作用，只有对专利价值进行科学而准确的评估才能确定专利的市场价值，才能实施或者适时调整专利策略。最后，部分企业由专利管理部门负责企业技术保密制度的执行，统筹技术秘密与专利之间的关系。专利业务流程是对企业专利制度的具体化，企业技术人员通过专利业务流程，就可以完成专利申请、诉讼等日常工作，专利管理人员也可以通过专利业务流程对专利进行管理。

3. 专利事务管理职能

企业专利管理中的日常事务是企业专利组织最基础和最重要的工作，也是实现企业专利管理目标与专利战略目标的必要步骤。从专利运营过程来看，企业专利管理日常事务包括专利的鉴定、申请、登记、注册、评估以及维护等工作。具体来说，主要是挖掘专利并帮助技术人员完成技术交底书，将交底书委托给专利代理机构或自己撰写专利申请材料；审核专利代理机构撰写的专利申请材料，跟踪专利申请的进度并缴纳申请费、代理费、维护费等费用，必要时还需要进行专利的复审和提起专利的无效。

德国的拜耳公司以企业法律部负责知识产权事项，其由生产、科研、技术应用和专利处联合组成的专利委员会负责对专利申请和维护的分析，包括判断哪些发明项目可以向国外申请专利以及申请的国家，对已经获权的专利进行管理并根据专利项目表来决定需要维持的专利等。[1]

4. 专利纠纷处理职能

企业经常会因为市场竞争或者专利侵权问题挑起专利诉讼，也会经常因为专利许可、技术合作、企业并购等进行专利谈判。企业专利管理组织的一项重要职能便是对企业内外部所涉及的专利争议进行诉讼、调解以及谈判工作。企业内部的专利争议包括部门与部门之间、子公司与总公司、公司与员工之间的专利争议等；企业外部的专利争议包括专利侵权、专利权属争议、专利合同诉讼、专利行

---

[1] 李志强. 奇瑞汽车公司专利战略研究 [D]. 长沙：湖南大学硕士学位论文，2007：78.

政诉讼以及专利刑事诉讼等。

企业专利管理部门需要有精通技术和法律的专利律师或者委托律师事务所的律师、专利代理机构的专利代理人处理经常面对的专利谈判和专利诉讼,以保证企业在竞争中处于主动地位,并通过专利诉讼与专利谈判,遏制和打击竞争对手。以欧洲的飞利浦公司为例,通过谈判圆满解决的纠纷占专利纠纷的95%-99%,其余的根据专利的价值作出起诉或不起诉的决定。20世纪80年代美国德州仪器公司通过专利诉讼扭转市场竞争的不利形势,并获取以亿美元来计的侵权和许可费用,自此以来,诉讼策略日益成为美国企业专利战略的重要组成部分,而专利管理部门在其中发挥的作用是不可忽视的。

5. 专利信息管理职能

企业的竞争力取决于对知识、技术、信息的综合运用,从一定意义上说,知识、技术、信息的投入与运营,是未来企业创造收益的主要推动力。[1] 专利技术代表了企业的创新和优势,也是多数高新技术企业的重要利润来源。而企业在专利申请阶段如何判断技术的新颖性,在专利销售阶段如何防止新技术应用和新产品的上市侵犯他人专利权,则需要企业专利管理部门发挥专利信息管理职能,组织协调专利检索、专利分析与专利布局工作。对专利检索得出的数据进行分析,才能了解技术信息、产业发展信息、技术发展信息、技术发明相关的详细信息和关键信息、技术领域的状况信息以及研究开发、技术产业化的信息;在充分认识了解专利相关信息的基础上,分析竞争对手的技术竞争力、技术发展动向,制定竞争策略并充分利用专利分析的技术情报,监视竞争对手的动态,才能做到在激烈的市场竞争中知己知彼,百战不殆。

企业专利管理部门应搜集、整理和分析与本企业经营管理、专利技术相关的专利信息,包括申请专利前期预研、产品投放市场之前的专利信息调查、所属技术领域信息、竞争对手技术布局情况信息、专利权利状态信息、专利文献中的法律数据等,绘制专利地图指导研发部门、技术部门在研发技术时更加有针对性,避免重复开发,为技术人员及时掌握信息,对技术成果进行监控提供方便[2];另外,专利信息的分析以及在企业不同发展阶段进行的信息分析与跟踪,也能为企业决策层提供企业整体专利战略相关的建议。

6. 专利经营管理职能

在市场经济条件下,专利不仅是智力创造的成果,而且是一种具有价值与使

---

[1] 黄贤涛等. 专利・战略・管理・诉讼 [M]. 北京:法律出版社,2008:129.
[2] 徐怡. 论企业专利管理 [D]. 上海:复旦大学硕士学位论文,2011:34.

用价值的、非物质形态的商品。如何利用专利这种商品盈利已成为现代企业十分关注的课题，专利经营正是通过对专利的动态管理，实现企业的专利战略，并保证、促进企业的健康和快速发展的各种方式与过程。专利经营包含专利收购、专利许可、专利转让、专利融资等，专利经营管理不仅能够促使科研成果价值得到承认，市场竞争能力得到提升，还直接通过对外许可、特许经营、技术转让等获取高额利润。

企业专利管理部门应该进行大量的专利文献检索，深入分析后决定研发方向并开发新技术，获得专利保护，大力实施专利许可，强化对行业的控制力，并通过交叉许可避免不必要的纠纷和重复开发；在此基础上积极实施对专利资产的动态管理；通过利用专利资产价值评估，降低专利管理成本，提高专利资本的可利用性和市场配置方式，实现专利资产或者产品价值的最大化。

7. 专利沟通管理职能

企业专利沟通管理，包括以下四个方面的交流合作：一是企业内部各个部门之间的协调合作；二是企业建立与政府、协会的专利沟通机制；三是建立和优化专利代理、律师、专家等外部专利服务平台；四是知识产权国际交流与合作。

第四章　大型企业专利管理的人力资源

大型企业的专利管理活动需要大量员工参与，大型企业的市场性、综合性等特征及其专利管理组织机构的复杂性更是凸显了与此相关的人力资源管理的重要性。本章从人力资源管理的角度出发，结合大型企业的特征，对其专利管理活动中涉及的人员配置、招聘与选拔、培训与开发、绩效与薪酬、全球化管理等问题进行系统的阐述整理，并提供可供参考的解决方案。专利管理中的人力资源虽有特殊性，但并不独立，需与大型企业整体的人力资源管理活动相衔接，并服从于整体的人力资源规划。本章将参与专利管理活动的人员统称为专利管理人员，对这一概念的外延应作广义的理解，涵盖了处于专利管理工作流程中任何一个或多个环节的人员，不限于专门处理日常专利事务的员工。

4.1　专利管理人员的配置

合理的人员配置是企业专利管理工作开展的前提和保障。专利管理人员的配置应该符合企业整体的人力资源规划，与企业的专利管理相适应，与专利管理的组织架构相衔接。专利管理人员的配置包括职位设置、职位描述和人数配置。实践中，大型企业除了考虑自身的特殊情况，还需结合其所处的行业、经营目标等因素，对专利管理人员的配置做出适当的调整。

4.1.1 专利管理人员的职位设置

大型企业的专利数量庞大，专利管理工作复杂，需要配备一个完整的专利管理组织机构。合理的职位设置是机构良性运转的前提。在此，可以引入"工作流程"的概念，即将大型企业专利管理活动所必须完成的工作任务分配或委派到某一特定类型的职位或个人之前，对工作任务进行前期分析。一个完整的专利管理工作流程涵盖了专利开发、申请、维护、评估、运用、保护等一系列环节，包括了各种操作程序，这些操作程序明确说明了在专利管理的每个环节中员工应该如何做事。基于工作流程的思路，专利管理活动中应包含以下四个层次的人员：

（1）专利高层管理人员。这一层次的人员是整个专利管理体系乃至知识产权管理体系的领导者，可以由企业管理层中的 CKO、CIO 等兼任。工作职责是从宏观上调整和控制企业的专利管理活动，不直接参与到具体的工作中，通过下达工作指示督促各职能部门的负责人完成专利管理工作。

（2）研发人员。这一层次的员工主要由技术人员组成，并非专属于专利管理部门。但他们的工作处于专利开发环节，是整个专利管理工作的起点，已成为现代专利管理的重要组成部分。

（3）专利专职管理人员。这一层次的员工专门从事专利管理工作，主要隶属于专利管理部门。工作职责是在专利申请、维护、评估和运用环节处理比较专业的事务。这类员工主要包括专利工程师和专利专员。

（4）专利法务人员。这一层次的员工隶属于专利管理部门或法务部门。工作职责是负责企业专利保护工作以及处理专利管理其他环节中产生的法律问题。这类员工主要包括专利律师和专利法务专员。

以上是对大型企业专利管理人员职位的整体规划，但这种划分并不是绝对的。企业的专利工作是一个承前启后的过程，并不能完全由某一部门独立完成，必然涉及与其他部门的联系与合作，尤其是研发部门，在实践中呈现出一种"分层交叉"的管理形态。不同的企业应该按照实际的生产经营或管理情况对此进行适当调整，以符合企业的目标和使命。

4.1.2 专利管理人员的职位描述

职位描述（Job Description）是指列举一个职位中所包含的工作任务、责任以及职责而形成的一份目录清单。❶ 根据专利管理人员的职位设置，与员工层次划分相对应，专利管理人员的具体职位与职责可作如下安排，如图 4-1 所示。

（1）CKO。CKO（Chief Knowledge Officer）是企业的领导者之一，作为首席知识官，确保企业"知识"的价值得以最大程度的实现。CKO 负责运营企业的知识资本及安排企业内部的知识管理活动。❷《财富》500 大企业中，约 35% 的

---

❶ [美] 雷蒙德·A. 诺伊, 约翰·R. 霍伦贝克, 巴里·格哈特, 帕特里克·M. 赖特. 人力资源管理——赢得竞争优势 [M]. 北京：中国人民大学出版社，2005.

❷ A chief knowledge officer (CKO) is an organizational leader, responsible for ensuring that the organization maximizes the value it achieves through" knowledge". The CKO is responsible for managing intellectual capital and the custodian of Knowledge Management practices in an organization. See Dalkir, K, (2005). Knowledge Management in Theory and Practice. Jordan Hill, Oxford：Elsevier Inc.

企业设有 CKO 或类似职位的主管。❶ 早在 1995 年，惠普总部就在信息总监兼副总裁 Bob Walker 的倡导下尝试开展了知识管理。2001 年 9 月，中国惠普成立知识管理委员会，高建华担任惠普中国首任 CKO。❷ 具体到专利工作，CKO 的工作包括制定和调整企业专利战略，统筹专利工作，对重大事项决策、监控等。当然，根据每个企业的实际状况，这一角色也可以由 CIO（Chief Information Officer）等高层人员担任，不必拘泥于统一的称呼。

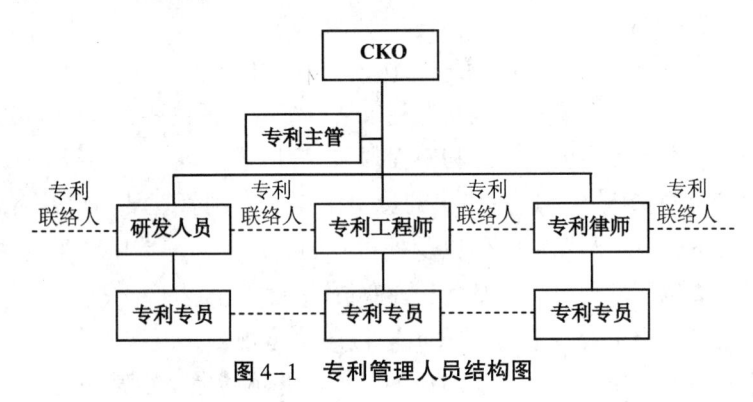

图 4-1　专利管理人员结构图

（2）专利主管。专利主管是企业专利管理部门的领导者，根据企业的专利战略及 CKO 的指示，统一规划和安排企业的专利管理工作，监察和控制各个工作流程，并负责对各项工作成果进行验收。专利主管的工作还包括配合企业人事部门招聘和选拔员工、开展培训、制定绩效管理制度等。

（3）研发人员。研发人员通常直接隶属于企业研发部门，他们在本职工作范围内为企业研发新技术和解决方案，这些都可能成为专利。当然，除研发人员外，企业其他从事技术工作的员工也可能在工作中创造出可成为专利的技术方案，如工人的生产技术等，这种情况下他们也成为专利开发环节的相关者。研发活动直接影响企业的竞争力和专利管理活动的开展，因此研发人员的数量应当在专利管理人员中占据较大的比重。

（4）专利工程师。专利工程师是企业专利管理工作中的关键角色，具备较高的专业水准。他们基于对专利制度和企业专利战略的深刻理解，以企业可申请专利的技术和专利为工作对象，以专利申请、维护、评估、运用为工作内容，"嵌入"到所有的研发和业务部门的工作中。具体而言，工作范围包括专利检索

---

❶ 网易商业频道. 仅次于 CEO 取代 CFO？CKO：在拒绝和接受之间 [EB/OL]. http：//biz.163.com/40713/3/0R64V2IB00020QDS.html，2012-10-12.

❷ 搜狐财经频道. 高建华：从惠普（中国）CKO 到知识管理的布道者 [EB/OL]. http：//business.sohu.com/20060815/n244809730.shtml，2012-10-14.

和分析，规避侵权设计，配合研发人员识别出更有价值或更适合使用专利进行保护的技术方案，专利评级，对专利产品化、专利许可转让等工作提供技术支持和可行性分析。考虑到大型企业可能会产生数量庞大的专利，专利工程师可以按照不同的专利类别进行分工，也可以从技术领域的角度进行分工。从事这方面工作的人员要有一定的技术背景，从本企业的高级工程师、高级技师中选拔后予以培训不失为一个好方法。

根据工作性质的不同，专利工程师可以细分为专利分析师、专利申请工程师和专利运营工程师。专利分析师的工作任务是根据研发部门等企业其他业务部门的需求，检索国内外专利文献，分析研究专利文献中所披露的技术信息，在此基础上制定相关项目方案并撰写专利分析报告。专利分析师需要有较高的专业素养，包括了解《专利法》和《专利审查指南》、熟悉各国专利文献特点、熟练操作常见的专利检索工具和数据库、具有相应的理工科教育背景等。此外，专利分析师还需熟练掌握一门第二外语，以便阅读及翻译外文专利文献。专利申请工程师是专利管理工作上游与中游的连接者，主要负责研发中的专利规划与布局、公司基本专利与核心专利的国内外申请。专利申请工程师需要有相关的理工科背景，精通专利法，有较强的英文水平。专利运营工程师主要负责专利经营模式及策略研究、专利许可与转让合同的起草和审核、专利评估、专利转化等。除理工科背景外，专利运营工程师还需要具备扎实的法学功底及金融学知识。企业可以根据生产经营的实际情况，在专利管理部门配置10-20名专利工程师。

（5）专利专员。专门负责对专利进行日常的管理及维护，如专利的简单检索、年费缴纳、流程管理等，并为专利的申请、运用、保护等环节提供信息支持，为其他环节的专业人士提供辅助和协调服务。此外，在专利主管的领导下与其他知识产权部门进行及时的沟通，完成企业的知识产权管理工作。专利专员主要协助专利工程师、专利律师等开展工作，其中的优秀者可以作为专利管理工作的储备人才。专利专员的人数配置应与专利工程师、专利律师相匹配，以密切配合他们开展工作。

（6）专利律师。专利律师负责对企业专利管理工作的开展提供法律支持，及时处理专利管理各环节中的法律问题，提起或应对专利诉讼等。专利律师开展工作需要与其他工作人员密切配合。除了消极的防御工作外，专利律师还可以通过发律师函、谈判、请求行政管理部门处理、诉讼等积极手段维护企业的权益。专利管理部门或法务部门应设有2-3名专利律师。

（7）专利联络人。企业可以在各专利管理工作流程中设立一名负责专利信息收集、整理、分析、联通与反馈的联络人员。这些人员既掌握相关专业技术，又熟悉专利基本知识,帮助专利管理部门与研发部门、法务部门、销售部门等其他部门之间进行协作,使专利管理工作切入企业的整体运营,以实现企业价值最大化。

4.2 专利管理人员的招聘与选拔

专利管理人员的招聘专指从企业外部发现和吸收潜在专利人才的各类活动,与此相对应,选拔则是从企业内部挑选专利人才的活动。专利管理人员的招聘与选拔是一个识别专利人才的过程,要与公司的人力资源规划、专利管理、专利战略等相适应。除了具备专利人才的一般性标准外,合格的任职者还必须符合职位设置的特别要求。

4.2.1 专利人才的素质要求

素质(Competency),是驱动员工产生优秀工作绩效的各种个性特征的集合,反映的是可以通过不同方式表现出来的知识、技能、个性与内驱力等。素质是判断一个人能否胜任某项工作的起点,是决定并区别绩效好坏差异的个人特征。[1] 优秀的专利人才首先应该具备良好的知识结构,包括法律、技术、管理和语言。法律知识包括以《专利法》为主的知识产权法及相关法律规则和法学理论;技术知识是指至少掌握某一个技术领域的基础知识;管理知识主要是企业管理知识;语言知识主要指良好的语言(包括外语)表达和语言沟通能力。总之,一定的理工科背景,有扎实的法学基础,并掌握一定的工商管理与经济学知识是理想的专利人才所具备的素质。[2] 专利管理工作通常要经历较长的周期,并非短暂的活动,除了基本的素质要求外,员工的心理诉求也是重要的评价要素。

企业可以按照自身的需求对专利人才设定具体的素质模型(Competency Model),量化对专利管理人员的需求和要求。素质模型是为完成某项工作,达成某一绩效目标,要求任职者具备的一系列不同素质要素的组合,其中包括不同的动机表现、个性与品质要求、自我形象与社会角色特征以及知识与技能水平等。[3] 通过构建专利人才的素质模型,专利主管可以直观地鉴别出导致专利管理

---

[1] 彭剑锋. 人力资源管理概论[M]. 上海:复旦大学出版社,2008.
[2] 朱雪忠. 企业知识产权管理[M]. 北京:知识产权出版社,2010.
[3] 彭剑锋. 人力资源管理概论[M]. 上海:复旦大学出版社,2008.

人员绩效差异的关键因素，并使其成为指导员工改进工作与提高绩效的基点。专利工程师的基础素质模型可以包括"管理能力、知识技能和综合素质"三部分，其中，评价管理能力的指标主要包括沟通能力、团队合作、问题解决能力、学习能力、应变创新、前瞻能力和研究能力，知识技能的评价包含知识的深度和广度，综合素质则指向社会角色和价值观，由责任心、正直诚实、成就动机、个人形象等组成。以华为公司为例，其对优秀研发人才的素质模型构成包括"思维能力、成就导向、团队合作、学习能力、坚韧性、主动性"六项能力描述。❶ 在每一项单独的能力描述中，又分为四个级别的评价，通过对专利人才的素质要求的逐层量化，为招聘和选拔员工的工作提供了更科学的标准，以便从繁多的求职者中选出最匹配者，发展成本单位员工。

企业对专利人才的素质要求并非一成不变的，除了一般性的要求外，具体到不同的岗位，对人才还有特殊的要求，包括一定的工作经验、资格资质等。因此，需要根据具体的职位设计和描述对素质模型或者考察标准进行调整，对能力描述的项目可增可减，不同的能力描述在素质模型中所占的比例并非等同，也并不绝对。

4.2.2 专利管理人员的招聘

对专利人才的素质要求应该及时反馈和运用到招聘活动中。由于专利工作流程包含了数个不同的环节，在各环节中对工作人员的职位描述又有各自鲜明的特点，因此不同的环节中对求职者的具体要求都有其特殊性，除了满足普遍性的条件外，还要与本岗位的实际工作情况相契合。在专利工作的职位设计中，员工的甄选并非仅仅从专利管理的角度出发，而要同时考虑到不同职能部门之间的联系与协调。如研发人员的招聘通常由研发部门直接负责，专利管理部门可以提供参考意见，但并无决策权。此外，研发人员的招聘偏重从其技术水平、学习能力进行考察，而不需具备深厚的法律知识，而专利律师的招聘则与此正好相反。

企业招聘的渠道主要包括校园招聘和社会招聘。大型企业的专利管理工作繁重，分工细致，需要员工有充足的精力和热情，而高校毕业生正是这样一个群体。早在20世纪90年代国内高校就在管理学、法学等学科门类下培养以知识产权为研究方向的硕士、博士研究生，并设立独立的知识产权学院（见表4-1）。此外，已有不少高校开始培养专门的知识产权人才，在本科阶段设置知识产权专

---

❶ 孔飞燕. 华为公司研发人员管理模式研究 [D]. 兰州：兰州大学硕士学位论文，2009.

业（见表4-2），部分高校还设置知识产权或知识产权法第二学士学位。[1] 以广东省为例，开设了知识产权专业的高校有华南理工大学、暨南大学等，这些高校培养复合型的专利人才能更快地适应繁杂的专利管理工作，并具有极强的可塑性，可以发展成为企业的储备人才，也为企业省却了大量人力资源培训工作。校园招聘成本较低，能有效地吸收大量具有潜力的专利人才，更适合运用于对中低层专利管理人员的选聘中。而专利管理中的高层人员需要有丰富的工作经验，则以社会招聘的方式进行招募为佳，必要时可以借靠猎头公司等中介机构。

表4-1 国内主要的知识产权学院

省份	学校
北京市	北京大学知识产权学院、中国人民大学知识产权教学与研究中心、中国社会科学院知识产权中心
上海市	上海大学知识产权学院、华东政法大学知识产权学院、同济大学知识产权学院
重庆市	重庆理工大学知识产权学院
湖北省	华中科技大学知识产权系、中南财经大学知识产权学院
广东省	华南理工大学知识产权学院、暨南大学知识产权学院、中山大学知识产权学院
湖南省	湘潭大学知识产权学院
陕西省	西北大学知识产权学院
山东省	青岛大学知识产权学院
江苏省	南京理工大学知识产权学院

信息来源：各高校知识产权学院网页.

表4-2 国内设有知识产权专业（本科）的高校

院校隶属	学校
教育部	华东理工大学、华南理工大学
国务院侨务办公室	暨南大学
上海市教育委员会	华东政法大学
江苏省教育厅	苏州大学
浙江省教育厅	浙江工业大学、杭州师范大学、浙江工商大学、中国计量学院

---

[1] 新华网. 我国已有7所高校设置知识产权专业 [EB/OL]. http://news.xinhuanet.com/fortune/2010-06/05/c_12184009.htm, 2012-11-01.

续表

院校隶属	学校
福建省教育厅	福建工程学院
山东省教育厅	烟台大学、山东政法学院
重庆市教育委员会	重庆理工大学

信息来源：全国普通高等学校专业知识库，http：//gaokao.chsi.com.cn/sch/zyk/query.jsp?zymc=%E7%9F%A5%E8%AF%86%E4%BA%A7%E6%9D%83#.

表4-3 国内招收知识产权研究方向硕士研究生的高校

省份	学校
北京市	北京大学、中国人民大学、北京外国语大学、中国政法大学
天津市	天津科技大学
上海市	华东政法大学
重庆市	重庆大学、西南政法大学、重庆理工大学
辽宁省	沈阳工业大学
江苏省	南京理工大学
浙江省	浙江工商大学
福建省	厦门大学
湖北省	华中科技大学、中南财经政法大学
广东省	暨南大学、华南师范大学、华南理工大学
云南省	昆明理工大学
陕西省	西北政法大学

信息来源：全国硕士研究生招生专业目录，http：//yz.chsi.com.cn/zsml/queryAction.do.

在招聘过程中，通常采用行为描述式招聘面谈（STAR）。这种面谈方法就是基于已有的素质模型和描述各种素质的行为说明，面谈者对于求职者的回答能够作出比较客观的判断，提高了招聘面谈的准确性。相比于传统的招聘面谈模式，行为描述式招聘面谈有以下的特点：求职者需汇报自己过去的工作情况，讲述具体的事件以及自己在其中的表现，并描述这些工作事件是否有效。招聘者根据求职者的行为描述挖掘出每个求职者的实际工作能力，并系统地预测他未来的工作业绩。这种招聘面谈方式针对个人的工作行为，能够加强招聘面谈的区分度，提高员工的质量。

4.2.3 专利管理人员的选拔

相比从企业外部招聘员工，依靠内部选拔对于一个企业来说会有以下几个方面的优势：①它能够使企业获得大量自己非常了解的求职者；②这些求职者对于企业现有空缺职位的性质相对来说比较了解，这就使得他们对于职位产生不切实际的过高期望的可能性达到最小化；③总体上说，内部选拔是一种成本较低而且完成速度较快的职位空缺填补方式。对专利管理工作而言，要求员工具有复合型的知识结构，且工作的各个环节存在大量的交叉性，需要经过长时间的培训和工作实践方能熟练地掌握工作，企业对专利人才投入的回报周期也相应较长。因此，从企业内部尤其是专利工作流程中选拔人才是更符合经济效益的选择。另外，从员工的角度看，参与内部选拔和提升也是其实现职业发展规划的路径之一，对员工有一定的激励作用。

专利管理人员的选拔可沿着以下的几种路径推进（见图4-2）：①专利专员—专利工程师—专利主管；②研发人员—专利工程师—专利主管；③专利专员—专利律师—专利主管；④专利专员—专利联络人—专利主管；⑤专利主管—CKO或CIO。专利专员是专利管理部门中进入门槛较低和较宽的职位，工作内容多为基础的日常管理工作，有较强的可塑性，可以根据员工自身的知识结构、胜任力与个人意愿等选拔担任上一级的职位。具有经济学背景的专利专员经过选拔可以成为专利运营工程师；熟悉《专利法》《公司法》等相关法律，并获得法律从业资格的专利专员可以向专利律师发展；掌握企业重要的专利技术及熟悉公司的经营战略、专利战略等的员工可以被选拔为专利申请工程师；专利主管则根据企业的性质和专利管理部门的工作重心，在专利工程师、专利律师中产生；具有丰富工作经验的专利主管还可以成为企业CKO或CIO的储备人才。

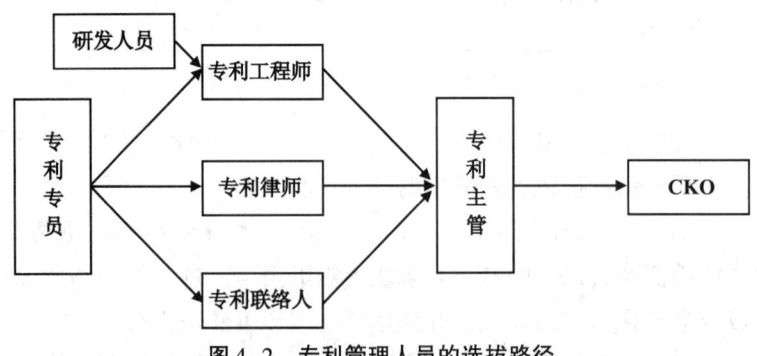

图4-2 专利管理人员的选拔路径

专利管理人员的选拔要符合相应的标准，除了达到前述对各岗位的工作能力要求之外，仍需考虑其综合能力，如与同事间的人际关系、个人魅力等。此外，选拔的时间点和程序在人力资源管理中也成为重要的因素。企业选定员工选拔的时间点可以参考两种模式：一是员工入职时间，被选拔的候选人需要在原专利管理岗位上服务满一定的年限，或者完成数个周期的工作任务；二是企业在固定的时间点开展选拔活动，如每年的某个月份作为选拔的固定时间，各候选人可以在此之前做好准备，竞争上岗。选拔的程序则由专利管理的上层人员掌控，可以采用多种灵活的形式，也可以参考招聘程序。

专利管理人员的招募除了外部招聘和内部选拔两种传统的途径外，还可以考虑采取外包的途径。外包实际上是企业借用人才的一种方式，将某一职能部门的工作委托给外部组织完成。由于专利管理工作具有较强的专业性，尤其是专利撰写、专利分析、专利评估、专利诉讼等，企业内部员工并非都能胜任；而且从成本节约的角度出发，外包也是很多企业的不错选择。通过外包方式招募的专利人才通常具有短期性的特征，或者以专项组的形式开展，如与大专院校开展的共同研发合作、专利中介服务机构的专利申请事务承揽、律师事务所的诉讼业务等。

4.3 专利管理人员的培训与开发

4.3.1 专利管理人员的培训

培训（Training）是用于提高企业竞争力的人力资源管理活动之一，是指企业为了使员工学习与工作相关的能力而采取的有计划的活动。❶ 这些能力包括知识、技能、行为和思维、观念、心理等对成功完成工作至关重要的素质。培训的目的在于让员工掌握工作所需素质，并且可以将其运用于日常工作中，提高工作绩效。GE 公司每年投入培训的费用高达 10 亿美元，在公司内部提供业务专门课程和公司通用课程共 6000 多种。

传统的培训活动都会围绕一定的体系展开，最常用的一种方式是采用系统化的培训模型。这种方法包含了四个阶段过程，即识别培训需要和具体的目标、设计培训方案、实施方案和评估结果，满足了企业对合理性和有效性的要求。❷ 大型企业专利管理人员的培训也同样适用这些原理，并在具体应用中体现企业和部

---

❶ [美]雷蒙德·A. 诺伊，约翰·R. 霍伦贝克，巴里·格哈特，帕特里克·M. 赖特. 人力资源管理——赢得竞争优势 [M]. 北京：中国人民大学出版社，2005.

❷ [英]约翰·布里顿，杰弗里·高德. 人力资源管理——理论与实践 [M]. 北京：经济管理出版社，2004.

门的特点。对专利管理人员的培训还要考虑专利管理部门中各种关键因素之间的相互依赖性，如对企业发展目标及专利战略的回应、组织多元化学习活动等。

按照上述四阶段模型的体系，结合大型企业专利管理部门的特点，培训活动的开展可以采取如下安排：

（1）分析培训需求

在培训活动开展之前，专利管理部门应与企业的人力资源管理部门一同确立培训的需求和具体的目标。通过采用不同的方法与技术，对参与培训的员工的培训目标、知识结构、技能状况等方面进行系统的鉴别与分析，以确定这些员工是否需要培训以及需要什么样的培训。

参与培训的员工可按照工作的相关度被分成两类：一是专门从事专利管理活动的员工；二是企业的其他员工。专利管理人员的培训需求分析可以从三个维度展开：①组织层面，评估企业或专利管理部门为培训可以提供的资源，包括培训的场所、形式、培训师的确定等；②工作层面，明确每一具体的岗位所要求的绩效标准，并确定在培训中需要加以强调的知识、技能和行为方式等；③员工层面，通过调查问卷等形式确定不同员工的知识、技能等，判断其是否需要接受培训及需要培训的课程。而对企业其他员工的培训则主要是普及专利知识、增强专利保护意识，可以在员工入职时进行培训，或者植入其他培训活动中。

针对不同类别和级别的员工要分别确立培训目标，如对专利专员的培训目标是使其能独立完成专利的日常管理工作，并发展个性，以成为更高层次专利管理人员的后备人力资源。根据不同的培训活动，培训目标的确定应由企业的CKO、专利管理部门、技术研发部门、法务部门等一同确定。该目标需要准确地被界定，即可以通过定性或定量的方式来衡量和评估，目标必须可以达到且具有一定的挑战性。此外，在培训前还须告知受训员工，培训结束后他们将获得的知识、信息、技能等，以激发其学习兴趣。

除了对基本的培训需求进行分析之外，还需考虑员工的胜任力问题，即强调培训结果应能提高受训者对于本岗位的胜任力。这种需求分析往往能够根据员工的一些潜在素质，更有目的性地设定员工培训目标和培训课程，从而有针对性地开展培训活动。

（2）设计培训方案

专利管理人员培训方案的设计应围绕着对岗位的胜任力要求，采取多样化的手段完成培训的目标。根据企业的特性以及可以提供的资源、时间、场所、形式等，将培训内容合理地分配到不同的课程中。对专利管理人员而言，培训内容应包含职业道德、专利法律制度、文件管理及保密规定、专利工作流程等。培训方案还应针对新进员工以及在职员工做出不同的设计，并制定完整的培养教材和手册。

【案例】日本理光（RICOH）集团对专利分析师关于专利检索的培训方案

培训师	从母公司雇用的熟悉某一技术领域的工程师（年龄在50岁） 国家工业产权信息及培训中心的专利审查员
培训对象	理光公司外进的新人（年龄在20-30岁）
培训内容	①怎样使用现有技术检索系统（理光开发的RIPWAY软件） ②如何确定可专利性（新颖性，非创造性） ③专业技术学习
培训活动安排	基础学习讨论：在①、②的基础上进行在职培训（为期两周） 外部研讨会（高级）：由专利审查员进行为期四天的培训，利用电子终端进行检索实践，培训对象可从中学习到审查员检索的诀窍。 高级培训的包括下列环节：专利检索→形成检索报告→主管审查（审查内容包括检索时间、检索公式、关键词、分类号、缩小检索范围的技术）→反馈和讨论→改变或修改检索过程→检索。此外，还有每周一次或两周一次的小组讨论，培训对象须自带样本参与，并分享知识和诀窍。

(3) 开展培训活动

具体的培训活动有两种形式：一种是由企业内部人力资源部门或专利管理部门进行支持的在岗培训；另一种则是由企业外部专业人士提供的离岗培训。培训师根据不同员工的培训需求及内容，选择合适的培训方式，结合培训周期为其安排合适的课程。与企业文化相适应，培训可以灵活采取课堂讲解、案例研究、小组讨论、户外素质拓展等不同的形式。企业可以配合行业协会或区域性组织举办的活动，参加定期举办的会展、论坛、培训课程等，或与高校开展专门人才定向培养计划，通过行业内相关工作人员的经验交流促进本企业专利管理人员的成长。

(4) 评估培训结果

评估工作是培训课程结束后进行的最后的附加活动。在这种情况下，评估的主要作用是根据培训双方提供的反馈信息对以后的培训活动进行调整或改进，同时提供证据来证明培训活动实现了所设定的目标。此外，根据对培训结果的分析，检测参与培训的员工是否达到了岗位的要求，能否独立进行工作抑或需要进行再培训。

本章所指的培训是指对大型企业专利管理人员的培养和教育，培训的重点对象是新进员工，但老员工同样需要培训，因为社会是不断变化的，知识需要不断更新。通常的项目培训可以与企业的其他培训项目相互结合，以共享培训资源，但是专业部分的培训仍需要由专利管理部门派专人跟进，以保证培训的效率和效果。

4.3.2 专利管理人员的开发

开发（Development）是指有助于员工为未来做好准备的各种活动。❶ 培训与开发的区别在于两者的目的不同，培训是帮助员工完成当前的工作，而开发则是帮助员工胜任企业其他职位上的工作需要，并且提高他们的能力使他们能够胜任某种目前可能尚不存在的工作。此外，开发还可以帮助员工为适应未来的变化作好准备。

对专利管理人员来讲，人力资源开发对其职业发展有重要的作用。本章第二节提供了数种专利管理人员的选拔路径，而推进这种路径的关键驱动力，就是人力资源开发。与培训不同，开发是自愿性质的，即专利管理人员可以根据自身的背景及工作状况选择更适合自己的发展方式。传统的人力资源开发方法包括正规教育、工作体验、建立人际关系以及人格和能力评价等，由于专利管理工作的开展需要高度的专业性和丰富的经验，因此对专利管理人员而言更具参考价值的方法是正规教育计划（Formal Education Programs）及工作体验（Job Experience）。

正规教育计划包括脱岗教育和在岗教育，企业可以根据自身的资金状况和人才培养计划为专利管理人员提供机会。在企业工作满一定年限且工作出色的专利管理人员将有机会参加，包括：由咨询公司、大学或政府提供的短期课程，如各省市知识产权局主办的"百千万知识产权人才培养工程"；针对专利主管等高级管理人员的工商管理硕士培训（MBA）；各类在职研究生，如法律硕士、工程硕士等。

工作体验是激励员工自我提升的方法。为了能够在当前的工作中取得成功，员工就必须拓展他们的技能，以一种新的方式运用他们的技能和知识以及获得新的工作经验。对专利管理人员而言，工作上常常需要不同的知识和技能，并随时可能遇到新情况，因此需要从不同的工作体验中处理不同的问题并总结出一般性的规律以帮助自己完成工作任务。当过去的工作经验与当前的工作技能不匹配的时候，就需要从新的工作体验中学习更多的东西。主要的方式有职位扩大化，即在现有的职位中增加更具有挑战性的职责或新的职责。如安排专利专员跟随专利工程师或者专利律师的团队完成某项特别的任务，由专利申请工程师与专利主管进行职位轮换，将企业不同分公司的专利运营工程师进行工作调动等。有效的工作体验可以帮助不同层次的专利管理人员开发技能，并提供为胜任进阶的工作所

---

❶ ［美］雷蒙德·A. 诺伊，约翰·R. 霍伦贝克，巴里·格哈特，帕特里克·M. 赖特. 人力资源管理——赢得竞争优势［M］. 北京：中国人民大学出版社，2005.

需要的工作经验。从工作体验中的表现,可以判断出某一专利管理人员是否具备选拔到其他岗位尤其是管理层的资格和能力。

专门的培训和人力资源开发活动都旨在激发专利管理人员主动学习的态度和积极向上的精神,员工积极的心理状态会使培训和开发活动更成功地转化,从长远而言有利于部门甚至企业的发展。此外,组织文化也是一个重要的外生变量。对大型企业的专利管理活动而言,组织文化包含两个层次:一是企业本身的文化,二是专利管理部门的氛围。企业对专利、知识产权或知识的重视程度,企业所处的产业及地位等,都会潜移默化地影响员工的工作或心态。专利管理部门的办事效率、创造的效益等更是直接与员工的绩效挂钩。良好的组织文化可以为专利管理人员创造更稳定的学习环境和工作环境,以促进他们积极参与和落实培训、开发活动,提高企业的人才素质,并为专利管理部门的运行提供保障。

4.4 专利管理人员的绩效与奖酬

4.4.1 专利管理人员的绩效

绩效管理(Performance Management)是指管理者为确保员工的工作活动和产出与组织目标保持一致而实施的管理过程。完善的绩效管理系统包括绩效界定、绩效评价和绩效反馈三个部分。对专利管理人员进行绩效管理,首先要界定专利管理中的重要内容,然后建立绩效评价体系,对不同层次的专利管理人员进行全方位的衡量和考察,最后将绩效评价结果传递给专利管理人员,使其能够根据企业或专利管理部门的目标来改进自己的绩效。此外,绩效还可以与员工的薪酬和福利挂钩。

对专利管理人员的绩效管理必须回应企业以及专利管理部门的目标和战略。不同行业中的大型企业都制定了各自的组织目标和战略,并不同程度地反映在专利管理部门之中。在绩效管理的前期,专利管理部门必须说明为实现企业的目标应该达成哪些类型和何种水平的绩效。在绩效评价的后期,专利管理部门再根据个体或群体的员工的实际绩效与计划之间的吻合程度来给出最终的绩效结果。当专利管理部门的运营具有相当规模并形成标准工作流程时,对专利管理人员的绩效考核就具备了物质基础,也附加了必要性和紧迫性。

大型企业可以在自身已经建立起来的绩效考核机制的基础上,针对专利管理部门的特征,调整各项标准在考核中所占的比重和次序,形成具有行业特征的专利管理部门的绩效标准。以华为公司为例,其对研发人员的绩效管理包括宏观绩效管理和微观绩效管理两类。宏观绩效管理围绕着绩效从计划、实施、考核、报酬四个方面来进行管理；而微观绩效管理则按计划、辅导、检查、反馈等具体的流程来实现绩效的考核；但两者之间是相互渗透、相辅相成的。专利管理人员的层次越低，绩效考核的标准越具体；反之则更具概括性。如对大型企业的专利主管而言，绩效考核的内容包括研发成果、专利运营、专利保护等关键业务领域，受到下级专利管理人员工作绩效的影响；再将专利运营部分的考核细化，则包含了产品化、专利实施、许可、转让及其市场推广、运营品牌化等标杆。

　　绩效管理需要通过一定的方法或手段予以实施。根据专利管理部门的特点，目标管理法和强制排序法是两种具有实践意义的操作方法。

　　（1）目标管理法

　　企业或专利管理部门的领导者与员工共同制定具体的绩效目标。企业的CKO首先确定专利战略和专利管理部门的工作目标；其次将这些目标传递给下一层次的管理者即专利主管，专利主管需要明确为了实现上述目标应当取得何种成果；专利主管再将这些已明确化的目标传递给每一位参与专利管理活动的员工，员工在此基础上制定个人目标，这些目标也就成为对员工个人的工作绩效的评价标准。这些绩效评价标准应当包含职位设计和描述中对每个职位的要求，是可度量的。绩效目标的制定过程，即企业和专利管理部门总目标的分解过程。一旦低层次的子目标被清晰地定义和完成，便成为实现上一层目标的手段，进而形成了完整的"手段—目的"链。目标管理贯穿于整个绩效考核期间，CKO、专利主管应该监控专利管理人员在目标达成方面的进展情况，并及时沟通以提供客观有益的反馈。

　　（2）强制排序法

　　强制排序法是一种简单直接的绩效评价系统。这种绩效评价系统的做法是将每一位员工的绩效与其他员工进行比较，然后对他们的绩效加以排序。例如，根据绩效状况，将处理同类事务的专利专员按照20％、70％和10％的比例分配到优秀、一般和较差的范围之中。当绩效衡量的结果用于加薪、晋升等一些管理决策中时，这种方法的作用尤为突出。但是，强制排序法将员工的表现机械地分成了数个等级，国外有些企业在使用的过程中遭遇了法律风险，但并不因此否定这种方法的优势。因此专利管理部门在使用这种方法的时候，不妨将其设为一种辅助形式的非公开的绩效考核方法，由此得出的考核结果应该由CKO或者专利主管保留，作为一种间接的考核支持，而不直接向员工公开数据。

　　当清楚地界定了专利管理部门所期望的绩效，并通过不同的系统完成了对员工的绩效评价后，就需要将绩效信息反馈给每一个专利管理人员，以帮助他们纠正自己的绩效不足。企业的CKO、专利主管应当经常并及时与专利管理人员开展反馈活动，一旦识别出可能导致工作效率低下或成果不佳的绩效缺陷，就有责任及时与员工沟通，并予以指导和纠正。由于专利管理活动是一个承前启后的工作流程，专利管理人员在某个环节造成的绩效缺陷将会殃及前后相连的专利管理活动，因此，管理者应当向员工提供经常性的绩效反馈，以给员工改进工作留出充裕的时间准备。绩效反馈除了及时性和经常性两个关键要素外，还需要为这种反馈创造良好的环境。专利管理活动涉及不同部门之间的沟通与合作，需要在一个相对开放的空间和环境内进行。

此外，在绩效管理中，企业或专利管理部门还可以借助信息管理系统，以促进人力资源管理的科学性和有序性，减少人为的偏见。微软公司早在20世纪90年代中期就建立了Head Trax人事管理系统❶，极大地提高了企业运行效率。

4.4.2 专利管理人员的奖酬

专利管理人员的奖酬包括奖励和报酬两部分，整体上与企业的整体人力资源管理体系相适应，其特殊性主要表现在奖励部分。

对专利管理人员的奖励可以分为物质奖励和精神奖励两类。物质奖励包括发明奖金、代用券、旅游等福利，而精神奖励则主要表现为评奖、素质拓展活动等。从法律层面来讲，奖励要符合《专利法》对职务发明奖励的相关规定；从企业层面来讲，要体现公司对技术创新的重视，是公司创新文化的组成部分，激发员工的创新热情。其中，研发人员是最主要的奖励对象。例如，日本企业一般设有第一次申请奖、发明申请奖、申请补偿奖、特别功劳奖等奖项，各公司针对本企业情况又制定出相应的规章制度重奖发明人，只要知识产权被使用，发明人就能得到奖金，即使人已故去或已离职均能得到奖励。❷ IBM公司则采用累积计分制对公司的员工发明进行奖励，其特点是对申请专利的发明人给予计分，累计到一定点数后，公司就对发明人给予奖励。此外，高通、Adobe等公司还建立了"专利墙"的奖励方式，将企业每项专利的简单陈述、结构图以及颁发机构和时间等制作成奖牌，统一陈列于企业大楼内的墙上。对发明者的奖励是直观且最容易衡量的，具有浓厚的地方色彩并深受企业文化影响，重点在于精神奖励，以提升他们对工作的满足度和认同感。

除研发人员外，对于促进专利转化的管理人员，尤其是专利工程师等也应予以足够的奖励。这些奖励也应以精神奖励为主，并及时进行，包括奖牌、荣誉榜、庆功聚餐等。而企业其他专利管理人员的奖励方式则相对多样化，可以结合

---

❶ 吴昊. 微软的人力资源信息系统 [J]. 经济管理, 2001 (13).
❷ 徐新, 相丽君. 职能视角下的企业知识产权管理 [J]. 科学管理研究, 2008 (8).

大型企业的人力资源管理部门制定的一般考察选项，作适当的补充。除了具有普遍适用性的奖励外，专利管理部门和人力资源部门还可以综合员工的意愿，根据企业的实际情况为员工安排更具个性化的奖励方式。上述绩效管理中的评价结果可以作为直接的依据反映在专利管理人员的奖励和薪酬中。

4.5 专利管理的全球性人力资源

在经济全球化的背景下，越来越多的大型企业通过向海外出售产品、在其他国家建立生产工厂以及与外国公司缔结联盟等方式进入国际市场。相应地，人力资源管理也必须具备国际性，以支撑大型企业的迅速发展。

专利管理的全球性人力资源是跨国企业从其全球化经营战略出发，根据自身的技术实力与战略目标，在全球范围内构建自己的专利管理人才体系，最大限度地利用企业自身的技术优势和当地的科技资源。大型企业专利管理人力资源的全球化与研发活动的全球化息息相关，目的在于获得长期的、稳定的全球技术领先优势。

大型企业进行全球性的专利人力资源管理活动面临的两个关键问题是：①有效的跨文化人力资源战略与管理。②对当地的知识产权法律环境、商业环境的认识。而相应的处理机制是：①了解当地的人文环境，结合自身企业的特点建立一套适用于当地分支机构的人力资源管理方案。②加强对当地的知识产权法律环境、商业环境的调查和分析，以选择合适的管理模式开发当地的专利人才资源。

对国际人力资源管理影响最大的因素是企业分支机构所在国家和地区的文化，并常常决定了各种不同人力资源管理实践的有效性。❶ 此外，东道国的人力资本❷资源也是一个重要的人力资源管理问题，其中一个重要的变量是劳动力受教育的机会。由于专利管理人员必须具备较高的专业素质，进入门槛较高，具有较高人力资本存量的国家对跨国大型企业是非常有吸引力的。

大型企业的全球性专利管理活动的参与者主要是外派人员。外派的专利管理人员主要是中高层的专利管理负责人，熟悉本企业的专利管理活动，并对专利管理活动中可能涉及的国际规则有充分的认识。除了具备扎实的业务和技术能力外，外派人员还需要具备在不同的文化环境中完成工作任务的适应能力和调节能

---

❶ ［美］雷蒙德·A. 诺伊，约翰·R. 霍伦贝克，巴里·格哈特，帕特里克·M. 赖特. 人力资源管理——赢得竞争优势［M］. 北京：中国人民大学出版社，2005.

❷ 人力资本是指个人的生产能力，即经济价值的知识、技能以及经验的总和。

力。这些管理人员必须接受培训，以了解这些新文化所具有的重要特征以及相关的法律、政治制度和经济制度。此外，这些管理人员所得到的报酬还必须能够弥补他们以及他们的家人从原来的生活环境迁往一个情况完全不同的新环境时所可能产生的各种成本。专利管理部门和人力资源部门可以通过企业的人力资源管理系统识别出哪些专利管理人员能够在新的文化中适用工作。

除了外派人员，全球化的专利管理活动中还涉及东道国员工、第三国员工等，专利管理部门可以充分挖掘当地的人力资本，使专利管理活动配置达到最优化。例如，大型企业在分支机构建立的早期向东道国派遣高级专利管理人员，负责指导当地的专利管理工作，一旦当地专利管理部门的运作进入正常轨道，外派人员即可回归母国的原属部门，其他的后续工作交由东道国员工及第三国员工完成。在东道国的专利管理人员只需要定期向总部的上级部门汇报工作并接受指派任务。

需要指出的是，并非所有大型企业的专利管理活动都面临着人力资源的全球化问题。对这一问题的考量应是基于企业自身的专利管理机构模式作出的。在不同的国家或地区都设置了分支机构尤其是独立的研发机构的大型企业，更有必要对专利管理作出全球性的人力资源部署，而采取集中管理模式的企业则无须过多地考虑这一问题。

第五章 大型企业专利管理的规章制度

科学的规章制度是企业有效实施管理的最佳工具，它使全体员工有章可循，使管理工作有序、高效地进行。大型企业专利管理工作纷繁复杂，制定相应的规章制度十分必要。本章主要介绍专利管理中比较重要的几个制度，包括保密制度、专利权利归属制度、专利申请制度、专利实施运用制度、职务发明创造奖酬制度、专利教育培训制度和专利管理合作交流制度。

5.1 保密制度

专利制度的本质是以公开技术方案换取法律保护，但专利管理中依然存在保密性要求。专利的新颖性要求、专利转让、专利战略等都要求企业有一套严格的保密制度。大型企业"人多口杂"，必须把专利管理保密事项规定到专利管理制度中去，引起企业全体员工的重视，做好保密工作，遵守保密条款。

大型企业专利管理中存在很多的保密事项：①专利申请公开前的技术及技术交底书、查新报告、专利申请文件等文档；②专利许可转让中涉及专利说明书中没有公开的实施例、技术及许可转让合同；③企业的专利战略；④企业在专利诉讼中的策略；⑤专利实施运用策略等事项。总而言之，专利管理关乎企业的技术、市场、经济发展战略，除了已经公开的专利说明书，几乎所有专利管理事务都需要保密。

保护专利管理秘密还需要一些具体措施。国外有些公司为了保密，甚至像战争时期的情报人员一样制订自己独特的秘密联络方式，最常见的是书信、电话、电报中的"密语"。如用蔬菜名代替与本公司发生关系的企业，用蔬菜价格的倍数代表商品价格，用天气变化代表行情，用水果名称代表人名等❶。大型企业可以采取以下保密措施：

（1）签订保密协议。员工入职前，在员工的保密协定中规定专利管理的保

---

❶ 王瑜，丁坚，滕云鹏. 企业知识产权战略实务 [M]. 北京：知识产权出版社，2009：194-195.

密事项。

（2）专利申请前，不得公开发明创造技术。根据《专利法》第22条第2款"新颖性，是指该发明或实用新型不属于现有技术，也没有任何单位或者个人就同样的发明或者实用新型在申请日以前向国务院专利行政部门提出过申请，并记载在申请日以后公布的专利申请文件或者公告的专利文件中"，所以，在申请号还未取得之前，不可以在国内外书面公开、使用公开，或以其他形式进行公开，不得将技术信息透露出去。专利申请前，发明创造是企业的商业秘密，可以按照商业秘密的保密制度来实行。

（3）在专利转让许可合同中，规定保密条款。

（4）员工离职后，员工要将技术资料、专利信息资料等归还给公司，与离职员工签订保密合同，规定保密期限。必要时，要与离职员工签订竞业禁止协议。

（5）公司内部信息资料按保密程度划分等级。如将只能在部门内部传阅的资料，只能在研发部门与专利管理部门之间传阅的资料，只能在公司传阅的资料等分别划分为一级保密级文件、二级保密级文件、三级保密文件。这些保密文件，只能在规定的部门或人员之间传阅，如果其他部门的人员确需用到一些秘密资料，必须经过专利管理部门和公司领导的审批签字才能获得。专利管理部门还需记录下接触过秘密文件的人员信息、使用目的及接触时间。

违反企业保密制度的，要给予惩罚。惩罚原则可与企业商业秘密的保密责任一致。员工泄露企业专利管理秘密，违反我国法律的，还要追究员工的刑事责任。

5.2 专利权利归属制度

专利权利归属制度是企业专利管理的基本内容，更是企业专利管理规章制度的核心内容。明确专利权利归属不仅可以维护企业权益，还可以避免给企业带来一些不必要的麻烦。具体体现在以下三个方面：第一，明确专利权利归属能有效避免企业无形资产的流失。职务发明创造专利、委托合作专利中，如果对专利的归属规定得模棱两可，则可能导致原本属于企业的专利被雇员或者被第三方拥有，造成企业资产的流失。第二，明确专利权归属可避免一些多余的纷争。权属纠纷是常见的专利纠纷，很多时候都是因为权利归属不明确而引发的，尤其是职务发明创造专利的权属纠纷。只要企业未雨绸缪，制定完善的专利权利归属制度，就能大大减少这类纠纷。第三，明确专利权利归属可以使深陷权属纠纷的企业快速脱身。

对大型企业而言，一套完整的专利权利归属制度除了有上述作用外，还有以下几个方面的作用：首先，大型企业具有人员众多、管理层级高、部门庞杂、分支机构分布广的特点，这决定了大型企业专利权利归属事务的庞杂性。专利权利归属制度可以简化大型企业专利权利归属事务；其次，专利权利归属制度使大型企业更高效地明确专利权利归属的同时，实现企业和员工之间的利益平衡；再者，专利权利归属制度为大型企业的职务发明创造的奖酬管理提供依据，实现职务发明创造奖酬确定清晰化的效果。

职务发明创造、合作发明创造、委托发明创造的专利权利归属问题是专利权利归属制度需要解决的三大核心要点，本节中将对这三类专利的权利归属制度加以探讨。

5.2.1 职务发明创造专利权利归属制度

职务发明创造专利权的权利归属制度是专利权利归属制度中最基础、最重要的制度。各国企业都在遵守本国法律的基础上纷纷制定了相应的规章制度。

国外企业非常重视职务发明创造专利权的归属。IBM公司与子公司约定，子公司的专利权要转移给总公司，由总公司集中管理各个子公司的专利，通过授权的方式许可给子公司使用。除此之外，IBM公司还与员工签订协议，要求员工的职务发明专利权必须转移给公司。日本日立公司通过企业规章制度规定，员工的职务发明和职务外发明的权利均归本公司所有，业务外发明也必须向本公司报告，由公司根据需要决定是否保留。如果员工在岗期间完成职务发明，而在离职后一年内取得专利权，也应通知公司，由公司决定是否使用该专利。日本的三菱公司则是通过企业规章制度直接规定，员工的职务发明要转让给公司。

我国《专利法》第6条规定："执行本单位的任务或者主要是利用本单位的物质技术条件所完成的发明创造为职务发明创造。职务发明创造申请专利的权利属于该单位；申请被批准后，该单位为专利权人。非职务发明创造，申请专利的权利属于发明人或者设计人；申请被批准后，该发明人或者设计人为专利权人。利用本单位的物质技术条件所完成的发明创造，单位与发明人或者设计人订有合同，对申请专利的权利和专利权的归属作出约定的，从其约定。"可见，我国立法明确规定职务发明创造的专利权由雇主所有。但是对职务发明创造的规定并不清楚，对"主要利用本单位的物质技术条件所完成的发明创造"这一类职务发明创造的规定还给企业留下了一定的自由裁量权。何谓"主要"利用本单位物质技术条件，法律并没有明确规定，我国企业可在制定职务发明创造的权利归属制度上发挥一定的自由裁量权。

从长远来看，职务发明创造专利权的归属制度要同时兼顾公平和效率。公平即指企业与员工之间的利益平衡。研发成果离不开企业的物质技术条件，更离不开员工的智力创造。如果企业忽视员工的智力创造带来的贡献，将研发成果收入囊中，员工研发的积极性自然会下降，导致企业的整体研发能力下降，形成一个恶性循环。当然企业为员工的发明创造提供的物质支持和组织团队上的支持不可忽视。效率即指专利权为企业带来的利益。企业实施专利战略，谋求专利技术竞争优势，依赖的往往是一系列专利集群。如果职务发明专利权归属于发明人或者设计人，那么企业很难整合现有专利技术形成竞争优势；相反，企业甚至反受自身投资研发产生的专利技术的制约——即使赋予企业免费的实施权，企业并不能排除他人实施，尤其是竞争对手的实施；即便是由发明人与单位共享专利权，企业与发明人之间的利益冲突不可避免，协调成本过高，也不利于企业利用专利技术形成整体优势[1]。

我国大型企业要在遵守我国法律的规定下，兼顾公平与效率，制定出符合企业专利管理体系、能促进企业发展的职务发明创造专利权利归属制度。根据我国《专利法》，大型企业可以作如下规定：

(1) 企业员工职务发明创造申请专利的权利属于企业，申请被批准后，企业为专利权人。

(2) 职务发明是指员工在本职工作中作出的发明创造；履行单位交付的本职工作之外的任务所作出的发明创造；退职、退休或调动工作后一年内做出的与其在原单位承担的本职工作或分配的任务有关的发明创造。

(3) 主要利用企业物质技术条件，全部或者大部分利用了企业的资金、设备、器材或者原材料，或者该技术成果的实质性内容是在该企业尚未公开的技术成果、阶段性技术成果或者关键技术的基础上完成的。

(4) 企业员工在任职期间利用本单位物质技术条件完成的发明创造必须向其所属部门报告，由其所属部门分析其发明创造是否为主要利用本企业物质技术条件的职务发明创造。若不是职务发明创造，可与发明人或设计人用合同约定该发明创造的权利归属。

5.2.2 合作和委托发明创造专利权利归属制度

技术开发包括合作开发与委托开发，技术开发过程中最重要的知识产权问题便是权利归属问题。

---

[1] 蒋逊明，朱雪忠. 职务发明专利权归属制度研究 [J]. 研究与发展管理，2006 (10)：113-115.

我国《合同法》第339条规定："委托开发完成的发明创造，除当事人另有约定的以外，申请专利的权利属于研究开发人。研究开发人取得专利权的，委托人可以免费实施该专利。研究开发人转让专利申请权的，委托人享有以同等条件优先受让的权利。"若委托开发合同中未明确约定发明创造的权利归属，则受托人享有该发明创造的专利申请权，委托人虽然可以免费实施该专利，但并不能排除受托人将该专利许可或者转让给委托人的竞争对手使用的可能。所以委托人应该在订立合同的过程中尽量争取发明创造成果的专利申请权，将专利收入囊中，或者通过约定限制受托人许可转让专利的权利。

若委托合同一方为国外企业，两国的法律对委托开发的约定不一样的，为了避免日后确定专利权归属时遇到选择适用法律的问题，企业务必事先在委托开发合同中约定好委托发明创造的专利权归属。

我国《专利法》第8条规定："两个以上单位或者个人合作完成的发明创造、一个单位或者个人接受其他单位或者个人委托所完成的发明创造，除另有协议的以外，申请专利的权利属于完成或者共同完成的单位或者个人；申请被批准后，申请的单位或者个人为专利权人。"《合同法》第340条第2款、第3款规定："合作开发的当事人一方申明放弃其共有的专利申请权的，可以由另一方单独申请或者由其他各方共同申请。申请人取得专利权的，放弃专利申请权的一方可以免费实施该专利。合作开发的当事人一方不同意申请专利的，另一方或者其他各方不得申请专利。"若合作开发合同中未约定发明创造的权利归属，则合作各方共同拥有申请专利的权利，但如若一方不同意申请专利，其他各方都不能申请专利，申请专利的权利需要一致行使。即使合作各方共同行使权利，还得面临如何进行专利使用获得利益分配。所以在我国企业合作研发中，要注意事先与合作者约定在研发过程中形成的专利技术成果的权利归属，避免将来使用专利技术的诸多不便。

若合作开发一方为高校或研究所等事业单位，要根据企业与高校、研究所之间的利益分配来确定发明创造专利权的归属。在由企业出资，高校或研究所进行研究开发活动的情况下，可以视为企业委托高校或研究所进行研究开发，企业可以约定研究开发的成果产权属于企业。在企业与高校、研究所联合建立实验室、技术中心的情况下，就需要双方从研究开发风险费用承担和研究人员等问题出发作出发明创造专利权的归属约定。

总的来说，大型企业在技术合作开发和技术委托开发前，需要在合同中明确约定在开发中完成的发明创造的权利归属。

5.3 专利申请制度

专利申请制度是继专利权利归属制度又一重要的专利管理制度。并且，专利申请制度还是专利申请流程管理的重要依据，而专利实施、专利价值评估等工作都要追溯到专利申请过程。因此，将专利申请管理提到企业专利管理制度的高度是很有必要的，专利申请制度有助于专利申请管理的条理化，为后续的专利实施和专利价值评估等工作打好基础。

IBM 公司在申请专利前会对发明创造进行筛选。IBM 公司筛选申请专利的发明，是同发明人所属子公司或知识产权管理部门来共同进行的。首先，研究所主管评价后决定是否推荐申请专利、公开，或者作为技术秘密。如果推荐申请专利，知识产权管理部门工作人员就再对其是否为公知技术、有无专利性、授权价值如何等从专业角度予以评价，然后再作出推荐申请专利、刊载于技术公报或者不采用的决定。知识产权管理部门决定推荐申请专利后，由专门的专利律师及外聘的专利代理人来完成专利申请，相关研发人员只需向专利律师等说明构思即可。

大型企业专利申请的制度化尤为重要。大型企业的研发部门多，申请专利的数量多，发明创造的技术领域更为宽广，导致专利申请过程繁杂，专利工程师和发明人或设计人交流不便，效率低下。专利申请制度化，让大型企业的专利申请更具有目的性，更适应企业专利战略需求。同时，有利于简化专利申请流程，提高专利申请效率。企业专利申请管理制度包括发明创造的申报、发明创造的评审和专利申请三个阶段。

5.3.1 发明创造申报阶段

发明创造的申报，是指发明人或设计人向专利管理部门申报自己研发出的发明创造的过程。一个良好的发明创造申报程序有利于专利管理部门及时了解企业的研发程度及研发方向，促进研发部门与专利管理部门的交流；同时还影响着后续的职务发明的奖酬管理，更是专利申请管理的良好开端。

在大型企业中，部门人员众多，企业内部的交流缓慢迟钝，发明创造的申报流程应该尽量简化，申报文书和材料应规范统一。在大型企业中，可规定发明人或设计人向其所属部门相关负责人（一般为部门领导或部门中主管专利事务的负责人）提交发明创造专利申请。由各个研发部门统一将发明创造专利申请提交到专利管理部门有两个好处：一是发明人或设计人提交申请到其所属部门相关负责人比跨部门提交申请更便利快捷；二是便于专利管理部门管理发明创造专利申请文件；部门相关负责人审核发明创造，作出发明创造申请专利、公开或者作为技术秘密的建议。部门相关负责人较为熟悉本部门的发明创造技术、所用公司资金条件等，经过部门相关负责人的决策和筛选，不仅给予发明创造更适当的保护，还减少了专利管理部门申请专利的负担。之后发明人或设计人所属部门将作出专利申请建议的发明创造专利申请提交给专利管理部门，专利申请流程进入下一阶段。

5.3.2 发明创造的评审阶段

发明创造的评审，是指企业专利管理部门对研发部门申报的发明创造进行评审并作出是否申请专利、何时何地申请何种专利建议的过程。发明创造的评审阶段是专利申请制度中的核心内容，从企业专利管理的角度上看，发明创造审查的好坏直接影响着专利质量的高低、专利申请的授权率、维持专利的成本等。从整个企业的发展来看，发明创造的评审是企业专利战略、市场发展战略的基础之基础。

在企业中，单件专利难以体现出价值，也难以给企业带来利益，通常，实现专利价值最大化、给企业带来巨大利益的是专利集群，专利集群是企业专利申请与企业专利战略相结合的产物。大型企业的专利集群效应明显，大型企业的发明创造评审更要以专利战略为依据。大型企业的研发部门多，要尽量简化发明创造评审阶段的流程，提高评审效率。

专利管理部门发明创造评审负责人（一般为企业专利工程师）从发明创造的可专利性、授权价值角度结合企业专利战略给出评价，依照发明创造的技术、价值（经济、市场、战略等价值）给发明创造评级，给出是否申请专利、申请何种专利、何时申请专利以及在哪些国家申请专利的建议。这样做的目的是为了将专利申请提升到企业专利战略的高度，使企业的每一件专利都有其存在的价值，避免毫无目的地申请专利，耗费企业资源。专利工程师将书面形式的评价和建议提交给专利管理部门的领导审核，审核通过后，交由专利管理部门的专利代理人完成专利申请。专利管理部门领导的审核，一是为了监督专利工程师的工作，二是减少了企业领导的审查，大大简化了发明创造评审的流程，从而提高了专利申请的效率。

5.3.3 专利申请阶段

发明创造评审阶段结束后，进入专利申请制度的最后一个阶段，即专利申请。专利申请流程是专利申请制度中最核心的部分。在这一阶段，企业向国家知识产权局申请专利。专利申请流程具有很强的时间性，一旦错过了在规定的时间内提交相应文件，就会导致专利申请失败，甚至还会使得发明创造成为公知技术。大型企业专利申请量大，若未管控好专利申请流程，会导致很严重的后果。相较于国家知识产权局，企业在专利申请中处于较为被动的地位。良好的专利申请流程管控，可以防止企业被国家知识产权局"牵着鼻子走"。

在大型企业中，专利申请一般交由本企业的专利代理人完成，向外国申请的专利由专门负责涉外专利申请的专利代理人完成。专利代理人将撰写好的专利申请文件交给管控专利申请流程的负责人（通常为专利专员），由专利专员统一提交给国家知识产权局。专利代理人提交补正书或者答复书等文件也是由专利专员在规定的期限内提交给国家知识产权局。企业专利代理人与国家知识产权局的官方文件交流都通过企业专利专员。这种做法方便企业从时间上掌控好专利申请流程。

专利申请中，专利代理人与发明人或设计人、专利工程师保持交流很重要。申请实用新型专利和外观设计专利的发明创造，专利代理人和发明人或设计人沟通，撰写专利申请文件。发明专利申请，专利代理人根据专利工程师是否提前公开，是否提前进入实质审查的建议，向国家知识产权局提交专利公开申请或实质审查申请。实质审查中，专利代理人要与发明人和专利工程师及时沟通，尤其在国家知识产权局审查员认为发明不具有创造性时，专利代理人在不知如何辩驳的情况下，要及时与发明人沟通，找出辩驳的办法；必要时，还要与专利工程师进行沟通，讨论是否还要继续申请该专利。专利代理人与发明人或设计人、专利工程师的交流可以为企业在专利申请中争取到一定的主动权。

总之，大型企业专利申请制度的制定既要考虑发明创造的技术问题，专利管理部门与研发部门等相关部门的交流问题，还要站在企业的战略高度上考虑企业的全面发展。尤其在大型企业中，产品种类繁多，发明创造多样化，专利申请制度更要切合整个企业的管理战略，要避免专利申请流程管理的杂乱无章。

5.4 专利实施运用制度

一项技术从研发到获得专利权授权，再到最后的专利维持，企业投入了大量的智力劳动和资金。如果这项专利得不到实施运用，闲置在专利库中，那是对企业资源的极大浪费。而IBM公司每年的对外知识产权许可都可带来10亿美元的收入，而且其中大部分是利润[1]。实施运用专利可以为企业带来巨大的利益，这

---

[1] 克里斯多佛·派克. 暗战 [M]. 北京：铁道出版社，2006 (1)：44.

里的利益不仅仅是经济利益。三菱和国内外公司互相转让或交叉许可已成为三菱公司对付他人指控三菱侵权时的利器。当三菱被其他公司警告侵犯专利时，三菱公司经调查认为确有侵权行为时，即以自己所有的专利为谈判筹码，和对方谈判互相转让，如此即可减少或免除赔偿额并消除专利侵权诉讼❶。

企业专利管理中的专利实施运用制度是企业实施与运用专利的制度规范。企业实施专利是指企业制造、使用、许诺销售、销售其专利产品，使用其专利方法以及使用、许诺销售、销售依照该专利方法直接获得的产品或者制造、销售外观设计专利产品。企业专利的运用大体可以分为两类：一类是转出专利，即企业许可他人实施其专利，或者将其专利转让给他人（包括专利权的转让和专利申请权的转让），或者入股；另一类是引进专利，即企业获得他人专利的许可、受让他人专利，或者接受他人入股。

专利实施运用制度促使企业利用专利，提高专利实施率、转化率，为企业带来巨大利益。大型企业专利数量多，申请和维护专利的成本大，部门之间反馈的信息量大，签订的专利许可和专利转让合同多，对合同的实时监控繁杂，更要建立专利实施运用制度，促进专利的转化，为企业带来利益。大型企业拥有的专利多，对外引进专利较少，应当重视对自主研发的专利的实施和转出。

5.4.1 专利实施制度

专利权是法律赋予的垄断权，专利产品是"垄断产品"，是企业的优势产品。企业应该大力鼓励将专利实施到企业所生产的产品中的行为。

研发部门在研发产品时尽量利用本企业的专利，将产品中使用到的专利报告到专利管理部门。市场销售部门定期将使用专利产品的销售情况、客户反映等信息及时反馈给专利管理部门，必要时销售部人员还要进行调研。专利管理部门对市场销售部门反馈的信息进行综合分析，提出是否继续实施专利或改进的建议，这些分析可以作为是否放弃专利的依据。专利管理部门还得登记对专利实施做出贡献的人，并给予奖励。

5.4.2 专利转出制度

企业转出专利前，专利管理部门员工对专利的技术价值、经济价值、战略价值等进行评估，给出是否可以转出专利、以何种方式转出专利的建议以及专利转出的价格，并报送给主管专利事务的企业领导，确保企业以合理的方式、合理的

---

❶ 常凯.日本三菱公司知识产权管理的特色［J］.电器工业，2004（4）：57.

价格转出专利。若他人要求到专利价值评估机构评估专利价值，专利管理部门工作人员应负责收集相关资料寄送到专利价值评估机构。

交易双方谈判是专利交易中的重要环节，也受到很多大型企业的重视。日立公司在专利转让许可中，要求技术人员、研究人员、律师、专利代理人和"知识产权本部"负责专利沟通管理业务者，一同出席专利转让许可谈判。在专利转出交易谈判中，技术人员、律师、专利管理工作者都要出席谈判。签订合同时，专利管理工作者也必须在场。

合同签订后，专利管理部门工作人员要及时到相应的专利行政部门备案，并在企业内部建立相应的合同履行情况的实时监控，及时发现违约或者预期违约的情形。❶

5.4.3 引进专利制度

引进专利前，市场销售部门要做好专利产品调研工作，获取专利的市场信息。专利管理部门工作人员从专利的市场信息、技术信息、法律状态、可专利性、专利权人、保护范围综合分析专利，并评估专利价值，作出是否引进专利、以何种方式、什么样的价格引进专利的建议，并报送给主管专利事务的企业领导。

在交易谈判中，技术人员、律师、专利管理工作者必须到场。双方达成一致意见后，签订合同时，必须有专利管理工作者在场。

同转出专利，引进专利合同签订后，专利管理部门工作人员要及时到相应的专利行政部门备案，并在企业内部建立相应的合同履行情况的实时监控，及时发现违约或者预期违约的情形。

5.5 职务发明创造奖酬制度

企业自主创新的专利一般都是企业员工辛勤开发出来的智力劳动成果，属于职务发明创造。职务发明创造是企业员工创造性智力劳动和一般性智力劳动的成果。职务发明的产生关键是创造性智力劳动的作用❷，职务发明人的固定工资只是一般性智力劳动价格的表现❸。对发明人或设计人额外付出的创造性智力劳动，企业要

---

❶ 朱雪忠. 企业知识产权管理 [M]. 北京：知识产权出版社，2007：64.
❷ 万小丽，张传杰. 职务发明收益分配比例的经济学分析 [J]. 科学研究，2009 (4)：574-579.
❸ 张晓玲. 论职务发明人的报酬 [J]. 科技与法律，2006 (3)：71-73.

给予额外的奖酬。建立职务发明创造奖酬制度，奖励员工额外付出的创造性智力劳动，更能激发出员工的创造性，为企业带来更有价值的发明创造。专利较多的企业，尤其是大型企业，职务发明奖酬的规定更应该制度化、规范化。

国外一些著名的大型企业很重视对职务发明创造的奖励。三菱公司对员工发明给予多次奖励。三菱公司员工完成职务发明转让给公司会获得一定金额的"让渡补偿"，申请专利后，不论授权与否，只要是好的发明，公司给予"优秀发明表彰"和奖金。如果这项发明获得专利并在公司内部实施，公司会给予发明人"实绩补偿"，实施至何时补偿到何时。如果这项发明被许可给其他公司实施，公司也会依照所获得的利益拨出一定比例作为发明人的"实绩补偿"。如果一项发明同时在公司内外实施，则发明人的"实绩补偿"一年最高可以拿到日币100万元。发明人离职后仍能领取"实绩补偿"，甚至死亡后其继承人也可以续领，直到公司不再使用或不再许可他人使用这项专利为止。此外，三菱公司还设有累计专利件数的"登记表彰"，员工所获的国内专利件数达到一定数量时，即给予一定数额的奖金。各工厂事业本部和三菱公司的社长也设有"工场长表彰""本部长表彰"和"社长表彰"，奖励方式由厂长、本部长和社长自行决定❶。IBM公司为激励发明人而设立的奖励办法是累计积分制。其奖金项目设立的特点是对申请专利的发明人给予计分，发明专利3点，刊载在技术公报上的发明计为1点。点数累计为12点，给予3600美元的发明业绩奖；发明人第一次发明就被采用来申请专利，给予第一次申请奖，奖金1500美元；第二次以后的发明被采用申请专利，每次奖励500美元。若专利权对整个公司有重大的贡献时，将给予特别功劳奖，依专利权贡献程度的大小给予发明人若干奖金。

我国《专利法》第16条规定："被授予专利权的单位应当对职务发明创造的发明人或者设计人给予奖励；发明创造实施后，根据其推广应用的范围和取得的经济效益，对发明人或者设计人给予合理的报酬"。《专利法实施细则》中关于职务发明奖酬的规定："被授予专利权的单位可以与发明人、设计人约定或者在其依法制定的规章制度中规定专利法第16条规定的奖励、报酬的方式和数额……被授予专利权的单位未与发明人、设计人约定也未在其依法制定的规章制度中规定专利法第16条规定的奖励的方式和数额的，应当自专利权公告之日起3个月内发给发明人或者设计人奖金。一项发明专利的奖金最低不少于3000元；一项实用新型专利或者外观设计专利的奖金最低不少于1000元。……被授予专利权的单位未与发明人、设计人约定也未在其依法制定的规章制度中规定专利法

---

❶ 日本三菱公司知识产权管理的特色——国外企业知识产权保护的管理办法[J]. 电器工业，2002(4)：58.

第16条规定的报酬的方式和数额的,在专利权有效期限内,实施发明创造专利后,每年应当从实施该项发明或者实用新型专利的营业利润中提取不低于2%或者从实施该项外观设计专利的营业利润中提取不低于0.2%,作为报酬给予发明人或者设计人,或者参照上述比例,给予发明人或者设计人一次性报酬;被授予专利权的单位许可其他单位或者个人实施其专利的,应当从收取的使用费中提取不低于10%,作为报酬给予发明人或者设计人。"

我国宝山钢铁(集团)公司(以下简称"宝钢")在遵守我国法律的情况下,规定了职务发明创造的奖酬制度。宝钢对职务发明授予专利权后发给奖金,其中专利2000元、实用新型1000元、外观设计600元。在专利有效期内,企业内部实施发明和实用新型专利,从该项专利实施后的效益中提取1%-3%作为一次性报酬给发明人和设计人;许可他人实施的,从收取的使用费中提取20%作为报酬给发明人和设计人;有的难以计算效益的,按其社会效益进行评估打分,相应地给予一次性奖励。❶

我国大型企业依据我国法律制定职务发明创造奖酬制度,可作如下规定:

(1)发明创造获得授权后三个月内,企业给予发明人或设计人奖酬。发明专利的奖励不低于3000元,实用新型和外观设计专利的奖励不低于1000元。创新性高、价值高的发明创造,即使未能获得授权,企业也应给予发明人或设计人不低于1000元的奖励;

(2)专利被企业实施的,每年给予发明人或设计人企业实施专利所获利润的1%-3%作为奖励,专利实施到何时,给到何时;

(3)企业将专利许可给他人实施或者转让给他人实施的,给予发明人或设计人许可费或转让费的不低于10%的奖励,具体发放方式可根据许可费或转让费的给付方式;

(4)企业通过专利诉讼、专利质押获得收益的,企业应该给予发明人或设计人收益的0.2%-2%的一次性奖励;

(5)专利管理部门将发明人或设计人每次的奖励记录归档,作为发明人、设计人业绩考核、职位职称提升的依据。

5.6 专利教育培训制度

企业专利的管理得益于企业的专利意识,企业员工的专利意识有助于专利管

---

❶ 易杨,杨为国.职务发明创造奖酬制度透析[J].科技进步与对策,2004(11):24.

理中部门之间的信息交流与合作,企业领导人的专利意识直接影响到企业专利管理的重要性甚至公司的战略决策。对企业员工进行教育培训是增强企业专利意识的重要途径。专利意识并不是通过一两次教育培训就可以培养起来的,在大型企业中,员工多且流动性大,培养专利意识是一项大工程,建立起一套完成的专利教育培训制度显得尤为重要。

日本三菱公司就有一套齐备的专利教育培训制度。三菱公司对所有的新进人员都要集中训练,安排半天至一天的法律与知识产权课程教育。待分配至各工厂后,又要接受各工厂有关的法律训练。工作两三年后,则要接受专利方面的训练,尤其是学习撰写专利说明书。三菱的"知识产权总部"在知识产权培训中扮演着重要的角色,他们隔月发行公司内部的知识产权刊物,一年举办一次知识产权周活动,知识产权总部同重要干部巡回公司各单位,去讲授并沟通有关的知识产权问题。经常举行研究开发成果的权利化活动,加强知识产权人员和研究开发技术人员之间的沟通,早日获得知识产权。

我国在专利教育培训制度中较为典型的是大唐电信科技股份有限公司。大唐电信科技股份有限公司每年都会组织各分公司员工统一进行知识产权培训、专利检索培训,而且每年都举办若干期网上知识产权培训班。通过学习,公司已拥有了一支专门管理专利的团队,他们负责挖掘专利,帮助研发人员申请专利,并对其宣传知识产权知识。

大型企业人员众多,专利教育培训制度首要考虑的问题有两个:其一,不同部门的人应有不同的培训方案;其二,不同阶段应有不同层次的培训内容。

对企业高层管理人员,侧重于专利对企业的重要性、专利战略、专利运营等内容的培训。采取专题讲座、沙龙的形式定期举行培训,培训方式多以案例、讨论形式为主。

对研发人员,侧重于专利基础知识、专利检索、专利信息利用、专利侵权判定等内容的培训。专利基础知识可以作为研发人员岗前培训的教育课程,专利检索、专利信息利用、专利侵权判定等内容采用专题讲座的形式进行培训。专题讲座的召开时间可以定期举行,研发部门认为需要培训时,可以向专利管理部门提出培训课程申请。

对市场销售人员,侧重于对专利基础知识、专利技术信息采集、专利侵权判定、专利实施运用等内容进行培训。专利基础知识可以作为市场销售部人员岗前培训的教育课程内容,专利技术信息采集、专利侵权判定、专利实施运用等内容采用专题讲座的形式进行培训。专题讲座的召开时间可以定期举行,市场销售部认为需要培训时,可以向专利管理部门提出培训课程申请。

对企业一般的员工,普及专利的重要性及专利的基础知识,达到提高专利意识的目的即可。岗前培训中施以专利课程培训。

对专利管理部门工作人员，培训教育的内容应更专业、更深入，涉及所有专利知识。但是专利管理部门人员一般都受到过系统的专利训练或有一定的专利工作经验，有着较为深厚的专利基础功底，因此，建议对专利管理部门工作人员的培训采用经验交流分享会或论坛的形式。专利管理部门承担着专利教育培训的责任，定期发行企业专利刊物，在企业内部举行专利年会活动，增长员工的专利知识，增强员工的专利意识。

5.7 专利管理合作交流制度

专利管理部门与其他部门的协调合作是专利管理工作中不可忽视的环节。部门之间合作的效率取决于部门之间信息交流的准确性和及时性，建立一套完整的部门信息交流制度有利于部门之间的信息交流。大型企业部门繁多，部门之间交流缓慢，纷繁复杂，一套完整的部门信息交流制度就显得尤为重要。

专利管理合作交流可分为对外合作交流和对内合作交流。对外合作交流是指专利管理部门和企业其他部门的合作交流，对内合作交流是指专利管理部门内部不同角色员工之间的合作交流。

5.7.1 专利管理对外合作交流制度

专利管理对外合作交流通常是专利管理部门与企业的经营领导层、研发部门、市场销售部门之间的合作交流。

专利管理部门与企业经营领导层的合作交流是一种上下级的汇报关系。专利管理部门定期向领导层汇报专利工作情况，专利工作情况包括企业专利检索分析报告、专利实施运用情况、竞争对手专利检索分析报告等。经营领导层为专利管理部门创造一个良好的专利管理环境，发动企业各部门积极配合专利管理部门的专利管理工作，使企业从上至下认识到专利的重要性并积极投入专利财富的创造和灵活运用中去[1]。

专利管理中，专利管理部门与研发部门间的互动性强。研发前期，专利管理部门为研发人员提供专利信息情报，帮助研发人员确定研发方向，避免重复研发，缩短研发时间。为此，专利管理部门每月发行技术领域专利分析报告，为研

---

[1] 王瑜，王晓丰. 公司知识产权管理［M］. 北京：法律出版社，2007（1）：219.

发人员确定研发方向提供参考依据。申请专利时，研发部门向专利管理部门提交发明创造专利申请，为专利申请提供技术支持。发明人或设计人应当按照专利说明书的格式提供发明创造的技术交底书，并积极配合专利代理人撰写专利申请文件。企业遇到专利侵权诉讼时，必要时，专利管理部门律师可以要求研发部技术人员给予专业技术支持，并且专利管理部门只需向研发部申请，不需向上级领导请示。另外，专利管理部门负责研发部门员工的专利知识培训。

专利管理部门与市场销售部之间的合作交流在专利管理中是必不可少的。新产品推出市场时，专利管理部门的人员要与市场销售部的人员合作，交流信息，防止新产品侵犯他人专利权。专利产品在市场销售时，市场销售部人员负责搜集专利产品的销售情况、客户反映等信息反馈给专利管理部门，便于专利管理部门对专利实施作出决策。市场销售部人员还要留意竞争产品，发现竞争对手侵犯企业专利权的情形及时向专利管理部门汇报。为了达到上述目的，市场销售部人员收集与专利有关的市场信息，形成报告，定期提交给专利管理部门。遇到他人侵犯企业专利权等突发状况要及时通知专利管理部门。专利管理部门还负责市场销售部人员的专利知识培训工作，培训市场销售部人员收集专利信息情报的能力。

5.7.2 专利管理对内合作交流制度

专利管理部门内部各个职位的人员虽各司其职，分工到户，却也少不了各个职位人员之间的合作交流。专利管理中的每个流程都必须依靠不同职位人员的合作才能完成。下面从专利申请和专利诉讼两个流程讲述大型企业专利管理部门的内部交流合作制度。

在专利申请中，专利管理部门的专利工程师分析评价研发部提交过来的发明创造，给出建议，得到专利主管的同意后，交由专利代理人申请专利。专利代理人根据专利工程师的建议撰写专利申请文件、申请专利的答复文件等。专利代理人向国家知识产权局申请专利时，专利专员管控申请流程，提醒专利代理人按时撰写好相关文件，专利专员负责向国家知识产权局提交专利代理人的专利申请文件。专利专员与专利代理人的交流可以通过企业内部的专利管理系统进行。

在专利诉讼中，专利律师、专利代理人、专利专员、专利工程师之间的合作交流很多。专利律师对专利的保护范围不清楚的，需要专利代理人的帮助。专利诉讼中，经常涉及专利无效申请，专利专员负责无效专利检索分析，形成分析报告，作为专利律师的诉讼材料。专利诉讼中涉及的赔偿数额，需要由专利运营经验丰富的专利工程师收集资料和给出建议。

5.8 大型企业专利管理办法

大型企业专利管理办法是大型企业专利管理的规章制度，结合了大型企业专利管理的特征，内容涉及专利管理的方方面面，包括专利管理组织、财务、专利流程管理、风险防控等。以下是通过总结前文（5.1-5.7）制定的大型企业专利管理办法：

第一章 总则

第一条 为规范本公司的专利工作，促进企业技术创新和形成企业自主知识产权，推动生产技术进步，提高公司市场竞争力和经济效益，根据《中华人民共和国专利法》、《中华人民共和国专利法实施细则》等有关规定，结合我公司的具体情况，特制定本办法。

第二条 本办法所称发明创造是指发明、实用新型和外观设计。

第三条 本公司专利工作的基本任务是贯彻执行《专利法》及其《实施细则》，宣传普及专利知识，激发员工发明创造的积极性，推动公司科技进步，提高市场竞争力和经济效益。

第二章 工作机构及其职责

第四条 本公司设立技术专利管理部门，负责公司的专利管理工作。

第五条 专利管理部门的基本职责包括：

1. 制定专利工作管理办法；
2. 制定专利工作的长远规划和年度计划；
3. 组织参与专利战略的制定和实施；
4. 组织、指导、协调、检查各部门的专利工作；
5. 提供咨询性建议；
6. 负责管理专利申报、专利申请工作；
7. 管理专利实施、转让、许可、质押和合作的合同备案工作；
8. 办理专利资产评估和专利价值评估工作；
9. 负责管理本公司专利维护工作；
10. 处理、协调专利权归属纠纷、专利侵权纠纷等专利纠纷事务；
11. 负责公司内部员工的专利培训；
12. 实施专利奖惩；

13. 管理专利文献，建立专利信息数据库，专利管理系统；

14. 监督专利保密工作。

第六条　其他部门应该积极配合专利管理部门的工作。

第三章　专利权归属

第七条　公司员工完成的职务发明创造，申请专利的权利属于公司；申请被批准后，公司为专利权人。职务发明创造是指执行本公司的任务或者主要是利用本公司的物质技术条件所完成的发明创造。

第八条　本公司员工完成的非职务发明创造，申请专利的权利属于发明人或者设计人；申请被批准后，改发明人或者设计人为专利权人。发明人或设计人在申请专利前，要填写《申请非职务发明创造专利审核表》（见附件一），经过发明人或设计人所属部门和专利管理部门审核通过后才可申请专利。

第九条　本公司与他人合作的发明创造取得的专利权为公司和合作者共同所有。合同中另有规定的除外。

第十条　本公司委托他人完成的发明创造取得的专利权归受托人所有，合同中另有规定的除外。

第四章　专利申请

第十一条　专利申请的提出

（1）欲申请专利的发明人或设计人应填写本公司《发明创造专利申请表》（见附件二），提交给其所属部门经理；

（2）部门经理审查《发明创造专利申请表》，并在"部门初审的意见"栏中填写意见，将此表交至专利管理部门；

第十二条　专利申请的审批

（1）专利管理部门由专职人员对申请专利的发明创造进行专利文献检索和专利性审查，并将检索的情况及专利三性审查意见填入《发明创造专利申请表》；

（2）专利管理部门领导审查《发明创造专利申请表》并签字；

（3）专利管理部门领导批准后，专利管理部门将《发明创造申请表》返回发明人或设计人所在部门，进行专利申请办理。

第十三条　专利申请的办理

（1）发明创造根据其技术价值、经济价值和市场竞争力的大小分为：A级，B级，C级。

A级发明创造，指技术价值高，属于该技术行业领域内的核心技术，能为公司带来巨大经济利益，能使公司处于市场优势地位的发明创造；

B 级发明创造，指有较高的技术价值和经济价值的发明创造；

C 级发明创造，指技术价值，经济价值和市场竞争力均一般的发明创造。

（2）专利管理部门通知发明人或设计人提供专利申请技术交底书或专利申请文件。

（3）专利管理部门专利代理人负责办理专利申请，发明人或设计人应提供必要的技术支持。

第五章　专利实施与运用

第十四条　专利的实施

（1）公司在进行产品销售和出口贸易时，应由专利管理部门分析国内外专利信息，运用专利专利制度的规则，明确该产品在销售地和出口地的专利法律状态，避免侵犯他人专利。

（2）公司在实施专利项目时，生产和销售部门应当将专利实施的情况定期上交《专利实施情况报告》至专利管理部门。

（3）专利管理部门应当对专利实施情况进行综合分析，在《专利实施情况报告》后附上是否继续实施或改进的建议，提交至知识产权副总经理，由知识产权副总经理作出最后决策。

第十五条　专利的运用

（1）公司转出专利时，专利管理部门应当对转出专利进行分析评价，给出是否转出、如何转出的建议，将建议提交给主管知识产权副总经理；

（2）公司引进技术、设备决策前，应由专利管理部门分析国内外专利信息，核实其专利法律状态，向主管知识产权副总经理提出引进方案，并定期监视其法律状态。

（3）专利实施许可合同或含有专利许可内容的技术转让合同的谈判、签订，应有专利管理部门管理人员参加。

（4）公司转出或引进专利技术，专利管理部门的专门人员应当评估专利价值；应当签订专利实施许可合同或专利质押合同。专利管理部门工作人员应当到合同签订地或者被许可方注册地或专利实施地专利管理机关备案。

（5）专利管理部门应当对专利实施许可合同或专利质押合同的实施进行监控。

第六章　专利维持和保护

第十六条　A 类发明创造自授权之日起第三年，B 类发明创造和 C 类发明创造自授权之日起第二年，专利管理部门工作人员每隔两年综合分析专利的实施运用情况，提出专利维持、放弃建议，并向专利管理部门经理提交《专利维持、放弃申报书》（见附件三）。

第十七条 专利管理部门经理审核，提出意见和签字，将《专利维持、放弃申报书》提交给主管知识产权副总经理审核。

第十八条 主管知识产权副总经理批准后，如果决定为维持专利，专利管理部门工作人员应当向国家知识产权局缴纳专利维持费，并建立档案。

第十九条 公司及员工有权保护本公司专利权不受侵犯，维持公司的合法权益，发现侵权行为应及时报专利管理部门；并帮助做好调查取证工作，必要时可请示专利管理机关处理或向人民法院起诉。同时，公司应避免侵犯他人的专利权。

第二十条 本公司专利权益涉及海关保护的，要按照《中华人民共和国知识产权海关保护条例》的要求，及时向海关总署申请办理专利权海关保护备案。

第二十一条 请求调处专利纠纷和进行专利诉讼。由专利管理部负责办理，必要时可委托律师事务所或法务部办理。委托律师事务所办理专利诉讼的，应有法务部参与，并将有关材料送法务部备案。

第二十二条 本公司应充分利用专利信息，掌握与本企业有关的国内外申请专利的动向，对有损于本公司且不符合授予专利权条件的他人专利，应及时提出撤销专利权请示或提出宣告无效请示，排除不应授权的专利。具体事宜由专利管理部负责。

第二十三条 在专利申请公开前，员工对申请专利的技术或产品负有保密义务。

第二十四条 专利管理部对专利的秘密性文件严格保密，他人不经允许不得查看。

第七章 专利培训

第二十五条 专利管理部门按不同部门对本公司职工进行不同内容的定期专利培训。若本公司其他部门对专利培训有特殊要求的，应当在每月月初将培训要求提交至专利管理部。

第二十六条 专利管理部应当在公司公告栏中，定期发布专利新闻事件，做好公司专利的宣传培训工作。

第二十七条 专利管理部门应当定期举行专利论坛，该专利论坛对公司全体员工开放。

第八章　奖励与惩罚

第二十八条　公司对运用专利给单位带来收益的员工给予奖励。

第二十九条　职务发明创造被授予专利权后，公司根据职务发明创造的不同级别对发明人或者设计人给予不同级别的奖励；发明创造专利实施后，根据其推广应用范围和取得的经济效益，对发明人或者设计人给予报酬。奖励和报酬的标准不得低于国家有关规定。

第三十条　公司设立专利工作奖，每年根据专利工作人员的工作业绩给予奖励。

第三十一条　公司应将获奖人员的奖励情况记入其业务考核档案，作为职务、职称提升，业绩考核的重要依据。

第三十二条　对违反本制度的规定，给单位造成损失的责任人，给予处罚。情况严重的，追究其刑事或民事责任。

第九章　附则

第三十三条　本办法在执行过程中如有与国家法律、法规相抵触的，以国家法律、法规为准。

第三十四条　本办法由本公司专利管理部负责解释。

第三十五条　本办法自××××年××月××日开始实施。

附件一：《申请非职务发明创造专利审核表》
附件二：《发明创造专利申请表》
附件三：《专利维持、放弃申报书》

附件一

申请非职务发明创造专利审核表

编号：

名称			
申请部门		开始时间	
发明人或设计人		完成时间	
发明人或设计人主要工作		联系方式	
专利申请类别	□发明　　□实用新型　　□外观设计		
申请专利主要内容	发明创造的新颖性、创造性、实用性、有益效果说明，并根据已知技术对发明创造的专利性作出评价		
完成发明创造的条件	完成发明创造所用到的物质条件或经济来源		
部门初审意见	部门领导：　　　年　　月　　日		
审批意见	专利管理员：　　　年　　月　　日		
审批意见	主管知识产权副总经理：　　　年　　月　　日		

· 116 ·

附件二

发明创造专利申请表

编号：

名称			
申请部门		申请日期	
发明人或设计人		联系方式	
专利申请类别	□发明　　□实用新型　　□外观设计			
发明创造等级	□A级　　　□B级　　　□C级			
申请专利主要内容	发明创造的新颖性、创造性、实用性、有益效果说明，并根据已知技术对发明创造的专利性作出评价			
部门初审意见	部门领导：　　　　年　　月　　日			
检索及审查意见	专利管理员：　　　　年　　月　　日			
审批意见	主管知识产权副总经理：　　　　年　　月　　日			

附件三

专利维持、放弃申报书

编号：

名称	
专利申请日	专利授权日
是否为本公司自主研发	□是　　　　　□否
转让公司	（若为公司自主研发，可不填）
发明创造级别	□A级　　□B级　　□C级
专利内容	专利的新颖性、创造性、实用性、有益效果说明
专利实施情况	专利的实施许可，以及产生的收益情况说明
专利管理部门初审意见	专利管理员：　　年　　月　　日
专利管理部门领导意见	专利管理部门经理：　　年　　月　　日
审批意见	主管知识产权副总经理：　　年　　月　　日

第六章　大型企业专利管理的财务管控

财务管控是企业管理的核心，是企业经济决策的依据，对大型企业尤为重要，渗透到企业投资运营的方方面面。❶ 专利财务管控的实质，就是通过组织与专利有关的财务活动和处理与专利有关的财务关系，建立一个合理的便于分析、理解、延续和传递的专利决策程序。要对专利活动进行有效的财务管控，必须首先从技术和法律层面理解专利活动，然后从资源配置的角度管控专利活动。

专利财务管控的目标指向企业目标。通常认为企业的目标是利润最大化。但事实证明，单纯追求"利润最大化"并非是企业处于支配地位的目标，或者唯一目标。企业的目标是一个"目标族"，最终指向价值最大化。因此，专利财务管控也应该为实现企业的价值最大化服务。清晰地认识到这一点，才能避免专利财务管控决策时目标行为的短期化。基于此，专利财务管控工作有两个关键点：第一，摸清企业专利状况，准确划清和收集各项财务数据，进行财务分析，并将分析结果反馈给管理高层和专利管理部门；第二，根据企业自身情况鉴别和判断专利管理中存在的重要问题，如专利开发项目繁多、专利成果转化过程不畅等，并将其体现于财务管控之中。

有效的专利资产财务管控应具有灵敏度高、涉及面广、综合性强等特点。因此，本章着重阐述专利的预算和成本控制、投资管理、收入和利润管理、财务报告和财务分析等几个方面的内容，并着力介绍一些有助于企业管理者或决策者快速读懂专利财务数据进而实现有效财务管控的技巧和方法。

6.1　专利管理的预算和成本控制

在知识经济时代，企业成本内容构成发生了巨大变化，主要由之前的有形消耗成本逐渐向有形和无形的综合性成本转变。知识产权已成为现代企业发展的一种国际重量级的战略性资源，在大型朝阳企业中表现得尤为突出。专利等知识产

---

❶ 黄海玲. 浅谈大型企业财务管理的重要性 [J]. 现代经济信息, 2011（24）: 69.

权不再是一度被认为的只有"富人才能玩儿得起的游戏",因为上到国家层面的扶持政策,下到中小企业自身发展的需要,都要求专利等知识产权资产走下神坛,转化为助推企业高速发展的现实生产力。然而,这个转化的过程并不是完全可控的,单就一个专利来说,其产生、维持到消亡的整个过程都需要付出非常高昂的成本费用。对于重视并希望专利资源助推企业发展的大型企业而言,专利管理的预算和成本控制理所当然地成为专利财务管控的重要内容。

专利管理的预算和成本控制是指以企业目标或者企业战略目标为导向,可控年度预算为控制目标,滚动执行预算为手段,覆盖专利研发、申请、维持、运用、保护诉讼等整个过程的多层面、全方位的监督控制管理体系。❶ 专利管理的预算和成本控制是企业抵抗专利研发和后续运营过程中不确定风险、增强企业内部凝聚力、降低专利成本最有效的工具。根据专利所处生命周期的不同阶段,专利管理的预算和成本控制主要分为:专利取得阶段的预算和成本控制、专利运营阶段的预算和成本控制。

6.1.1 专利取得阶段的预算和成本控制

专利资产的取得方式根据来源不同可以分为内部自创取得和外部取得两种方式。内部自创取得是指企业通过自主研发形成发明创造,进而申请专利并成为专利权人。外部取得主要是指企业通过购买、并购、接受投资、接受捐赠等方式从外部取得专利。

1. 内部自创方式取得专利的预算和成本控制

重视专利资产管理的大型企业通常具有较强的研发能力,内部自创是专利取得的主要方式。但是有研究资料显示,就整体来说,我国大型企业专利研发投入比例普遍不足。2011年,我国企业500强的研发费用占营业收入的百分比率平均为1.41%❷,而很多发达国家大型企业该投入比例已经达到甚至超过10%。技术研发本身已是一项高风险、高投入的经济活动,通过自主研发方式取得一项能助推企业发展的有效专利更具有风险大、投入多的特点。贯穿企业研发的全过程,做好预算和成本控制显然非常重要。

首先,专利研发之初,待研发专利项目的可行性报告分析是关键之一,有关决策者或管理者通过权衡其中的SOWT分析,综合考量相关因素,如其切入的市场契机是否合理、其覆盖的领域是否为相关市场中有潜力的空白点等。其次,考量为研发目标专利制定的各个不同方案,并充分设想或预测每一方案可能产生的

---

❶ http://www.smbup.com/2009/0714/37625.html.

❷ http://www.china.com.cn/economic/txt/2011-09/03/content_23346372.html.

不同结果，最后敲定范围内的最佳方案。这样的决策过程可有效控制盲目进行研发投入的行为。研发中，一个全程、详尽的控制计划和有效、及时的跟踪记录是必要的，专利研发团队的管理者和决策者能够据此掌控研发全局并根据需要及时作出调整。也即建立一个全方位、多层次的立体监督和控制体系，谋求资源的最有效组合，落实研发团队各成员的责、权、利，将专利的研发跟踪状况立体可视化，从而达到有效控制和降低成本费用的目的。

做好专利研发阶段的预算和成本控制，首先，要大致了解在研发阶段的费用支出方向。专利研发阶段的费用大致可以分为三个部分：直接费用、间接费用和与研发活动直接相关的其他费用。[1] 具体内容如表 6-1 所示：

表 6-1 研发阶段费用分类

研发阶段费用		
直接费用	间接费用	与研发活动直接相关的其他费用
包括：研发活动直接消耗的物料、燃料和动力费用，企业研发人员的工资等劳务费用，仪器设备费，专用软件费等	包括：用于研发活动的设备、房屋等固定资产的折旧费或租赁费以及相关固定资产的运行维护、维修等费用	包括：技术图书资料费、资料翻译费、会议费、差旅费、办公费、外事费、研发人员培训费、培养费、专家咨询费、高新科技研发保险费用等。除此之外，在专利申请过程中还有专利代理人费用、申请官费、专利检索费用等

其次，编制目标专利研发全面预算书。项目专利研发全面预算书是指预算期内（通常是一个年度一个周期）有关该专利预计的财务收支和财务成果状况的全方位、全过程的立体预算书。预算的编制方法（参照传统会计预算）主要有弹性预算法、零基预算法和滚动预算法等，三种预算方法各有优缺点，但并不完全相斥，如果企业需要，三者都可以是企业全面预算管理方式中的有机组成部分。当然企业也可以根据自己的实际情况，适时地选择合适的一种或几种组合的预算编制方法，以实现对专利有效的财务管控。预算书之后附预算编制说明，以清楚二者的勾稽关系。简单的企业预算编制样例详见本章附录。

此外，在专利申请过程中还有专利代理人费用、申请官费、专利检索费用等也要计入专利成本。

---

[1] 周雁凌. 高新技术企业研发费用的财务核算［J］. 企业研究，2012（12）：58.

2. 外部取得专利的预算和成本控制

外部购入是专利外部取得方式中的重要途径。在外部购入方式取得专利的交易中，虽然需要花费一个较长的时间过程，但相比较而言，它比内部研发的方式取得专利要快得多，而且除了外部购入整个专利资源之外，企业也可以考虑买入半成品专利，自己再进一步研发从而形成本公司的专利资产，或者购入别人现有专利，运用自己的专业研发团队进行解剖、分析、更新、升级，从而形成自己的专利资产。如此，在可节省巨额投入款项之余，还可以形成企业自己的核心专利资源。

以发明专利为例，外部购买一个专利，其购买对象分解开来包括很多项，如样品、样机、模型、图纸、仪器、零件、工具、加工设备的专利，以及未申请专利的发明成果、实物和配方、公式数据、说明书、建筑规范、设备布置、工艺流程、测试测验报告、制造营运方式、工人及技术人员培训资料等。❶ 但是专利交易谈妥之后，总体只用支付一笔款项给交易对方即可，其预算和成本控制比内部研发方式取得专利要简单许多。因此，要做好外购专利管理的预算和成本控制，只要依据企业的战略目标需求、资金预算规划，以及对目标专利的需求程度，即可确定对该项目标专利的刚性需求成本；如果计划买入半成品专利作进一步研发或者对购买别人现有专利进行升级更新从而形成自主专利，可以参考内部研发专利的预算和成本控制做法。

值得注意的是，在财务上，专利购买的结算方式会影响对目标专利资产的会计确认入账时间。所以，在货币一次性支付的结算方式下，合同一般约定款项是在卖方全部或部分履行合同义务之后支付，从而是在向交易对方付款的时间点确认了该目标专利资产在财务上的所有权和支出价值。在分期付款的情形下，则是按照权责发生制的要求，买方企业控制目标专利资产的会计分期内即可确认其在财务上的所有权，已支付款项确认财务入账，将未支付部分的金额列入公司负责，一般是"应付账款"账户。在其他结算方式下，如接受投资的专利权和接受捐赠的专利权，要严格依照合同规定，在收到专利技术资料和转让许可证，或形成新增生产能力，或实现销售新增产品时，作为目标专利资产入账的时间标准。

6.1.2 专利存续阶段的预算和成本控制

专利存续阶段涵盖了专利（有时包括专利申请）存在期间的整个过程❷。专

---

❶ 张爱珠. 知识产权会计 [M]. 北京：中国物资出版社，2005：92.
❷ 袁真富. 专利经营管理 [M]. 北京：知识产权出版社，2011：191.

利存续阶段所需要的成本费用支出主要有：交易费、专利检索和分析费、人工管理费、诉讼代理费等。如果不加谨慎地预算和控制，漫天的成本费用支出可能让企业付出沉重的代价，所以在专利存续阶段，有效的预算和成本控制显得尤其重要，每个企业都在寻找和使用各种方法，以期通过强化专利经营等手段，使专利费用的账单在越拉越长的同时，能够得到最起码的弥补或达到均衡。

以下是关于专利存续阶段预算和成本控制的几点行之有效的建议：

1. 定期进行专利稽核，适当调整有效专利预算

专利稽核（Patent Audit），是指当企业专利积累至一定数量时，企业定期针对其拥有的专利进行财务层面和技术层面的清点审核。[1]通过专利稽核，可以使企业盘点和深入了解各个专利或专利组合的内容和用途，保持专利资产状况符合企业经营战略目标。同时，也可以避免专利闲置，提高专利效用，定期淘汰不需要的专利，节省专利维持的成本。

弗朗姆企业研究部副总裁兼董事长玻·哲姆拉得（Pau Germeraad）在谈及企业专利管理时说："我们财务部门将60个左右的经营部门进行分级别排队，分为在成长中的、需要维持的以及可以出售的或可抽回资金的现金部门。我们还按保护对象将专利又按用途分为子类，包括现有生产的专利、处于部门战略计划中的专利，以及计划外的专利。作出这些决定是简单易行且迅速的。按专利的级别排序并按用途将专利构成输入一个坐标中，使公司的专利委员会、部门和公司职员能迅速发现哪些专利应该被废除，哪些应该维持，哪些应该获得许可，以及哪些应该通过继续进行专利申请得以巩固加强。"[2] 弗朗姆公司是将专利资产与企业经营相联系，定期进行专利稽核，适当调整专利预算，有效控制专利成本的典范之一。

不同的企业在专利稽核时，可以采取不同的策略或方案。例如有些企业将专利资产分为"必须拥有的"、"可以拥有的"以及"无用的（即企业现在用不上的）"。当企业用这个标准重新考虑其专利时，可能发现只有20%属于"必须拥有的"，30%属于"可以拥有的"，50%属于"无用的"。显然，第一类专利比例应当上升，而第三类专利，如果有的话，也应当保持在一个低水平的状态。当然，专利的性质不同，企业应对的策略也不相同。就大型企业来说，一些企业也许会作出仅仅保留与其核心技术相关的专利的决策，另一些企业也许会保留一些与专利技术无关但可能会在竞争中起保护作用的专利的决策。

---

[1] 袁真富. 专利经营管理 [M]. 北京：知识产权出版社，2011：185.
[2] 朱莉·L. 戴维斯，苏珊珊·S. 哈里森. 董事会里的爱迪生——智力财产获利管理方法 [M]. 江林，等译. 北京：机械工业出版社，2003：60.

2. 建立专利淘汰机制

在申请专利之前,有必要建立企业专利筛选制度,通过发明评估,尽量避免错误的或不必要的专利申请。在专利取得之后,则应建立一个适合本企业发展的专利淘汰机制,通过专利稽核,定期放弃或删减那些不必要的无用专利,以节约维持专利成本的开支。

以 IBM 公司的专利淘汰机制为例,IBM 针对不同的国家、不同的产品市场,视状况采取不同的维护决策原则,借以维持适当的财务调配。因为考虑到专利取得之后,随之而来的维护成本相当庞大,不大可能维持所有的专利,所以其专利维护财务政策是:对除日本以外的亚洲国家大都是发展中国家,因维护成本不高,故大多采取尽可能全盘保护的政策——所有的专利前 7 年全数付费维护,中间 4 年则视专利价值、利用率及影响层面,只维护其中 90% 的专利,后 5 年则再减少至 70%。如果资源许可,IBM 仍愿意提高投资比例。针对发达国家,由于维护、保有这类国家的专利权成本相当昂贵,故转而采取较严格的调整策略筛选,只保留与最新技术相关者。亦即会支付所有在该地获得专利的前 4 年维护费用,后 4 年则视各个专利价值、利用率以及影响层面予以保留其中 80%,再 4 年则继续降至 40%,到了第 12 年至第 18 年则只维持 20% 的专利。❶

当然,专利的取得,尤其是发明专利的取得是非常来之不易的,要企业放弃一部分专利权,也并非一件容易的事情,因为个中可能涉及很多利益关系。所以,对一个大型企业来说,如何建立一种公平、适当,并能被普遍接受的专利淘汰机制,是需要充分衡量利弊、认真考虑的。

3. 控制专利保护的成本

在专利存续期间,保护专利权不受侵犯是专利管理的重要工作。一旦侵权事件发生,维权成本也是相当不菲的。选择适合企业的保护方式,可以节省很多保护成本。

专利保护的途径有协商解决、行政查处和司法诉讼等。一般情况下,通过专利管理机关来查处侵权,方便、快速和低费用,因此行政查处所付出的成本比司法诉讼要小。因为法院收费标准较高,而且就中国的国情来说,国内法院多是赞同对此类案件进行补偿性赔偿而不是惩罚性赔偿。另外,请求查处专利侵权,一般也不需要聘请律师,可以省下一笔不小的律师费。

当企业万不得已需要诉诸司法去解决问题时,如何控制律师费用,也是企业需要考虑的。若企业预计或者已经有了持续不断的诉或非诉业务,也可以考虑与

---

❶ 陈乐融. 赴美观摩纪实——IBM 公司 [J]. 智慧财产权管理季刊, 1999 (22).

平常交往一些信誉比较高的律师事务所签订长期合作协议，这样在本企业有专利权纠纷需要律师协助时，可以获得较优惠的费用折扣。

4. 积极利用专利的价值

积极利用专利价值包括：提高专利利用的效率或效能、通过对外转让或发放许可，以及将企业闲置的或者对核心业务没有影响的专利充分调动起来。这样在减轻企业专利资产的财务压力的同时，也是控制专利经营成本的好方法。

专利权的许可使用简称专利许可，是专利权人允许他人使用其专利权的一种方式。[1] 专利转让是指专利所有人依据双方的约定和一定的法定程序，将自己的专利所有权有偿转让给受让人的法律行为。[2] 专利转让和专利许可都可以出资，另外专利权还可以实现质押使企业获得贷款：《中华人民共和国担保法》第75条规定，依法可以转让的商标专用权、专利权、著作权中的财产权可以质押。《中华人民共和国物权法》第223条规定，知识产权作为一种财产权，权利人可以质押有处分权的专利权。[3]

6.1.3 专利会计账务系统科目设置和账务处理预想

一个或一组专利，从开始产生到其最终消亡，完全进入公共领域，要实现对企业整个专利资产的管理的预算和成本控制，有序的会计账务处理是必不可少的，而一套针对专利资产行之有效的财务管控体系，能全程跟踪专利工作进展的同时，还可以成为企业层面整个专利管理的晴雨表和温度计。

以一个比较注重专利研发的大型企业为例，如果能够预计某项专利研发成功的可能性，并且其研发成本能够可靠地计量，则可以将研发过程中发生的诸如制图费、设计费、试验费、材料费、工资费、调研费、差旅费等先计入"在研知识产权—××专利"账户借方，同时贷记有关账户。[4] 若开发成功，在取得专利权时，可将累计开发支出金额和获得专利过程中发生的咨询费、律师费、申请费等转入专利权价值，借记"无形资产—知识产权—××专利"账户，贷记"在研知识产权—××专利"，按支付相关申请费贷记"银行存款"账户，以保证专利权入账价值的完整性。这是全额成本法的做法；如果预计专利研发成功的可能性不是很大，可以将研发中的支出金额计入管理费用，借记"管理费用"账户，贷记"在研知识产权—××专利"账户。对专利研发项目投入或研发不多的大

---

[1] 葛洪义. 知识产权概论 [M]. 广州：华南理工大学出版社，2010：203.
[2] 法律依据为《中华人民共和国公司法》第28条。
[3] 参见《重庆知识产权质押贷款贴息暂行办法》第3条。
[4] 张爱珠. 知识产权会计 [M]. 北京：中国物资出版社，2005：92.

型企业，可以仍沿用现行的费用化处理方法，即在研发支出费用发生时统统计入"管理费用"账户，研发成功后将申请注册支出相关费用资本化，借记"无形资产—知识产权—××专利"账户，贷记"银行存款"账户。这是成果决定法的做法。研发费用的会计处理还有一种做法是全额费用化，笔者认为这种方式已不适应社会发展，是应当淘汰的做法。

企业可以设置专门的知识产权账簿，并在其中明确专利权的地位。

具体来讲，知识产权总账科目需要突破现行会计制度规定的唯一总账科目"无形资产"，在专利方面，设立"知识产权—专利权"明细科目，进行明细分类核算，借方反映外购、自创、接受投资和接受捐赠等取得专利权的原始价值，贷方反应专利权出售、对外投资和转销的原始价值。

"在研知识产权—研发专利"或"长期待摊费用—研发费用"[1] 科目可作为一个反映专利研发过程支出金额的过渡账户，以反映内部研发或外购仍须进一步开发才能完成的各专利研究开发成本和成果，借方反映研究开发各专利过程中投入的成本，贷方反映研发成功后转入"专利权"或研发失败转入"管理费用"的金额。

"累计摊销—专利权"科目作为"知识产权—专利权"的备抵科目，反映专利权摊销情况，借方反映专利权转让、对外投资和转销时核销的专利权累计摊销额，贷方反映按期计提的专利权资产摊销额，期末余额在贷方。"知识产权—专利权"账户余额减去该"累计摊销"账户余额后的差额，就是专利权资产的摊余价值。

"知识产权减值准备—专利权"科目作为"知识产权—专利权"的备抵科目，反映专利权的减值情况。借方反映专利权转让、对外投资和转销等原因减少而冲销的已提减值准备，贷方反映专利权账面价值高于可回收金额时计提的减值准备，期末余额在贷方，反映现有专利权资产已计提的减值准备，专利权摊余价值减去"知识产权减值准备—专利权"账户余额后的金额即专利权资产的账面价值。

专利权总账根据知识产权总账科目设置，其账页格式与其他总账科目保持一致。

专利权明细账按其形成的阶段可分为研发阶段明细账和运营维持阶段明细账，提供各专利权在生命周期的各阶段的价值变化和具体要素价值构成的详细资料。

---

[1] 周雁凌. 高新技术企业研发费用的财务核算 [J]. 企业研究，2012（12）：59.

还要根据具体需要设置专利权登记簿和备查簿。登记簿是登记专利权益的取得、扩展,反映专利权形成发展的详细状况,备查簿起到对专利权明细账和登记簿的补充作用。

诸如以上会计账务处理细节,需要根据企业的不同情况具体分析,但是必须贯穿一个不变的原则:有效反映企业专利资产状况,目的为专利管理者决策提供可靠的材料和依据。当然,那些拥有异常灵敏商业嗅觉的专利研发团队,或者为其他非商业目的的专利研发,另当别论。

6.2 专利投资管理

专利权资产不仅仅体现为一种独占权,更是一种企业的无形资本。只有用活这种稀有无形资本,才能使其价值呈现最大化的财富创造。大型企业通常会将自己拥有的一定数量的专利作为资本进行投资,如此不仅可以消除维持大量专利权需支出的沉重成本负担,还有可能为企业创造巨额财富。

6.2.1 专利投资管理理论简介

专利投资是指企业利用资金自行开发专利、外购专利,以及利用企业所拥有的专利进行对外投资的一项长期投资行为。[1] 专利投资,依不同角度可以进行不同的分类:按投资对象可分为对内专利投资和对外专利投资;按投资形式可以分为直接外购、自创投资和吸纳投资;按投资时间可以分为初始投资和后续投资。[2] 以按投资对象分类为例,对内专利投资,是指将专利投放于企业内部,以开发、生产新产品或提供新服务的行为,即专利商品化。对外专利投资,是指将专利投放于其他企业,以获取股权收益的行为,即专利出资,包括专利使用权出资和专利所有权出资。

1. 专利投资的特点

和企业的一般资产相比较,专利资产具有高风险性、高收益性、高投入性、持续创新性、无损耗性等特点。

专利投资的高风险性和高投入性都是显而易见的。由于受各种因素的制约,专利投资的调研和论证等的难度要比传统有形资产大得多,并且一项专利研发项目成功的概率,及其产出后市场前景如何都不能得到保证。也是因为专利投资失

---

[1] 于玉林. 无形资产词典 [M]. 上海:辞书出版社,2009.
[2] 张爱珠. 知识产权会计 [M]. 北京:中国物资出版社,2005:197.

败的概率非常高，所以需要以专利群中个别成功项目的超额收益来弥补其中失败项目的损失，使得专利投资始终处于高收益状态。很多国家政府也会对有益于国计民生的新专利技术的研发给予资金支持，如 1993 年起日本实施"信息高速公路"计划，投资了 4000 亿美元。日本 50 家制造企业 2004 年的研究开发支出总额达 436.12 亿日元。[1]专利权要实现垄断，就要持续更新，其直接成果就是企业产品更新换代频繁，最典型的例子是美国苹果公司的产品遍布全世界大街小巷，无人不知无人不晓，苹果手机基本上每年更新一代，其强大的专利持续创新性不言而喻。

无损耗性是专利权资产的专有特性，只要没有更为先进的替代专利权出现，或者被宣布无效。在该专利权的有效期内，专利自身的价值一般不会随着时间推移而减少；相反其价值很可能会越来越高。

2. 专利投资管理

专利投资管理，是根据专利资产本身的特点，按照尽可能保护资产安全完整，充分发挥其作用效能，不断提高资产使用效率的原则，做好以下四个方面的工作：

（1）充分论证目标专利投资的可行性。在决定投资之前，为避免投资的盲目性，有必要论证目标专利投资的可行性，此过程可参考固定资产投资程序进行。

（2）及时、准确地进行专利权资产核算。及时掌握市场信息，定期反映专利权资产价值的变动情况。如果专利权的投资收回采用分期摊销的方式，及时、准确地进行专利权资产核算，能够保证专利投资的及时足额收回。

（3）采取必要措施保护专利权的安全使用。组织或者聘用一支专利资产维权团队，发掘处理潜在或现有的竞争者的专利侵权行为，不排除必要时提起侵权之诉，来保证专利投资的安全性，切实维护企业的经济利益。

（4）不断提高专利资产的利用效果。定期对专利资产进行利用效果分析，看是否达到了充分利用的程度，若没有，及时查明原因，研究解决办法，不断挖掘专利资产的利用潜力，积极开拓理财业务，实现经济效益的最大化。

3. 专利投资的程序

专利投资的特点决定了专利投资具有相当大的风险，一旦决策失误，就可能会严重影响企业的财务状况和现金流量，更严重的情况会导致企业资金链断裂，甚至破产。因此，为了尽可能地保证专利投资的安全性和效益性，必须严格投资程序，运用科学的方法，进行可行性分析。专利资产投资决策的程序可以遵从以

---

[1] 全球科技投入要览，2005 年 2 月 1 日，国家科技图书文献中心（NSTL）。

下步骤：①提出专利资产投资方案。②对投资方案进行可行性研究。③最佳投资方案决策。④投资方案有效执行。

6.2.2 专利投资预测

1. 专利投资预测的内容和方法

专利投资预测是实施专利投资决策的客观基础，是编制知识产权投资计划的必要依据。专利投资预测主要是运用特定的价值尺度和计量标准，对因专利资产投资而引起的企业未来现金流量作出分析、判断和预测，是合理规划和运筹企业财务活动，改善投资状况，提高经济效益的一项重要措施。

专利投资预测的内容主要包括：专利投资支出预测、营业收入预测、营业成本预测、营业利润预测和专利投资盈利预测五个方面。

评价现金净流量，是专利资产投资盈利预测中经常用到的方法。此处的现金是指广义概念，除了包括货币资金，还包括因项目需要而投入的各种非货币性资产的变现价值或重置成本。❶现金净流量是一定时期内现金流入与现金流出量之间的差额。流入量大于流出量，净流量为现金净流入；流出量大于流入量，净流量为现金净流出。在知识产权投资方案决策中，现金流量成为比较和评价方案优劣的一项重要指标。

例如，某项专利投资方的有关预测材料如下：投资支出需要120万元，分4年付清；该专利从购进的第二年起产品化并产生经济效益，有效期为6年；每年产品化可生产并销售300万元，预计每年产品成本总额为240万元；该项专利采用直线法计提摊销。这一方案所预测的现金流量显示于专利投资盈利预测表中，如表6-2所示。

表6-2 ××专利投资盈利预测表　　　　　　　　单位：万元

年份	1	2	3	4	5	6	7	总计
投资支出	(30)	(30)	(30)	(30)				(120)
计提摊销		20	20	20	20	20	20	120
销售利润		60	60	60	60	60	60	360
资金净流量	(30)	50	50	50	80	80	80	360

注：括号表示现金流出。

2. 专利投资可行性分析

专利投资的可行性分析是以报告的形式呈现出来可为企业确定专利投资方案

---

❶ 张爱珠. 知识产权会计 [M]. 北京：中国物资出版社，2005：204.

提供技术和经济方面论证的依据和标准。通常，净现金流量为正值的专利投资方案即具有经济上的可行性。专利投资经济上的可行性可归纳为算两笔账：投资支出账和盈利能力账。这两笔账算的正确与否，依赖于是否进行了有效的专利投资预测。根据专利投资预测，可行性分析的步骤如下：先计算出各现金流序列的净现值，然后计算联合概率，再根据联合概率计算期望净现值，如果期望净现值为正数的机会很大，联合概率较小，则说明该专利项目获利能力较强，风险不大，具备投资的可行性。

6.2.3 专利投资决策

1. 专利投资决策的前提和步骤

专利投资决策，是指企业决策机构根据有关专利投资的可行性分析和投资预测的结果，对各种不同方案进行比较和分析，从中选择出最佳方案的过程。专利投资决策的前提是：投资目标明确、同时有多项方案可供选择、各投资方案的经济效益可预测。

专利投资决策的程序一般遵从以下步骤进行：①根据调查资料、趋势预测资料，运用各种科学的定量分析方法，预测和计算出各种投资方案的现金流量；②根据各方案的风险程度，估算预计每一方案现金流量的风险；③根据前两个步骤得出的结果，确定投资成本的一般水平，作为企业专利投资方案的比较基础；④预测企业敲定某一方案后，将以后各期因增加产量、提高质量而出现的现金流入量按照资金的时间价值折算成收入现值；⑤最后，通过同一时间点上的现金流入现值与资本支出现值水平的比较，决定接受或拒绝某一投资方案。

2. 专利投资决策的方法

专利决策过程中采用的定量分析方法有"不考虑资金时间价值的非贴现静态指标方法"和"考虑资金时间价值的贴现动态指标方法"两种。采用非贴现方法时，只要把多个方案的投资盈利指标进行比较，就可找出最优方案，从而作出投资决策。但是，现金流入和现金流出是在整个专利权生命周期内陆续发生的，如果把不同年份的现金净流量直接对比，所得到的经济效益就是一个静态指标。静态指标不能反映时间因素对现金流量造成的差异，因此，有必要采用考虑资金时间价值的贴现动态指标方法，即在投资决策时，将不同方案、不同年份的现金流量折算成现值，再分别加总和比较。

（1）不考虑资金时间价值的非贴现静态指标方法

①投资回收期法

投资回收期法，是指根据回收原始投资额所需时间的长短来进行投资决策的方法。因为专利投资一般风险很大，所以投资者总希望能尽快地收回投资，即回收期越短越好。计算公式如下：

$$投资回收期（年）= 专利投资总额/每年现金流入$$

$$投资总额 = \sum_{i=1}^{n}（累计净现金流入）$$

如果每年的现金净流量不相等，则投资回收期需要根据年末尚未收回的投资额加以确定：

投资回收期=累计现金净流量开始出现正值的年份−1+上年累计现金净流量的绝对值/出现正值年份当年现金净流量

例如，X专利投资有a、b两套方案，根据预测的结果，这两个方案的经济效益资料如表6-3所示。

表6-3　专利投资项目经济利益比较表　　　　　　　　　　单位：万元

	年份	0	1	2	3	4	5	平均利润
A方案	销售利润		20	20	20	20	20	20
	现金流量	(150)	50	50	50	50	50	
	未回收投资		(100)	(50)				
B方案	销售利润		35	30	20	10	5	20
	现金流量	(150)	65	60	50	40	35	
	未回收投资		(85)	(25)				

投资回收期法计算如下：

a方案投资回收期=150/50=3（年）

b方案投资回收期=2+25/50=2.5（年）

首先，将投资方案的回收期与投资者既定的期望回收期相比：

投资方案回收期≤期望回收期，则接受该投资方案；

投资方案回收期>期望回收期，则拒绝该投资方案；

如果同时存在几个可接受的投资方案供选择时，择其短者即为最优方案。所以上述两个方案中b方案为最佳的投资方案。

②平均报酬法（Average Rate of Return Method）

平均报酬率（ARR），是指平均每年的利润与原始投资总额的比率。此比率值越高，说明获利能力越强；反之，获利能力越差。计算公式如下：

$$平均报酬率=平均每年利润/投资总额$$

续用上例，计算 a、b 两个方案的年平均报酬率如下：

a 方案平均报酬率 = 20/150 = 13.33%

b 方案平均报酬率 = 20/150 = 13.33%

如果有若干个投资方案可供选择，平均报酬率最高的方案为最佳投资方案。因为此案例中两个投资方案投资报酬率相同，所以两个方案在这方面无优劣之分。

不可忽视的是，两种计算方法各有优缺点，一个共同的缺点就是都没有考虑货币的时间价值。所以投资决策之前，要同时比较多个比率，综合考虑各种因素。

（2）考虑资金时间价值的贴现动态指标方法

考虑资金时间价值的贴现动态指标方法中最简单易懂和方便的一种是净现值法。净现值（Net Present Value，NPV）是指投资项目的预计未来现金流入与流出的差额的折现值，减去初始投资额以后的余额，计算公式如下：

$$NPV = \sum_{i=0}^{n} \frac{NCF_i}{(1+r)^i} - C$$

NCF_i——第 i 年的现金净流量；

r——贴现率（资本成本率或企业要求的报酬率）；

n——项目预计使用年限；

C——初始投资额。

在只有一个投资方案的决策中，若净现值为正，则表明该投资方案的报酬率高于预期的报酬率，可以采纳，净现值为负者舍弃；同时有多个投资方案的决策中，应选择净现值为正值中的最大者。

在现实运用该方法时，如果涉及投资额不同的方案之间的比较，因为不同投资额会带来各方案不同的净现值，无法运用此方法判断方案的优劣。为避免这一问题，应该采取区别对待的方法，即当投资额相同时，直接比较各方案的净现值；当投资额不同时，需用各方案的净现值来比较衡量，净现值高的方案为最佳方案。

仍以上述企业专利投资预测资料为例，假设企业要求的资本成本率为 10%，计算两个方案的净现值如下：

$NPV_a = 50 \times (P/A,10\%,5) - 150$

$\qquad = 50 \times 3.7908 - 150$

$\qquad = 39.54(万元)$

$$\begin{aligned}
NPV_b &= 65\times(P/F,10\%,1)+60\times(P/F,10\%,2)+50\times(P/F,10\%,3)+40\times \\
&\quad (P/F,10\%,4)+35\times(P/F,10\%,5)-150 \\
&= 65\times0.909+60\times0.826+50\times0.751+40\times0.683+35\times0.62-150 \\
&= 59.085+49.56+37.55+27.32+21.7-150 \\
&= 45.215(万元)
\end{aligned}$$

上述两个方案的净现值均大于零,因此都是可行方案。比较而言,应优先考虑 b 方案。

6.3 专利收入及利润管理

6.3.1 专利的资本价值

长期以来,业界一直将"维权"作为大型企业专利管理的研究重点,往往忽视对专利资本化问题的研究,因而关于专利的资本价值及经营规律等基础理论问题的研究便显得较为薄弱。与房屋、生产资料等传统观念下的实物资产相比,专利本身所具有的无形性与不可复制等特点使其价值无法通过产生它的社会必要劳动时间来认定,而专利的价值和意义又恰恰取决于它所能解放的社会必要劳动时间。除了种种不同于传统实物资本的外在性特点以外,在大型企业追求利润的过程中,专利也表现出不同于传统实物资本的内在经营规律。然而,对于专利作为资本的本质和特点是什么、专利价值如何计算、有何专利方面的经营规律以及专利与企业的利润创造是否有直接关系等较深层次的问题却鲜见相关的系统性专题研究,究其原因不外乎对相关基础理论问题研究的薄弱。

学术界和实务界普遍认为,无形资产在企业价值创造上发挥着巨大作用。从理论上来讲,无形资产的经济价值在于其可以产生超额盈利,尤其是其中居于核心地位的专利资产,能够创造出企业竞争对手难以模仿的竞争优势;同时,法律对于无形资产权利人的保护客观上提高了相关市场的进入壁垒,从而使得那些拥有一定数量和质量的无形资产的大型企业获得了一定程度的垄断地位,并且随着无形资产中专利数量和含金量的提高,大型企业在行业及产品市场份额方面的垄断地位也将更加稳固。这里,我们所要探讨的无形资产领域中关于"专利的资本化"的问题,即指法律保护下专利技术资本化的过程。具体而言,是指专利权人将其获得的专利权作为资本进行投资,与资金投资方提供的资金共同投资入股的过程。在此过程中,专利权人并未获得专利权转移的即时兑现,却因此获得了所投资企业的一部分股权,专利权人也并未全部丧失对该专利的所有权,专利权人仍可以股东或合伙人的身份享有企业财产的共有权。专利技术的作价入股，不仅保住了专利产品和技术本身，更为企业"套牢"了技术人才，使得企业在科技实力上具备了"源头活水"，更降低了企业智力引进的费用。

根据我国相关法律法规的规定，目前企业进行专利资本化的主要方式有：专利作为注册资本出资；专利权的对外实施许可与转让；企业实施自有专利技术；专利财产权质押；专利招标、孵化与拍卖以及风险投资企业的创业投资等。目前，我国虽然已是专利申请大国，但是专利资本化程度却不尽人意。据不完全统计，我国目前专利转化率不到30%，主要原因在于：企业对于专利资本化认识不足，专利资本化战略运用不足；部分专利往往重数量不重质量，这就导致科技成果看上去很"美"，但缺乏实用性；专利资本化评估难，专利价值难以合理把握；缺乏合适的专利推广和交易平台，致使一些高质量高效益的专利不易被发现。

相关调查显示，我国申请专利数量最多的10家电子信息企业5年的申请量之和仅仅相当于美国IBM公司一年申请的专利数量[1]；我国上市公司累计申请的发明专利又是三类专利中比重最小的一类；与之相比，发达国家企业的专利申请构成中均以发明为主，且发明专利申请在总量中所占的比重都超过80%[2]。而在以实现利益最大化为根本目标的现代企业经营活动中，申请专利、实施专利乃至开展专利战略管理以取得经济效益、创造利润才是根本。以企业专利资产转化为例，由于专利的转化本身就是一个较为复杂的市场运作过程，受到专利本身的价值、资金投入、价值评估、企业技术能力以及转化风险等诸多因素的制约，因此，尽管我国已经成为专利申请大国，却只有不到10%的专利成果最终转化为产品为企业创造利润，专利资产转化难仍是企业面临的一个现实而严峻的问题。

企业技术创新的最初成果往往体现在企业专利申请量的增加和企业专利资产的增加，进而通过专利的实施和专利资产的经营进一步提升企业业绩，增加企业利润。专利资产在企业技术创新和经营中的作用是不可小觑的，尤其是那些需要高额研发投入并不断保持技术领先优势才能在竞争中生存的企业。以中兴通讯为例，2012年3月5日，世界知识产权组织（WIPO）公布了2011年全球专利申请情况，中国企业中兴通讯凭借2826件PCT国际专利一举超越日本松下（2463件），跃居全球企业国际专利申请量第一。值得注意的是，中兴通讯坚持以销售收入的10%以上投入研发。

---

[1] 罗志荣. 解读自主创新战略 [J]. 企业文明, 2006 (2): 30-32.

[2] 宋河发. 全球最大500家跨国公司在华专利战略的特点、问题与对策 [J]. 中国科技论坛, 2005 (6): 70-74.

6.3.2 专利收入

概要地讲，企业的专利收入可以分为两种：一种是直接专利收入，如转让收入和许可使用收入；一种是间接收入，主要为将企业专利应用于实际产品中所获得的超额收益。从法律角度讲，专利是特定的人通过创造性劳动所取得的精神成果，具有权利价值；从资本角度讲，专利兼具市场价值、技术价值和一定程度的垄断价值；从会计学角度讲，专利权又是企业无形资产的一个重要组成部分。由于专利技术具有很强的非重复性、探索性和风险性，一旦该技术成功转化为商品，被市场接受，其强有力的竞争优势会给企业带来巨大的经济效益[1]。从来源角度讲，企业的专利主要通过自创、外购、接受投资、接受捐赠和债务重组等方式和途径获得；而专利给企业带来的创收主要是企业在运营专利的过程中通过占有、使用、转让、许可使用、质押以及投资等方式所获得的收益。

以 Nokia 公司为例，其在 2012 年第一季度仅从 Apple 公司获得的专利授权费就高达 6 亿美元，甚至远远高于其 Lumia 手机所创造的利润，专利授权费无疑成为了正处于风雨飘摇中的手机业昔日巨头 Nokia 的重量级摇钱树。正如 Ocean Tomo 的首席执行官 James Malackowski 所言，"这个世界如同一场没有硝烟的战场，战场的指挥官需要娴熟运用超过 10 多种运营模式和手段（如商业宣传、专利许可、专利转让、专利交叉许可、专利策略联盟、专利标准化、专利诉讼、专利投资等），但最终目的有时却不是为了在法庭上拼个你死我活，而是在谈判桌前划定在商业世界的势力范围"。

以爱立信为例，2012 年年初，爱立信重组自己的专利许可及开发部门并进一步货币化现有的 IPR 资产；2012 年全年，爱立信在研发上的投入高达 50 亿美元，专利收入约为 10 亿美元，主要来自于专利交叉授权协议。尽管专利收入快速增长，爱立信却并没有将这项受益作为其利润的主要增长点，而是有着更为长远的眼光。爱立信副总裁兼首席知识产权官 Kasim Alfalahi 曾强调，爱立信的专利收入都将重新回到研发领域，并且每年的研发投入都将保持在 50 亿美元的规模；这样的持续性投入将带来一种良性循环，意味着将可以产生更多的创新技术，整个移动通信生态系统也将得以持续发展。

从专利的应用角度来说，正如上文所言，直接经营专利给企业带来的收入主要为专利转让收入与许可使用收入，而专利的含金量即在于其给企业带来的巨额创收。国外一项研究表明，研究以及开发活动与未来经济利益具有相关性；平均

---

[1] 万小丽，朱雪忠. 专利价值的评估指标体系及模糊综合评价 [J]. 科研管理，2008（3）：185-187.

来说，研究与开发费用每增加 1 美元，将导致企业在 7 年内的利润每年增加 2 美元，企业的市场价值增加 5 美元[1]。以联想集团为例，其在公司级别的研发包括研究院、创新中心等部门，所关注的主要是 1 年半到 3 年之内能转化为产品的研发项目；其在 PC 领域的 2000 多项专利每年为其创收高达 5000 多万美元，约合人民币 3.11 亿。以柯达为例，其在 2012 年 12 月以高达 5.25 亿美元的价格将 1100 项数字成像技术专利出售给 IV 和 RPX 公司用于偿还部分贷款。

另外，相关领域的学者通过对 Spss 软件进行编程将我国统计年鉴中近 10 年来大型企业拥有的发明专利数和利润等数据输入，运行之后得出大型企业发明专利数增长率和企业利润增长之间的相关系数为 $\rho \approx 0.996$，表明大型企业所拥有的发明专利数量的增多对企业利润提升的影响力约为 99.6%；并且，通过线性回归模型的检验和分析得出，大型企业发明专利和企业利润之间的回归模型为 $L = 1.87083 + 0.561504F$，即当大型企业的发明专利数量每提高 1 个百分点，其利润会相应上升 0.5615 个百分点[2]；但同时也应看到这种影响力并非短期效应，企业对基础研究的投入需要用长远的眼光去看待。

6.3.3 利润管理之职务发明报酬的分配

职务报酬，是指完成单位职务发明创造的单个或者多个自然人，从单位实施该职务发明创造的经济效益（包括该单位转让或者许可第三方实施该职务发明创造而取得的转让经济收益和该单位自行实施该发明创造而获得的自行经济收益）中依法律规定提取或者在法定范围内依合同约定而取得的相应份额。

关于职务发明，美国法律的相关规定可以说是个例外。在无特别约定情况下，美国的职务发明归属于雇主，法律未规定支付报酬给职务发明人，理由是：职务发明是基于劳动合同关系在发明人履行职务过程中产生的，雇员根据被雇佣的目的从事特定发明任务或解决特殊技术问题的发明成果归属于雇主；雇主已付工资，因此职务发明人不应享有另外报酬。与上述制度相反的做法是，当雇主拥有雇员发明成果时，必须向该雇员支付除工资以外的一定报酬。西方发达国家多数采用这种制度。

但是，对于如何确定职务发明人工资以外的发明报酬，各国又有不同的规定：

以法国为例，要求在集体合同、企业协议及单独的劳务合同对受雇人应获得

---

[1] 余丹. 知识产权价值的会计确认途径 [J]. 财会研究，2009 (24)：38-40.
[2] 李柏洲，苏屹. 发明专利与大型企业利润的相关性研究 [J]. 企业管理，2010 (1)：123-125.

的酬金比例进行约定；若没有约定或协议不成，则由劳资协调委员会或大审法庭根据这两者原有贡献大小和发明本身的工业或商业实用性来确定受雇人应得的合理酬金。在德国，关于该问题有这样一个公式，即"雇员每年具体的报酬金额＝发明价值×发明人的分成系数值"。如果雇员和雇主在发明的归属、奖酬的计算等方面发生争议时，可向设在德国专利局内的"雇员发明仲裁处"仲裁，仲裁无效可向法院提起上诉。此外，德国的《高校职务发明条例》规定，高校教学人员利用学校的设备、资料等条件作出发明，他不能独享其发明权，应由其所在学校尽快申请专利，并请专门机构进行经济效益评估。发明人只能取得其发明所得收入的30％，另外70％归所在学校和经济效益评估机构，而所在学校和评估机构必须承担申请专利和专利市场所需费用。而在日本，对于作出职务发明的雇员所给予的报酬有两种补偿方式。一种是发明授权补偿，即在取得发明专利权时才支付的报酬，不管专利发明是否能够付诸实施都要支付；另一种是收益补偿，即在专利发明产生效益后才支付，包括在本公司实施获得收益或者通过许可公司实施获得专利使用费。相关报酬数额可以在雇佣合同和有关雇员规则中予以规定或者视雇主从发明中获取的利益、雇主对于发明的贡献以及雇员从发明获得的利益等因素而定。

总体看来，发达国家关于职务发明人报酬的规定充分体现了当事人意思自治的原则，并且没有相关的硬性指标和比例要求，仅规定一些标准或者最低额度；当约定不明或者存在较大分歧时，职务发明人可以通过专门的仲裁机构或者法院寻求司法救济。

在我国，《专利法》第16条明确规定："被授予专利权的单位应当对职务发明创造的发明人或者设计人给予奖励；发明创造专利实施后，根据其推广应用的范围和取得的经济效益，对发明人或者设计人给予合理的报酬。"此外，根据2010年修订的《专利法实施细则》，单位可以和发明人约定或者在单位的规章制度中规定具体的奖励、报酬方式和数额，并按照国家有关的财务会计制度处理。其中，一项发明专利的奖金最低3000元，实用新型和外观设计不少于1000元；双方未约定或者单位内部没有相关规定的，有效期内应当每年从实施该项专利的营业利润中提取一定数额以上的比例作为报酬，发明和实用新型为2％，外观设计为0.2％；若单位许可他人实施该项专利的，还应当从专利使用费中提取最低10％作为报酬给予发明人和设计人。简而言之，职务报酬总额即为单位转让和单位自行实施职务报酬额的求和结果。

虽然我国立法已经明确了职务报酬提取的量化标准和最低比例，但是其中还是存在不少值得关注的问题。比如，评估计算职务发明创造或者职务技术成果的提取基数即实施得到的利润存在很多困难;《专利法》及其《实施细则》虽有关于"一奖两酬"的规定,但由于"两酬"牵涉金额往往较大,单位常出于利益考量不真正落实等。尤其是在团队研发中,虽然企业某个部门内部的技术人员都有参与其中,但事实上对于最终的专利成果的贡献率不可能完全一样,那么出于事实上的公平效益,这里就存在是否需要"二次分配"的问题。

本章认为,"二次分配"略显烦琐,解决这个问题最有效的途径即在一次分配中引入"个人技术贡献度",即在完成该发明创造的过程中,某一个发明人其个人的实质性贡献占整个发明人团队实质性贡献总和的百分比(%)。若某项专利的研发工作只由一个技术人员独立完成,那么其技术贡献度当然为100%;若5人组成的单位内部团队完成某项专利的研发工作,那么就应当在该项专利完成之后分别为这5个人确定个人技术贡献系数,这5个比例加起来为100%,比如这5人的个人技术贡献度分别为5%、20%、15%、25%、35%。用公式来说明上述内容,即:

(1)职务报酬总额 = 单位转让职务报酬额 + 单位自行实施职务报酬额;

(2)单位转让职务报酬额 = 单位许可与转让费税后收入 × 职务报酬转让提成系数(%)× 职务发明创造的技术贡献度系数(%);

(3)单位自行实施职务报酬额 = 单位自行实施税后利润 × 职务报酬自行实施提成系数(%)× 职务发明创造的技术贡献度系数(%);

(4)个人的职务报酬额 = 职务报酬总额 × 个人贡献度系数(%)。

然而,在衡量个人贡献度系数中也可能存在一定的内部争议,这就需要企业内部的研发部门自行确定相关衡量因素,并在实践中逐渐形成相应的文本规范。

另外,企业实务工作中关于职务报酬分配上面临的另一个棘手的问题便是如何科学地量化评估与计算特定专利或技术成果的实施所产生的税后利润(职务报酬提成的基数值)问题以及确定权威性和具有公信力的评估机构的一致性问题。

在"一奖两酬"的分配上,由于"一奖"可以计入企业成本或者从事业费中列支,因此在财务操作上较为简单;而关于"两酬"的法律规定较为模糊,也并没有严格的强制性财务操作规定,因而实践中不免存在一定的差异性与任意性,直接导致相关发明人和设计人的既得利益受损。再者,评价和计算相关专利在实际生产与销售中的利润额和贡献率也是一大难题,如企业的某一产品可能是由专利技术与非专利技术共同构成,或者由数项专利技术构成或者同时包含发明、实用新型和外观设计专利等,这就使得准确计算某一项专利的营业利润贡献率变得十分困难。

在"翁立克诉上海浦东伊维燃油喷射有限公司、上海柴油机股份有限公司"

职务发明设计人报酬纠纷案中，当专利产品并不是一个可以单独出售而仅仅是某一完整产品中的零部件时，则还牵涉到该零部件在完整产品中的技术贡献率的确定问题。在该案中，法院认为当专利仅仅是一个完整产品的某个组件且不能单独出售时，就必须在查明完整产品许可使用费的同时确定专利在该产品中的技术比重，据此才能确定专利被应用中所对应之收益。"技术比重"系业内对技术贡献率的一种量化，可以通过技术评估或鉴定的方式予以认定，即根据相关鉴定报告的结论以确定相关产品的总技术许可使用费中的百分之多少为涉讼专利的对应收益，并将据此计算的税后收益作为计算报酬的基数。

6.3.4 利润管理之合作创新中的利润分配问题

随着世界经济一体化趋势的不断加强以及全球性技术竞争的日益加剧，一方面企业的业务在不断拓展，另一方面企业的技术创新也变得日趋复杂。在这样的时代背景之下，即便是一些资金实力较为雄厚的大型企业也面临着技术资源短缺所带来的一系列问题，使得企业依靠自身能力独立完成其所在领域的技术突破越发困难。在这种情况之下，企业寻求与外部力量的合作创新无疑是解决上述困难的有效方式之一。近年来，合作创新也已成为国际上一种重要的技术创新方式。

合作创新（Cooperative Innovation），即企业与其他企业、高等院校、科研机构等机构就技术创新建立一种合作关系，共同从事技术与产品的研发工作，并在完成共同开发目标的基础上实现各自目标的一种技术创新活动；既包括具有战略意图的长期合作，如战略技术联盟、网络组织，也包括针对特定项目的短期合作，如研发契约和许可证协议。由于企业合作创新的动机不同，合作的组织模式也多种多样。从广义上来说，合作创新是指企业、高校以及研究机构之间的联合创新行为，包括新构思形成、新产品开发以及商业化在内的任何一个阶段的合作。而狭义上的合作创新，则是指企业、高校与研究机构之间为了共同的研发目标而投入各自的优势资源所形成的合作，一般特指以合作研发为主的、基于创新的技术合作，即技术创新。具体来说，就是技术供给方和技术需求方作为独立的经济行为主体，按照技术合同履行各自职责，根据各自优势承担不同阶段的资源投入并对技术进行组织创新，并按照合同约定共同分担风险并对创新所取得的收益进行分配。

通常来说，合作创新以双方或多方形式展开，科研机构负责提供技术信息、人员、仪器等资源以及前期各项研发活动，企业则负责提供资金及相关条件的支持以及将技术推向市场的工作。目前，合作创新已成为世界各国开展技术研发和进行科技创新的重要方式。在我国，合作创新尚处于起步阶段，正面临着研发主体错位、利润分配纠纷等一系列问题；而其中的利润分配问题正是直接决定合作关系能否存续的核心问题。合作创新的参与者能够从合作创新项目中获得多少利润不仅取决于项目的总收益，而且取决于参与者在这一项目中的贡献率，二者共同决定了合作创新双方在这一项目中获得利益的多少，即"合作创新者的获益额＝合作项目总收益×合作方贡献率×100%"。不同的创新主体在项目中的贡献率必须根据该主体在创新过程中的地位与作用以及项目绩效进行综合评定，评定的整个过程也必须以市场规律作为参考，根据市场需求来进行价值评估。需要注意的是，合作关系中由于合作企业的规模、重要性等不同，绝大多数情况下收益分配都不可能是平均分配的。

合作项目开始之前，合作双方必须对利润分配系数等问题进行详细和认真的说明，提前签署合同和相关协议，以避免项目在启动之后发生不愉快的纠纷。如果合作双方采用的是"技术引进"模式就不存在这一问题；但若采用的是"委托代理"模式，便会涉及利润分配系数的相关问题，而这些问题都会成为未来合作创新过程中潜在的风险因素。譬如，即使合作双方已经在事前签订了关于利润分配系数的合同，但由于影响合作创新的因素非常多，如创新贡献概率增加、风险增加都会直接导致分配标准上的分歧，从而致使合作双方在利润分配上产生一系列问题。由于创新作为一种脑力劳动和无形资产，量化的难度大，因而关于合作各方对创造的贡献率的确定也是一个难题，要充分考虑创新过程中的隐性成本以及区分主要技术和次要技术、核心技术创新和普通技术创新。

6.4 专利财务报告与分析

6.4.1 专利与财务报告

现行财务报告是20世纪30年代工业经济社会发展到一定程度时在传统的会计与报表的基础上所形成的，是反映企业财务状况和经营成果的书面文件，包括资产负债表、利润表、现金流量表、所有者权益变动表、附表及会计报表附注和财务情况说明书。资本市场产生并成熟之后，财务报告的作用就变得更加不可替代了，表现为传递市场财务信息，帮助投资人进行投资决策，宏观上促进社会资源的有效配置。然而，知识经济社会的财务报告在很多方面已经落后于时代的发展，国内外会计改革的一个重要课题也落脚于改进现行财务报告体系。为了凸显专利权的财产性及其与财务报告的相关性，本节拟把专利权称为"专利资产"。

1. 专利与无形资产

首先，需要明确专利资产作为一种无形资产的性质和归属问题。从法律认定上看，在我国现行的会计准则中，应用单项评估值和整体评估值的无形资产有 12 项，而列入财务会计系统的只有 7 项，分别为专利权、非专利技术、商标权、著作权、土地使用权、特许权以及计算机软件，不包括企业的商誉。在《国际评估准则评估指南——无形资产》中，根据无形资产的来源，把无形资产分为组合类、权利类、关系类和知识产权类。我国不少学者也都按一定标准将无形资产进行了分类，尽管形式有所不同，但都将知识产权作为其中的一部分；而专利权作为知识产权之一，无疑在性质上也归属于财务报告体系中的无形资产。也就是说，本节所讲的专利资产即为资产负债表中无形资产的项下科目之一。

然而，无形资产的确认与计量却是传统财务会计的薄弱环节所在。从会计学角度看，专利权等知识产权不一定是会计主体的账面无形资产，因为该专利权等知识产权不一定被企业拥有或控制；即使是被企业拥有或者控制的专利权也不一定能够为企业创造经济利益。同时，专利权受到其价值形成中诸多不确定性因素的影响，成本确认具有一定的客观性，但在价值评估上仍存在很大的主观性和模糊性，因而专利价值本身难以准确计量。比如，会计上的知识产权价值计量采用有形资产成本法核算原理，而自主研发的专利资产的开发成本与其收益之间很可能存在不对称关系，有的专利虽耗费了企业大量的人力和财力却未能有效与产品制造对接，成为闲置专利，最终无法产生价值。有学者曾就此一针见血指出"将有形资产的计价原理简单套用在无形资产上"无疑是走入了死胡同。

研发支出费用或资本化处理的选择在业界也有颇多争议，其中较为合理的观点为：研究支出与新产品、新工艺的生产或使用及给企业带来效益的确定性程度较差，应在支出发生的当期确认费用，计入当期损益；开发支出如果满足一些特定条件，可以资本化处理，构成相关专利等知识产权的成本，否则即作为当期费用予以处理，即：研究费用费用化，开发费用资本化。

2006 年，财政部对《企业会计准则——无形资产》进行了修订，主要集中在无形资产的定义、范围界定、研发费用的处理等方面。首先，新准则规定无形资产指的是没有实物形态的可辨认非货币性资产，不再区分可辨认和不可辨认无形资产，并把商誉排除在无形资产之外；其次，取消了原准则第 10 条中的"但企业为首次发行股票而接受投资者投入的无形资产，应以该无形资产在投资方的账面价值作为入账费用"。最后，关于研发费用，新准则规定区分研究与开发费用，研究费用进行费用化处理；进入开发程序之后，对开发过程中的费用如果符合相关条件就可以资本化。

2. 专利与财务报表

财务报表中，与专利有关的会计科目主要有无形资产、开发支出和研发费用等。其中，无形资产包括专利权、非专利技术、商标权、著作权、特许权、土地使用权以及商业秘密等，而企业自创商誉以及内部产生的品牌、报刊名等因其成本无法准确计量，不应确认为无形资产。企业无形资产的取得主要有自创、外购和接受投资这三种途径。外购和接受投资的无形资产的价值确认较为容易。对于自创的无形资产，研究和开发过程中的费用计入当期损益，采用费用化处理；后期针对研究费用，不确认为资产，而对于开发项目则采取资本化的处理方法。我国《企业会计准则第 6 号——无形资产》第 13 条规定，自行开发的无形资产，其成本包括自满足第 4 条和第 9 条规定后至达到预定用途前所发生的支出总额，但是对于以前期间已经费用化的支出不再调整。

关于研发费用，《国际会计准则第 9 号——研究和开发费用》规定，研发活动的成本包括：薪金、工资及其他人事费用；材料成本和已消耗的劳务；设备与设施的折旧；制造费用的合理分配及其他成本等。我国会计准则对研发费用的处理分为两大部分：一是研究阶段发生的费用及无法区分研究和开发阶段的全部支出费用化；二是企业内部研发项目开发阶段的支出能够证明符合无形资产条件的支出资本化则分期摊销。《中华人民共和国企业所得税法》对研发费用要求分两种情况进行处理，即"企业为开发新技术、新产品、新工艺发生的研发费用，未形成无形资产计入当期损益的，在按照规定据实扣除的基础上，按照研发费用的 50％加计扣除；形成无形资产的，按照无形资产成本的 150％摊销"。对于自行研发成功的无形资产成本，即拟作资本化处理的研发费用，我国《企业会计准则第 6 号——无形资产》第 24 条规定，"企业应当按照无形资产的类别，在附注中披露与无形资产有关的下列五个方面的信息：……五是计入当期损益和确认为无形资产的研究开发支出金额"。

开发支出，是指企业开发无形资产过程中能够资本化形成无形资产成本的支出部分，应当根据"研发支出"科目中所属的"资本化支出"明细科目期末余额填列。下设"研发支出——资本化支出"和"研发支出——费用化支出"两个明细账。期末，"费用化支出"明细账的余额全部结转至"管理费用"，"资本化支出"部分的期末余额反映的是前期和本期发生的未结转至无形资产的研发费用。

事实上，现行财务报告模式在确认方面的苛刻要求使得很多能够反映企业未来前景并对报表使用者有用的信息被排除在企业财务报表甚至财务报告之外，首当其冲的便是企业专利资产等一系列无形资产。由于专利等无形资产的价值仍无法像具体的有形资产那样可以从企业财务报表上完整地展现，其后果便是对企业的真实资产与价值无法有效估计与评价。例如，如果企业通过出售或许可使用等方式运营自创专利，很可能因为企业的资产负债表中没有体现专利的成本而导致专利对利润的创造似乎是无成本的结果。这种信息的表达会直接导致专利仅因企业内部自创和外购取得的不同而在财务报表上的体现呈现天壤之别的状态。目前，我国上市公司披露的财务数据中鲜有针对专利资产所进行的详细披露，即便在高新技术类上市公司中也是如此。

针对财务报告中鲜少反映企业专利的真实价值问题，在不动摇现有会计准则的相关确认与计量原则的前提下，本章建议在企业财务报告中的"其他财务报告"中，着重披露企业经营活动的主要特征、经营活动重大的不确定性存在的显著风险和报酬机会、企业的相对竞争优势和关于企业无形资产的信息，并尽可能披露关于竞争对手或同行业其余相关企业的信息。此外，还可以通过表外附注的方式反映相关信息，譬如企业某一项或几项核心专利的法律属性、市场独占程度以及商业前景等。通过这种表内表外多渠道的信息反馈便能更好地体现专利的真实价值状况。

在现今这样一个知识经济时代，由于无形资产会计计量不能全面准确反映知识产权的资产信息，独立的知识产权会计将成为经济发展的必然结果。假以时日，完全可以设想这样一种情况，即企业的专利资产、非专利技术、商标、企业商誉等无形资产二级科目作为强制披露的对象独立显示于企业财报报表中。

6.4.2 专利信息的披露

无形资产的信息披露一般包括强制披露和自愿披露两种情形。随着无形资产理论研究的发展，有关无形资产的会计信息披露也逐步得到扩展，愈加完善。根据我国现行《企业会计准则》的规定，企业财务人员除了要在报表中确认无形资产的净额、研发支出等价值信息以外，还需要在附注中披露无形资产的期初和期末账面余额、累计摊销额、摊销方法以及减值准备累计金额等。

具体到有关专利的经济指标，一般通过企业的资产负债表和利润表来揭示。其中，资产负债表反映的是企业某一时点的专利的价值总量；利润表反映的是企业一定时期的专利收益总额。但是，按照现行的《企业会计准则》却无法比较详细地揭示企业知识产权的价值状况和收益情况，更不用说具体到专利权的层面。因此，可以设想对现有企业财务报表进行适当改革以满足这种需求。比如，编制企业"开发研制成本明细表""专利增减明细表"以及"专利收益明细表"等。具体来说，可以在资产负债表的资产类无形资产中单独设立"知识产权"科目，并下设"专利权"等子科目。同时，在所有者权益下的"实收资本"和"资本公积"项目中也分别单独列示专利权等知识产权类的科目，这样才能保证与企业知识产权相关的信息能够被完整披露出来。

在资产负债表中，无形资产项下单独设立"知识产权"项目及其子科目；同时，在所有者权益下的"实收资本"和"资本公积"项目中分别单列"智力资本"项目及其子科目；这里的知识产权项目分别按成本及重估增值（或减值）列示。至于所有者权益中的"实收资本""资本公积"则根据账户记录予以列示，主要考虑注册资本及其所占出资比重。

需要注意的是，改进的资产负债表中反映的只是无形资产净值。从传统报表中看不出企业对专利等知识产权的投资（专利的原始价值）和在成本费用中已经负担的金额（专利的摊销价值）。因此，实践中有必要将知识产权的原始价值、累计摊销价值及净值分别列示，比如增设"知识产权原始价值""知识产权净值""累计摊销——知识产权摊销"以及"在研知识产权"等科目。此外，对于知识产权的存量增减状况还应通过报表附注来反映。

此外，在利润表中也可以反映专利权等知识产权为企业创造的直接效益，包括许可和转让收益。一般而言，利润表中的"其他业务收入"反映了知识产权的使用权转让（知识产权许可许可）收入；"其他业务支出"反映了知识产权的费用支出；"其他业务利润"反映了知识产权的损益；"营业外收入"及"营业外支出"反映了知识产权所有权转让（知识产权转让）收入扣除其账面价值和应交纳税费后的净额。但是，笼统地把专利权、商标权、版权、专有技术、计算机软件等归入无形资产项下的"知识产权"这个大类之下的财务计量与披露，并不能反映企业在各种知识产权方面的完整而真实的信息。因此，为了考核企业知识产权的损益详细情况，有必要编制企业的"知识产权收益明细表"，并按照专利权、商标权、版权、专有技术、计算机软件等要素分门别类地加以汇总与反映。其中，与专利直接相关的收益明细主要包括以下六种：①专利的营业收入；②专利的交易税金；③专利的成本费用；④专利的营业利润；⑤专利的对外投资收益；⑥专利的创利总额。

具体来说：

第①项的"专利的营业收入"涵盖了与专利直接相关的所有权转让收入、许可使用收入等内容；第②项"专利的交易税金"主要是专利在交易过程中产生的营业税税金，具体为专利转让收入乘以相应的营业税税率所计算出来的结果；第③项中的"专利的成本费用"所涵盖的内容相对来说较多一些，主要涉及与专利有关的各种成本费用支出，包括以下内容：研发费用、专利申请的相关费用、摊销费用、广告费用、支付发明者的奖金、差旅费用等。其中，差旅费用主要是指在专利转让过程中为受让方培训相关技术人员所发生的差旅费用。第④项中的"专利的营业利润"主要是指企业进行专利转让时所获得的营业利润，具体为专利转让收入减去交易税金再减去成本费用所得的差额。第⑤项的"专利的对外投资收益"主要是指企业以专利进行投资而分得的利润。最后，将专利的营业利润与专利的对外投资收益求和便可以得到第⑥项的"专利的创利总额"。详见表6-4：

表6-4 专利收益表

编制单位： 　　　　20 年 月 日　　　　　　　　　　　单位：元

行次	项目	本月数	本年累计数
1	专利所有权转让净收入（净损失）		
2	专利使用权转让收入		
3	专利许可使用费收入		
4	专利转让收入合计		
5	减：专利转让成本费用支出		
6	专利转让利润		
7	加：专利投资收益		
8	专利盈利		

此外，还应当编制"专利增减明细表"以反映企业专利的增减状况：设本年专利增加一项，列年初余额、本年增加、开发转入、外购所有权、外购使用权、投资者投入、评估增值、其他等；在本年减少项目中，设所有权转让、对外投资、冲销、其他等，年初余额加本年增加额再减去本年减少额就等于年末余额。期末余额项目反映的是企业现存专利原始价值的总量。如表6-5所示：

表6-5 专利增减变动表

编制单位： 　　　　20 年 月 日　　　　　　　　　　　单位：元

行次	项目	年初余额		本年增加		本年减少		年末余额	
		件数	金额	件数	金额	件数	金额	件数	金额
	专利权								

6.4.3 专利财务分析指标

管理者在进行企业管理时要关注企业的盈利水平、资产水平、发展前景与财务风险等，因此需要将相关指标予以量化。财务分析指标是指总结和评价企业财务状况与经营成果的分析性指标，其作用在于为企业管理者和投资人提供相关项目的量化指标，有效满足企业管理的需求。此处所探讨的专利财务分析指标为企业无形资产相关分析指标的细化与再分，其内容主要包括专利的价值总额指标、专利的费用指标、专利的收益指标以及专利的收益率指标等。具体如下：

1. **价值总额**

（1）专利价值总额指标

专利的价值总额是以价值形态反映企业所拥有的各种专利的价值总量。具体而言就是将企业自行开发的专利价值总额、外购专利的价值总额与股东投入的专利价值总额三者求和所得的结果，用公示表述为：

$$专利价值总额 = 自行开发专利价值总额 + 外购专利价值总额 + 股东投入专利价值总额$$

（2）专利比重

专利比重作为一项重要的财务分析指标，指的是专利资本在企业总资本中所占的比重。用公式表述为：

$$专利投资比重 = （专利价值总额 \div 企业注册资本总额） \times 100\%$$

2. **费用指标**

费用指标可以从不同角度反映企业的专利在形成和使用过程中所消耗的各种费用（专利开发费用总额）的状况，即专利的成本投入的价值指标。

（1）专利成本费用总额

该指标反映的是企业成本费用中与专利直接相关的并所应承担的各种专利费用，包括：研发费用、申请专利的各种费用、专利的摊销费用、专利转让过程中发生的差旅费及培训费等；专利宣传的各种广告费用以及其他与专利的经营使用直接相关联的各种其他费用。

（2）专利成本费用比重

专利成本费用比重也是一个不可忽视的分析指标，该指标所反映的是专利的成本费用总额在企业全部的成本费用中所占的比重。用公式表述为：

$$专利成本费用比重 = （专利成本费用总额 \div 企业成本费用总额） \times 100\%$$

3. **收益指标**

总体来说，专利收益指标可以从不同角度反映专利的收益状况。

（1）专利收入总额

从宏观上说，某企业的专利收入总额应涵盖国内和国外的专利收入；从微观上说，企业的专利收入总额包括转让、许可、特许收入总额等。

(2) 专利收入比重

该指标可以细分为两个指标，分别反映企业专利收入总额在企业全部知识产权收入总额中所占的比重以及专利收入总额在企业全部收入中所占的比重。用公式表示为：

专利收入比重Ⅰ＝（专利收入总额÷知识产权收入总额）×100％

专利收入比重Ⅱ＝（专利收入总额÷企业全部收入总额）×100％

(3) 专利经营利润

该指标所反映的是专利资产直接给企业创造的经营利润的总额。用公示表述如下：

专利经营利润 ＝ 专利收入总额 － 应交税金总额 － 专利成本费用总额

(4) 专利经营投资利润总额

该指标主要用来反映企业将其专利对外转让和投资所获取的利润总额。用公式表述为：

专利经营投资利润总额 ＝ 专利经营利润总额 ＋ 专利对外投资利润总额

(5) 专利实施利润总额

专利实施利润，是指企业自己实施专利生产产品所带来的利润，不包括企业将专利对外转让、许可使用或者投资入股所获取的利润。用公示表述为：

专利实施利润总额＝（专利实施后产品的利润额–专利实施前产品的利润额）× 产品销售数量

(6) 专利创利总额

该指标可以用来反映企业专利所创造的全部利润总额，包括专利的经营投资利润和实施应用利润两个部分。用公式表述为：

专利创利总额 ＝ 专利经营投资利润总额 ＋ 专利应用利润总额

(7) 专利创利额占利润总额的比重

该指标主要用来反映企业的专利创利总额在企业全部利润总额中所占的比重。用公式表述为：

专利创利额占企业利润总额的比重＝（专利利润总额÷企业利润总额）×100％

4. 收益率指标

总体而言，专利的收益率指标可以从不同方面反映专利价值总额、费用总额与收益之间的关系。

（1）专利收益率

该指标反映的是专利收益与专利价值总额之间的关系，即：

$$专利收益率 = （专利创利总额 \div 专利价值总额）\times 100\%$$

（2）专利费用收益率

该指标是用来反映企业专利的创利总额与其所消耗的成本费用之间的关系，可以用公示表述为：

$$专利费用收益率 = （专利创利总额 \div 专利的成本费用总额）\times 100\%$$

（3）专利收入利润率

该指标主要用来反映企业专利创利总额与专利收入之间的比例关系，公式表述如下：

$$专利收入利润率 = （专利创利总额 \div 专利收入总额）\times 100\%$$

（4）专利的投资回收期

该指标主要用来反映企业专利的投资回收所需要的时间，用公式表述如下：

$$专利投资回收期 = 专利投资总额 \div 专利年创利额$$

（5）专利的投资报酬率

该指标主要反映的是企业专利投资回收价值的年平均率，其公式为：

$$专利投资报酬率 = 专利年创利额 \div 专利年投资额$$

附录：企业预算编制样例

第一部分：专利研发投入预算表

研发项目名称：　　　　开发部门：　　　　预算总金额：　　万元
项目负责人：　　　　　参与部门：　　　　项目开发期间：　年　月至　年　月

月份	人员	直接费用										分摊间接费用	费用总计	其他投入		投入总计
		人工及附加		仪器设备费	专用软件费	开发物料	环境物料	装备物料	设计费	测试费	合作费	差旅费等	直接费用合计			A	B等	
		均	总额															
合计																		

注：
（1）费用总计＝直接费用总计+分摊间接管理费用
（2）投入总计的构成等
（3）后附预算说明

拟制：　　　　　评审：　　　　　批准：

第二部分：预算编制说明

一、专利开发时间及人员预算

月份	所在开发阶段	研发核心小组成员	硬件人员	软件人员	测试人员	结构开发人员	其他人员	总计
总计								

由此表可得出"第一部分 专利研发投入预算表"中的"人工及附加费用"。

二、仪器设备、专用软件预算

（1）可以共享的仪器设备

仪器（软件）名称	数量	所在部门	预计占用时间	备注

（2）需新购买的仪器设备

仪器（软件）名称	预计单价（万元）	数量	总额	申购部门	要求到货时间	备注

三、物料费用预算

A. 研发（试验）物料

为专利研发而耗费的物料预算：

开发物料	单价（万元）	数量（套）	总额	申购部门	到货时间	备注

B. 环境物料

环境名称	配置要求	单价（万元）	数量	总额	申购部门	到货时间	备注

C. 装备物料：主要是测试部门为研发专利、测试运行所费物料

装备物料	单价（万元）	数量	总额	申购部门	到货时间	备注

四、其他分项费用预算

（1）试验测试费。

（2）设计费。

（3）合作费。

（4）其他费用。主要指差旅费、会议费、房屋折旧水电费、培训费等。

其他分摊间接费用表

费用项目	预计金额（万元）	预计发生时间	责任部门	费用发生原因	备注
试验测试费					
设计费					
合作费					
其他费用					

五、特殊情况说明

拟制：　　　　　审核：

第七章　大型企业专利管理的工作流程

专利从开发、申请、维护、运用、保护直至权利终止的整个生命过程是相对漫长又复杂的。在整个过程中，不仅事务环节多，而且涉及繁杂的主体、期限、手续、文件、费用等，给企业专利管理工作带来不小的挑战。专利数量一旦增多，这种挑战将有可能危及专利管理的质量和效率。因此，有必要厘清专利管理的工作流程，即明确专利工作流程中的具体环节，以及每个环节中的人、事、物、时间，确保专利管理的全面化、程序化、规范化，有助于专利管理部门控制风险、降低成本、提高管理质量、提高管理效率。大型企业的研发活动频繁，专利数量较多，对专利工作进行流程化管理显得尤为必要。大型企业专利管理的工作流程主要包括专利开发管理、专利申请管理、专利维护管理、专利评估管理、专利运用管理和专利保护管理六个环节。

7.1　专利开发管理

技术创新是知识经济时代企业参与全球竞争、追逐高额回报的一项重要手段。[1]但是，技术创新的过程中如果没有进行有效的专利管理，将有可能造成重复研发、专利侵权、技术流失、竞争力削弱等不良后果。专利开发管理就是为了最大限度地降低这些不良后果发生的概率，由专利管理部门联合研发部门等其他部门，借助专利信息分析，对研发过程进行全面规划和设计，积极挖掘专利，为企业参与市场竞争铸造精良的专利武器。简单而言，专利开发管理旨在提高研发效率、提升专利数量和质量。大型企业的技术创新活动比较复杂，种类多、层级多、技术领域多，必须厘清专利开发管理的流程，提高专利开发的质量和效率。

1. 确定研发方向和策略

研发不只是研发部门的事，还需要专利管理部门甚至是生产销售部门紧密配合，共同确定研发方向和策略，以保障企业具有持久的技术优势，适应市场需

---

[1] 胡佐超，余平．企业专利管理［M］．北京：北京理工大学出版社，2008：135．

求。生产销售部门主要从技术需求和技术缺陷信息反馈两个层面提供参考。专利管理部门不仅要通过专利信息分析把脉研发动向，还要将专利战略思想贯彻到研发之中。微软公司创设了"超前发明会议"，旨在预测当前或下一个产品周期，以及十年内的创新方向。该会议每次都由微软的知识产权管理者甚至董事长比尔·盖茨亲自参加或者指导。❶ 由此可见专利管理对研发的重要性。

首先，专利管理部门针对企业需要研发的技术进行专利信息分析。分析内容包括：技术的发展现状和趋势，技术开发的难点和重点，专利布局状况，尤其是核心专利的分布状况，竞争对手的专利状况、研发方向和策略等。这些分析结果将帮助研发部门确定研发方向和策略，从而提高研发起点、缩短研发时间、减少研发费用，以避免盲目研发和重复研发。

其次，专利管理部门还应该结合专利战略，如专利规避设计、专利布局、专利囤积、专利经营等战略，指导研发部门确定研发方向和策略。

为了使专利管理部门和研发部门沟通畅快，可以设置专利联络人岗位。专利联络人最好由研发部门经验丰富的研发人员担任，并对其进行专利基础知识培训，使其不仅能够将研发部门的想法清楚地传达给专利管理部门，又能够将专利管理部门的策略吸收到研发部门。

2. 制定专利目标

很多企业在研发时根本未考虑专利的问题，研发结束后也只是随意申请专利，导致很多很好的技术成果未能及时得到专利的保护，等到被竞争对手控诉专利侵权时才后悔莫及。因此，无论是长远的研发计划，还是某一个研发项目，都应该制定明确的专利目标，提前做好专利布局的准备，一方面可以提高研发人员的专利意识，另一方面可以提升企业整体的专利数量和质量。

专利目标由研发部门和专利管理部门共同制定。研发部门预测可能的技术创新点，专利管理部门确定具体的专利目标，包括专利的类型、数量、核心专利、外围专利、专利的大致布局等。在制定专利目标时，不能为了专利而专利，必须结合企业的实际情况、企业发展的环境、市场竞争态势、技术发展趋势等因素综合考虑。因此，专利目标也不是一成不变的，而是随各种影响因素的变化而变化。比如在企业发展的早期，为了快速积累专利，比较重视专利数量；而到了发展中后期则更重视专利质量。华为技术有限公司的发展历程就是很好的例子。

3. 专利挖掘

专利挖掘就是从专利的角度，对纷繁的技术成果进行剖析、拆分、筛选以及

---

❶ 关于微软公司知识产权战略的分析——读《烧掉舰船》有感。

合理推测，进而得出各技术创新点和专利申请技术方案的过程。❶专利挖掘是企业增强市场竞争力的需要：通过专利挖掘建立周密的专利网，将专利保护范围延伸至所有可能具有专利申请价值的技术点，对技术成果尤其是核心技术进行全方位地保护；同时还可以提升专利数量和质量，增强企业的专利竞争力。另外，专利挖掘过程中分析出来的可能存在专利申请素材的创新点，还可以对研发起到重要的指导和提示作用。

专利挖掘是一种专业性、技术性、技巧性很强的创造性活动，需要既懂技术又懂专利的复合型人才来操作。这种高层次人才在企业中是十分稀缺的。然而，每一个企业的技术研发是非常具体的，懂得通用技术的人员并不一定能够胜任。因此，对企业而言，最好的做法是：以第一线研发人员为主，以专利工程师为辅。研发人员缺乏专利基础知识和专利挖掘技巧，应该就此对他们加强培训，提高他们对可申请专利的创新点的敏感度。专利工程师也应该多与研发人员沟通，深入了解技术，便于进行专利挖掘。

专利挖掘的途径主要有两种：一是研发人员从项目任务出发进行专利挖掘，二是专利工程师从创新点出发进行专利挖掘。如果两种途径叠加，效果就会更好。首先，第一线研发人员非常了解在研技术，对技术的敏感性较高，从项目任务出发进行专利挖掘：①找出完成任务的组成部分；②分析各组成部分的技术要素；③找出各技术要素的创新点；④根据创新点总结技术方案。其次，专利工程师熟悉专利制度，依照专利申请的条件和要求，围绕研发人员提供的创新点继续进行专利挖掘：①找出该创新点的关联因素；②找出各关联因素的其他创新点；③根据其他创新点总结技术方案。这些技术方案大多符合专利授权条件，是专利申请素材，企业专利管理部门便可在此基础上分析筛选，确定专利申请的主题。❷

另外，对于生产制造型企业，还可以鼓励生产流水线上的员工充分挖掘专利。专利管理部门可以将生产流程和专利申请结合起来制作一个专利挖掘图，引导员工挖掘专利。具体做法是：以生产流程为横轴，尽量细化；以每个流程上历来申请的专利以及可能开发的专利作为纵轴，这需要专利管理人员进行专业的专利信息分析。流水线上的每一员工对自己所处的具体环节非常熟悉，优、缺点了如指掌。员工可以针对存在的缺陷提出切实解决的办法，这就是技术改进，技术改进很多都可以申请专利。根据这个图表，每个员工只要看自己所在横轴对应的纵轴，就可以很容易知道可以挖掘出哪些专利。❸

---

❶ 谢顺星，窦夏睿，胡小永. 专利挖掘的方法［J］. 中国发明与专利，2008（7）：46-49.
❷ 谢顺星，窦夏睿，胡小永. 专利挖掘的方法［J］. 中国发明与专利，2008（7）：46-49.
❸ http：//china.findlaw.cn/chanquan/zhuanli/zlflw/17301.html.

4. 专利申请提案

专利挖掘之后，研发人员应该将可申请专利的技术方案进行提炼和解释，撰写技术交底书，然后向专利管理部门提交专利申请提案。技术交底书是研发人员将可申请专利的技术方案以书面形式提交给专利工程师或专利代理人的参考文件，有助于专利工程师或专利代理人充分了解技术，从而为专利申请内部评审和专利申请书撰写奠定基础。技术交底书的质量直接影响专利申请决策和专利申请文件的质量，需要高度重视。专利管理部门可以制作技术交底书模板引导研发人员进行撰写；同时还需要加强对研发人员的培训，提高其技术分析能力，充实其专利基础知识；委派专利工程师对其进行现场指导，帮助其完成技术交底书。需要说明的是，只有发明和实用新型专利的申请需要技术交底。

技术交底书实际上就是专利申请书的"雏形"，在结构方面与其近似，具体内容❶如下：

（1）发明或者实用新型的名称

简单明了地反映该发明创造的技术内容是产品、装置或方法。应使用本技术领域通用的技术名词，不要使用杜撰的非技术名词，不得使用人名、地名、商标、型号或者商品名称，也不得使用商业性宣传用语。名称最好与国际分类表中的类、组相对应，一般不超过25个汉字。

（2）所属技术领域

所属技术领域是指该发明创造直接所属或直接应用的技术领域，既不是所属或应用的广义技术领域，也不是其相邻技术领域，更不是发明或者实用新型本身。例如，本发明属于温度自动控制装置，本发明涉及××材料的热处理方法等。

（3）背景技术

又称现有技术、已有技术，是指申请日以前公开的与该发明创造的结构、用途、效果最接近的技术。一般至少要引用一篇最接近的对比文献，必要时可再引用几篇较接近的对比文献。这些文献可以是专利文献，也可以非专利文献，都应该对该发明创造的理解、检索、审查有参考作用。清楚、客观地对背景技术进行描述和评价，具体内容一般包括：

① 注明其出处，即指出对比文献的来源或指出公知公用的具体情况；

② 简要说明该现有技术的主要相关内容，例如主要的结构和原理，或者所采用的技术手段和方法步骤；

③ 客观地指出现有技术存在的问题和缺点，在可能的情况下说明存在这些

---

❶ 黄贤涛. 专利战略 管理 诉讼 [M]. 北京：法律出版社，2008：165-168.

问题和缺点的原因，切忌采用诽谤性语言。

（4）发明目的

实事求是地指出该发明创造的技术方案要解决现有技术中存在的哪些问题。针对最接近的现有技术所存在的问题，结合本发明创造所能取得的效果，提出所要解决的任务。具体要求如下：

① 应与该发明创造的主题以及类型相适应；

② 应采用正面语句直接、清楚、客观地写明目的，明确说明要解决的问题；

③ 应具体体现要解决的技术问题，避免采用"节省能源""提高质量"等笼统的提法，但不得包含技术方案的具体内容；

④ 不得采用广告性宣传用语。

（5）技术方案

技术方案是技术交底书的核心部分，是实现发明创造目的的所有技术特征的集合。应清楚完整地写明技术方案，包括达到发明创造目的的全部必要技术特征。如果该发明创造是产品，就应该表明产品的构成及各部分之间的关系，各部分都起什么作用；其中属于该发明创造的部分是什么。如果该发明创造是方法，应该表明该方法由几个步骤构成，每个步骤要求什么条件，各步骤之间是什么关系，各起什么作用等。一般情况下，应用构成该发明创造所必要的技术特征总和的形式公开其实质内容。但有时为了使要求保护的技术范围更加明确，避免产生误解，还应当包括阐述发明创造所必需的重要的附加技术特征，以使人们清楚地了解为达到目的，应当采取的技术解决方案是什么。

（6）有益效果

结合该发明创造的目的和内容，清楚、有根据地写明该发明创造与现有技术相比所能带来的有益效果。最好有具体数据，切忌说大话、空话、过头话。通常有益效果可以由产率、质量、精度和效率的提高，能耗、原材料、工序的节省，加工、操作、控制、使用的简便，环境污染的治理或根治，以及有用性能的出现等方面反映出来。具体要求如下：

① 可以用对发明创造的结构特点或作用关系进行分析方式、理论说明方式或用实验数据证明的方式或者其结合来描述，不得断言其有益效果，最好通过与现有技术进行比较而得出；

② 对机械或电器等技术领域，多半可结合结构特征和作用方式进行说明；

③ 引用实验数据说明有益效果时，应给出必要的实验条件和方法。

（7）附图说明

附图是为了更直观地表述发明创造的内容，可采取多种绘图方式，诸如示意图、方块图、各向视图、局部剖视图、流程图等，以充分体现发明点。对于说明

书中有附图的专利申请,在说明书中应集中给出图面说明。其具体要求为:

①应按照机械制图的国家标准对附图的图名、图示的内容作简要说明;

②附图不止一幅的,应当对所有的附图按照顺序进行编号并作出说明;

③图面说明不必包括对附图中具体零部件名称和细节的说明。

(8) 最佳实施方式

结合附图对本发明创造的具体实施方式作进一步详细的说明,不应该理解为对说明书内容的简单重复。其目的是使权利要求的每个技术特征具体化,从而使发明实施具体化,使发明创造的可实施性得到充分支持。

一般来说,这部分应至少具体描述一个最佳实施方式,这种描述的具体化程度应当达到使本专业普通技术人员按照所描述的内容能够重现其发明创造。在描述具体实施方式时,并不要求对已知技术特征作详细的展开说明,但必须详细说明区别现有技术的必要技术特征和各附加技术特征以及各技术特征之间的关系及其功能和作用。

实施方式和实施例的描述应当与所要求保护的技术方案的类型相一致。例如,如果要求保护的是一种产品,那么其实施方式或实施例就应当是体现实施该产品的一种或几种最佳产品;如果要求保护的是一种方法,那么就应说明实施该方法的一种或几种最好的实施方法。

5. 专利申请内部评审

专利申请内部评审是指对拟申请专利的发明创造进行综合评审以作出专利申请决策的过程。该程序是企业内部设置的一道关卡,旨在提高专利质量、实施专利布局、节约成本,对大型企业专利管理尤为重要,如 Intel、惠普都有类似的程序。这个环节包括评审主体、评审标准和评审结果三项内容。

首先,评审主体应该是综合性的。专利申请决策不仅要依据企业总体发展目标和专利战略目标而定,还要依据产品的市场发展状况而定。[1] 因此,专利管理部门难以独自作出决策,而需要与研发部门、法务部、市场部门等沟通协调,共同作出决策。企业可以成立由专利管理部门主持、多个部门共同参与的专利评审委员会,专门负责对研发人员提交的专利申请提案进行内部评审。如 Intel 成立了专利委员会,惠普有专利协调会议。为了慎重起见,企业还可以再加一道关卡,由最高决策部门最后审批。

其次,评审标准应该是复合型的。专利申请决策要考虑的因素不只是专利申请条件,更重要的是企业战略规划。对应多个部门相关人员组成的评审主体,评

---

[1] 胡佐超,余平.企业专利管理[M].北京:北京理工大学出版社,2008:159.

审标准也因部门而异。研发部门的评审标准是发明创造的性能及效果、替代技术、技术的寿命；专利管理部门的评审标准是可专利性、权利保护范围、侵权判断的难易程度；市场部门的评审标准是商业利益、市场需求、市场环境、竞争力大小；法务部门的评审标准是专利潜在侵权和被侵权的几率。大型企业往往涉及众多研发对象和技术领域，还可以按照技术类别对评审标准进行细化。❶另外，各部门负责人应该结合企业的发展战略进行评审。根据各部门的评审结果，最后得出综合评审结果。

最后，评审结果应该是具体化的。评审结果不是简单地判断是否申请专利，而是给出具体的申请决策，为技术成果的保护提供指引。从最终结果来看，至少包括四种情况：申请专利、技术秘密保护、公开、保留，即暂时不采取任何行动。具体内容如下：

（1）申请专利

申请专利可以强有力地保护发明创造，增强企业专利实力，提高市场竞争力。但是申请专利的周期长、成本高，还会公开发明创造的内容。因此，企业不能盲目地选择申请专利，应进行策略性考量，使专利数量和专利质量协调提升。比如以下情况可以考虑申请专利：①从竞争战略出发，技术复杂、难以绕开的基础发明；能有效控制对手或者防御对手的发明创造；为迷惑对手而制造假象需申请专利。②从技术开发难度出发，竞争对手能轻易通过反向工程获得技术要点；市场潜力大，但创造性水平较低的发明创造。③从利用的角度出发，能够通过许可转让获取收益的发明创造。④从市场的角度出发，具有市场前景好、经济价值大的发明创造。❷

如果决定申请专利，还应该综合考虑各种因素确定申请专利的类型，以及申请专利的时间、地域和方式。这些也是专利布局和专利战略的重要内容。①对于申请专利的类型，在我国，发明、实用新型和外观设计三种专利的保护客体、授权条件、审查程序和保护期限不同，应结合发明创造的具体内容和专利战略战术进行选择。例如，创造性程度高的技术方案应考虑申请发明专利；欲尽早获得专利保护及时推出产品的技术方案可考虑申请实用新型专利，或者同时申请发明和实用新型专利，实现两种专利的转换；具有实用功能的外观设计可以同时申请实用新型和外观设计专利。②对于申请专利的时间，通常尽早申请专利最好，因为当前世界各国的专利制度都实行先申请制。但是，从企业价值最大化的角度出发，并非越早申请专利越好。有时候过早申请专利会给企业带来负面影响，如在

---

❶ 汪琦鹰，杨岩. 企业知识产权管理实务 [M]. 北京：中国法制出版社，2009：106-107.
❷ 冯晓青. 企业专利申请战略的运用探讨 [J]. 东南大学学报（社会科学版），2007（3）.

技术生命周期结束以前专利保护期限届满，过早让竞争对手知悉发明创造的内容，由于准备不充分或技术不成熟导致专利申请失败等。因此，申请专利必须选择恰当的时机。对于竞争激烈的领域应尽早申请专利；对于技术尚不成熟，或者竞争对手创新能力较弱时，应延迟申请专利；先申请外围专利，再申请基础专利。③对于申请专利的地域，由于向国外申请专利的费用较高，企业应该根据发明创造本身的特点和实际经营状况选择地域。一般而言，企业可以选择在企业所在国、产品销售国、产品拟销售国和主要竞争对手所在国申请专利。向国外申请专利的途径有两种：一是依据《巴黎公约》逐一向各国提交专利申请；二是依据《专利合作条约》（PCT）提交国际专利申请。PCT国际专利申请是用一种语言向一个专利局提交一份专利申请而达到向多个国家申请专利的效果，可以节约成本，延长专利决策时间。由于PCT申请费用高于单个国家专利申请费用，因此若仅在一两个国家申请专利，还是依照《巴黎公约》逐一申请比较划算。❶

（2）技术秘密保护

技术方案不适合申请专利，也可采用技术秘密保护。技术秘密保护具有保护对象广、保护期限长的优势，但是技术保密措施要求高，秘密容易被公开，维权难度比较大。通常在以下情况可以选择技术秘密保护：①明显不受专利保护的技术；②容易被绕过的技术；③经济价值不大的技术；④经济寿命非常短的技术；⑤不易破解，希望长期保护的技术，如可口可乐饮料配方。实践中，申请专利和技术秘密保护并不是非此即彼，有的时候彼此可以相互转化，有的时候还可以一起使用。例如，在研发阶段和专利申请公开前采用技术秘密保护，当时机成熟或情况变化时，技术秘密应及时申请专利；即使决定申请专利，也并非是把所有技术信息全部公开，而是应对涉及影响技术效果的工艺、最佳条件、优选方案等作为技术秘密保护，可以有效地防止侵权，并长期保持技术竞争优势。

（3）公开

对于既适合申请专利又不适合作为技术秘密保护的发明创造，可以将之公开，使其丧失新颖性，防止竞争对手申请专利。据统计，欧美企业有78%的发明创造是由企业主动公开的，美国IBM自从1950年至今每月自行出版技术公报，公开的发明创造高达88%。但应注意，这里所谓的公开绝不是"和盘托出"，而是只要达到破坏竞争对手在后专利申请的目的足矣，至于技术创新中的关键内容是不能轻易公开的，而且公开的范围在符合法律对新颖性要求的前提下越窄越好。由于技术公开意味着不受任何法律保护，人人皆可自由利用，因此公开技术

---

❶ 朱雪忠. 企业知识产权管理 [M]. 北京：知识产权出版社，2008：60.

成果一定要慎之又慎。❶

（4）保留

对于难以把握其发展趋势和市场前景的技术，可以暂时不采取任何行动，等到条件成熟、情况比较明朗以后再作决定。这是一种比较保守同时也比较安全的做法。过于冒失，会使企业遭受比较大的技术风险。

7.2 专利申请管理

专利申请管理是企业专利管理工作的关键环节，也是企业专利管理部门的首要工作任务。只有及时、准确地将企业研发的技术成果申请专利，才能真正提升企业的专利数量和质量，为企业进军市场提供保障。专利申请管理还是一个非常繁琐的环节，因为专利申请的过程中涉及繁杂的主体、期限、文件、手续和费用等，最考验企业专利管理部门的能力。也正是如此，市面上涌现出不少以专利申请流程管理为核心的专利管理软件（第九章详细介绍），成为企业专利管理的好帮手。

企业申请专利有两种途径：一是由企业专利管理部门自行申请；二是委托专利代理机构申请。企业既可以选择一种途径，也可以同时运用两种途径。大型企业的专利申请量相对较大，自行申请的工作量太大，选择全部或部分委托专利代理机构申请比较适宜。由于外部的专利代理人对企业内部的技术和战略规划了解不够深入，难以有效实现专利保护和专利战略，企业可以选择将核心专利或重要专利交由专利管理部门申请，其余专利可以委托专利代理机构申请。根据需要，企业甚至可以将专利申请过程中的某一环节外包给专利代理机构，如中兴通讯基本上将专利撰写全部外包出去，以节省人力资源。为方便起见，此处仅介绍自行申请和委托申请两种单纯的管理流程。

7.2.1 自行申请专利的管理

企业大多已经或应该建立完善的专利管理部门，拥有一批既懂技术又懂法律的专利工程师，完全可以胜任专利申请工作。再者，企业内部的专利工程师更了解和熟悉企业的产品、技术和市场，自行申请专利更容易把握专利申请的需求和策略、有效贯彻实施企业专利战略。企业自行申请专利一般要经历专利检索与分析、专利申请书撰写、专利申请的提交与审查、优惠政策的收集与利用几个

---

❶ 冯晓青. 企业专利申请战略的运用探讨 [J]. 东南大学学报（社会科学版），2007（3）.

流程。

1. 专利检索与分析

正式提交专利申请之前，有必要进行全面的专利检索与分析，了解相关技术的发展状况和已有的专利布局，以最终确定专利申请策略。如果企业已建立专利申请内部评审制度，正式申请专利以前可以不进行或者只进行简单的专利检索与分析，因为内部评审已经对拟申请专利的发明创造进行了一次全面的诊断。

专利检索与分析是一项专业性、技巧性要求很高的工作，需要工作人员具备过硬的技术知识和扎实的法律知识，同时还要熟悉各种专利数据库和检索工具。大型企业专利管理部门可以培养自己的专利分析师，以满足专利管理各个环节对专利检索与分析的需求；当然也可以将该业务委托给专业的中介机构，以获取高质量的分析结果。

2. 专利申请书撰写

专利申请书是申请人正式向专利机关提交的请求授予专利权的法律文件。世界各国在专利申请方面的规定基本一致。在我国，发明和实用新型专利申请书主要包括请求书、权利要求书、说明书及其摘要，外观设计专利申请书主要包括请求书、外观设计的图片或者照片以及简要说明。其中，权利要求书是最核心的部分，用于划定专利保护的范围。

专利管理部门的专利工程师主要负责撰写专利申请书。撰写的过程实际上就是将技术交底书转化为专利申请书的过程，但是这并非一个简单的法律化过程，而是对技术方案进行再加工和再创造的过程，以提升专利申请书的含金量。专利申请书写得好与坏，直接影响专利的授权和保护，因此需要高度重视，这也是委托专利代理机构申请专利的主要原因。在撰写专利申请书的过程中，专利工程师应多与研发人员沟通，并在完成后交与研发人员审核。

要写出一份优秀的专利申请书（主要指发明和实用新型专利申请书），需要掌握以下技巧：

（1）取好专利名称，确定技术领域。好的名称应该是能简明扼要地反映发明创造主题的通用技术名称，而且字数控制在 25 个以内。所属技术领域不能写得太宽，也不能太窄，在具体概念的基础上稍有提升即可。

（2）确定对比文献，谨慎予以评价。绝大多数发明创造都是在前人的智力成果上改进而来。因此，申请专利时一定要找出与发明创造最相关的现有技术作为对比文献，以突出自己的创新点。

（3）找出存在问题，确定发明目的。确定对比文献以后，应指出现有技术存在的问题，并将发明目的与之呼应。对于发明未解决的问题，一般不应点出。

（4）斟字酌句，合理限定保护范围。撰写权利要求书时一定要反复推敲，用最简洁、最准确、最规范的语言表达所要保护的技术特征，避免产生歧义。在追求专利保护范围最大化的同时，注意避免用语过于宽泛而导致专利申请不被授权或将来被无效的风险。弄清楚保护的技术主题与具体的技术特征之间的关系。如果去掉某个技术特征，仍能完成发明创造所要解决的技术问题，则应该坚决删除该特征。

（5）详述实施例，支持权利要求。实施例也称实施方案，是说明书的重要组成部分，其作用在于充分公开、理解和再现发明创造，支持和解释权利要求。因此说明书应详细描述最好的实施例，且与技术方案保持一致，对技术特征给予详细的解释，尽量支持权利要求。如果需要保留部分技术作为技术秘密进行保护，必须掌握公开的度。

（6）有根有据，描述有益效果。有益效果是指由构成发明创造的技术特征直接带来的，或者是由所述的技术特征必然产生的技术效果，主要体现为经济效果、社会效果、环境效果等。有益效果是判断发明创造的创造性的重要依据。撰写时应当与现有技术进行比较，指出发明创造所特有的良好效果。

（7）准确绘制附图，标清名称代码。附图是说明书的组成部分，用于补充说明书的文字描述。附图一定要绘制准确，与技术特征保持一致。附图中的数字代码应该标示清楚，并在说明书中准确描述代码所表示的技术或部件名称。

（8）用词规范，清楚撰写说明书。说明书包括名称、技术领域、背景技术、发明目的、技术方案、有益效果、附图及其说明、实施例。撰写时应使用规范化技术用语，用词准确；每个内容分段描述，层次清楚。

（9）简明扼要撰写说明书摘要。说明书摘要是对说明书的总体概括，要简洁明了，一般不超过 300 字。摘要虽然不具有法律效力，但是作为一种技术情报，有利于专利技术的推广运用，价值不小。

（10）撰写有序，事半功倍。一般应先写权利要求书，再写摘要，最后写说明书。这样的撰写顺序有助于抓住要害，提纲挈领，层层展开，彼此照应，逻辑严密，事半功倍，有助于运用专利的申请策略、保护策略和说明书对权利要求书的支持，提高专利的申请质量。

3. 专利申请的提交与审查

准备好专利申请书和相关文件，企业专利管理部门就可以正式提交专利申请。在我国，可以向国家知识产权局和各专利局代办处提交专利申请。一旦专利申请符合受理条件，在规定期限内缴纳申请费以后，将进入专利审查程序。我国发明专利需要进行初步审查和实质审查，而实用新型和外观设计专利只需进行初步审查。具体审查程序请参见第一章，此处不赘述。在专利审查环节，企业专利管理部门一定要注意时间控制和文件管理，并积极配合专利审查，答复审查员意见。专利申请通过审查之后，在规定期限内办理登记手续并缴纳规定费用，将获得专利权。如果专利申请被驳回，可向专利复审委员会请求复审；对复审决定不服，还可向人民法院起诉。

4. 优惠政策的收集与利用

国家及各地政府为鼓励专利申请，制定了一系列优惠政策，如减缓申请费、代理费，专利申请资助，专利奖励，重要专利项目扶持等。企业专利管理部门应该主动收集并充分利用这些优惠政策，在一定程度上可节约专利成本。

7.2.2 委托申请专利的管理

专利申请是一项专业性强、要求严格的工作，尤其是专利申请书的撰写和审查意见的答复需要专业扎实、业务熟练、经验丰富的专业人员完成。因此，委托专利代理机构申请专利是企业不错的选择，而企业内部的专利管理人员则可以把更多时间和精力放在专利布局和管理上。大型企业即使有健全的专利管理部门，有专利工程师胜任专利申请，面对众多的专利申请，也可以适当分出一部分业务给代理机构，以减轻部门压力，提高专利管理质量和效率。在委托申请专利的过程中，专利管理部门承担的主要任务包括专利代理机构的选择与管理、技术交底书的完善与移交、专利申请文件的审核、专利审查中的配合与监控。

1. 专利代理机构的选择与管理

委托专利代理机构申请专利，关键是要控制专利申请质量，方便沟通，因此企业专利管理部门在这个环节最重要的工作就是选择和管理专利代理机构。选择专利代理机构通常考虑以下因素：

（1）专利代理机构的服务质量。体现在是否有稳定的客户资源、客户是否建立完善的专利管理制度、专利申请案件数量以及平均答复次数、是否提供国内外专利培训等。

（2）专利代理机构的管理能力。体现在是否有专人负责、是否有先进的管理软件、保密措施是否完善、是否能根据客户的需求及时提供相关文件等。[1]

（3）专利代理机构的代理水平。体现在专利代理人的能力、素质和数量。通常可以通过一些外在特征予以评判，如代理机构的品牌，专利代理人的学历、知识背景、工作经验、科研经历、外语水平、学习能力、沟通能力、表达能力等。

（4）专利代理机构的地理位置。尽量选择企业所在区域或周边的代理机构，

---

[1] 朱雪忠. 企业知识产权管理 [M]. 北京：知识产权出版社，2008：61.

方便企业专利管理部门及相关人员与之沟通。

（5）专利代理机构的收费标准。目前我国专利代理市场收费比较混乱，但保证质量的代理机构收费都相对较高。企业应将费用与其他选择因素结合起来考虑，甚至同时考虑企业的专利战略，如申请核心专利要舍得花钱，申请外围专利或一般性战略专利可选择收费较低的普通专利代理机构。

选择专利代理机构之后，并非万事大吉，需要加强对专利代理机构的管理，以稳定专利申请的质量。首先，定期评价专利代理机构，及时更换不符合要求的代理机构。其次，加强对专利代理人的培训，使其深入了解企业的相关技术和战略规划，更好地为企业提供服务。

2. 技术交底书的完善与移交

基于研发人员向专利管理部门提交的技术交底书，专利工程师应该根据专利检索与分析的结果以及专利申请内部评审意见对其进行完善，然后将之移交给专利代理机构以撰写专利申请书。需要注意的是，与专利代理机构对接的是专利工程师，而非研发人员，因为前者的知识背景更容易理解技术文件如何转化为法律文件，沟通起来更顺畅。当然，专利工程师如果对技术的理解出现困难，可以要求研发人员协助。

3. 专利申请文件的审核

专利代理机构完成专利申请文件的撰写之后，企业应该对其进行审核，以确定是否符合要求，保证专利申请的质量。专利申请文件的审核由企业的专利管理部门负责，研发部门等参与。审核内容主要涉及技术和法律两个层面，分别由研发部门和专利管理部门完成。审核结果由专利管理部门反馈给专利代理机构，有问题的要求及时修改并尽快定稿。如果大型企业设有专利评审委员，由其审核专利申请文件更佳。

4. 专利审查中的配合与监控

专利代理机构提交专利申请之后，企业专利管理部门必须随时配合和实时监控代理机构的工作。配合任务主要是协助专利代理人答复各种审查意见，必要时可直接同审查员沟通。监控任务主要是督促专利代理人在规定期限内完成各项工作，或者根据企业需要掌控专利申请的进度。

总之，专利申请管理流程非常复杂，每个企业都有特殊情况，都有可能遇到特殊问题。此处仅介绍主要流程和一般问题，并不一定对所有企业都适用。企业需要根据具体情况灵活应对。

7.3 专利维护管理

专利授权以后，企业必须定期缴纳维持费用以维持专利的效力，否则专利将在期限届满前终止，企业便会失去这些专利。对于授权量大的企业而言，这笔费用不是一个小数字，如华为一年的专利维持费用高达几千万元；一个拥有上百项专利的中小企业一年也需要支付十几万费用。另一方面，技术的生命周期、企业的发展战略、市场因素等都在不断变化，企业的专利布局和专利战略也应该随之变化。基于专利成本和专利战略两个方面的原因，企业应该积极进行专利维护管理，即通过评估专利的价值，合理选择维持或放弃专利，以节约成本，提升专利整体质量，实现企业价值最大化。例如本田公司也只有30%左右的专利能够维持到期。

1. 专利评估

专利评估是专利维护决策的基础，一般由专利管理部门负责，研发部门、市场部门等参与。如果大型企业设有专利评审委员，由其评估更佳。专利评估工作应该定期举行，最好每年一次，因为我国要求每年缴纳专利维持费用。专利评估所要考虑的主要因素包括：①技术价值，体现在专利的技术创新度、技术含量、技术成熟度、技术应用范围、技术可替代程度。②市场价值，体现在专利的市场化能力、市场需求度、市场垄断程度、市场竞争能力、利润分成率、剩余经济寿命。③权利价值，体现在专利的独立性、保护范围、许可实施状况、专利族规模、剩余有效期、法律稳定性。❶评估结果最好用等级表示，以区分专利的重要程度或价值大小，既方便当前作出维护决策，又方便为专利其他管理工作提供参考。一般而言，最低等级的专利即为当前需要放弃的专利。

此外，评估专利时还需要考虑一些特殊情况。如发明人或设计人离职，尤其是再到竞争对手就业，容易将专利技术带走并实施，可考虑优先维护相关专利；但从职务发明创造的奖酬费用支出而言，也可考虑优先放弃。企业也可以综合考虑主要竞争对手的专利布局、行业特点、政府对专利的保护力度和奖励措施等，对专利数量设定战略指标，每次根据实际状况决定维持专利的比例。❷

---

❶ 万小丽，朱雪忠．专利价值的评估指标体系及模糊综合评价［J］．科研管理，2008（2）：185-191.
❷ 刘杰．企业对专利权的维护与放弃［EB/OL］．http://technique.cheari.com/2011/0426/2633.html，2011-04-26.

2. 专利维持

专利维持是指在专利保护期限内，专利权人按期向专利行政部门缴纳规定数额的维持费以保持专利有效的过程。经过专利评估以后，对于企业决定维持的专利，专利管理部门应该按期缴纳维持费。由于每一项专利的申请日不尽相同，因此每一项专利应该缴纳维持费的时间和金额也存在差异。如果企业需要维持的专利数量较大，缴费工作就显得很有压力。大型企业最好建立实时管理系统，并由专人负责缴费工作，以免不小心丧失专利。

（1）缴纳维持费的时间

各国专利维持费缴纳制度有所不同，但绝大多数国家（包括我国）都是每年缴纳一次，美国是每四年缴纳一次。下面介绍我国专利维持费（俗称年费）缴纳的时间。

专利年度是指从专利申请日起算，按周年进行计算。例如，一件专利申请的申请日是2002年6月1日，该专利申请的第一年度是2002年6月1日至2003年6月1日。专利申请被授予专利权后，授权当年开始缴纳年费，在办理登记手续时缴纳；以后各专利年度的年费应于上一年度期满前一个月预缴。期满未缴纳或缴足，专利局将发出缴费通知书通知专利权人自应当缴纳年费期满之日起6个月内补缴，同时缴纳滞纳金。滞纳金的金额按照每超过规定的缴费时间1个月，加收当年全额年费的5%计算；期满未缴纳的，专利权自应缴纳年费期满之日起终止。

（2）缴纳维持费的金额

专利维持费的金额与专利的价值大小无关，仅与专利的类型和维持期限有关。通常，专利维持费的金额是随着维持期限的增长而增加的，目的在于促使专利权人尽早放弃没有价值的专利。我国专利年费的收费标准如表7-1所示。

大型企业向境外申请专利的可能性比较大，在此简单介绍申请国外专利的费用。通过《巴黎公约》途径直接申请国外专利，须在一年时间内准备充足的资金，一般每个国家需要约5万–6万元人民币，用以支付国外官费、律师费和国内代理费、翻译费等。通过PCT途径（分为国际阶段和国家阶段），须在申请时准备约1万–1.5万元人民币（申请人为个人）或2万–2.5万元人民币（申请人为法人），用以支付国际阶段的官费和代理费，再准备进入外国国家阶段的官费和代理费；在准备进入外国国家阶段时，每个国家再准备5万–6万人民币（一般为提交国际申请后18个月），用以支付进入国家阶段的官费、律师费和国内代理费、翻译费等。

表 7-1 我国专利年费表

收费项目	/年	发明	/年	实新	外观	期限	对应法条
年费	1–3	900	1–3	600	600	除授予专利权当年的年费应当在办理登记手续的同时缴纳外，以后的年费应当在前一年度期满前一个月内预缴。可以在年费期满之日起六个月内补缴。	A43、R54、R95、R96
	4–6	1200	4–5	900	900		
	7–9	2000	6–8	1200	1200		
	10–12	4000	9–10	2000	2000		
	13–15	6000					
	16–20	8000					
滞纳金	按每超过规定缴费时间 1 个月，加收当年全额年费的 5% 计算，第一个月为 0%，…第六个月 25%。					自应当缴纳年费期满之日起 6 个月内补缴，同时缴纳滞纳金	R96

(3) 缴纳维持费的方式

在我国，缴纳专利年费时，缴费人可在国家知识产权局专利局受理大厅内通过收费窗口面交专利费。缴费人对于自己将缴纳的费用种类及金额不清楚的，可先进行查询。收费窗口可接受现金和转账支票两种支付方式。缴费人还可以通过银行汇款和邮局汇款，费用通过银行汇款和邮局汇款的，应当在汇款单上写明正确的申请号（或专利号）、缴纳的费用名称和金额。不符合上述规定的视为未办理缴费手续。除此之外，全国 22 个城市已设立专利代办处，缴费人可就近到专利代办处办理专利缴费手续。

3. 专利放弃

专利放弃是指不维持专利的效力，使专利在期限届满前终止。积极放弃是通过书面声明放弃来实现，需要到国家知识产权局专利局办理专利放弃手续。对企业而言，积极放弃专利并不多见，多出于外部压力，如专利权权属纠纷、被他人宣告无效等，并不属于专利管理中的常规事务。消极放弃是通过不缴纳专利维持费来实现，不需要办理特别的手续，对于企业而言比较好操作。企业放弃专利主要是基于成本压力，从专利战略角度出发提高企业专利的整体质量和维护法律稳定性也是重要因素。专利放弃分为积极放弃和消极放弃。例如，美国道化学公司是一家大型跨国化学公司，其中央数据库中的有效专利曾有 3 万多件，每年的维护费用需要 3000 万美元。1993 年，道化学公司将其拥有的大量专利分为正在使用、将要使用和不再使用三类，然后分别确定三类专利的使用策略，对于不再使用的专利考虑转让或放弃。4 年后的统计数据显示，通过放弃和赠送对企业不再

具有价值的专利，公司节省了专利费 4000 多万美元。❶

7.4 专利评估管理

专利评估是指对专利的技术状态、法律状态和市场状态等方面进行评价和估量。从广义上理解，专利评估的对象包括拟申请专利的发明创造、专利申请和授权专利，专利评估的用途包括专利申请决策、专利维护决策、专利资本运营、专利侵权赔偿等。由此可见，专利评估贯穿于专利管理的整个过程，是一项非常重要的工作。由于专利评估涉及多个阶段、多个领域、多个部门，大型企业最好成立专门的专利评估或评审委员会。从狭义上理解，专利评估指专利价值评估，重在衡量专利的潜在经济价值。由于前文已阐述用于专利申请决策和专利维护决策的专利评估，此处仅介绍专利价值评估。

专利价值评估是企业实现专利产业化的重要环节。有效进行专利价值评估，有利于企业正确认识所拥有专利的重要性，有效实施管理策略，加强专利保护；有利于企业正确核算自己的总资产，摸清家底；有利于企业维权，获得合理的专利侵权赔偿；更重要的是为企业专利投资、许可、转让、质押等资本运营行为提供价值参考，促进专利的有效利用。日本企业已经将专利价值评估提升到了知识产权战略的高度。该国的欧姆龙公司认为，专利价值评估作为一种经营战略利于企业间的合作，还有助于产业结构调整和企业重组。❷

专利价值评估是一项法律性、技术性、专业性、准确性要求较高的工作，企业一般委托专业的资产评估机构完成。尤其是在专利交易的情况下，更需要资产评估机构这样的第三方中立机构。专利价值具有时效性、不确定性和模糊性，评估难度很大，同一专利在不同评估师手里可能评估出不同的数额，甚至差异很大。因此，专利价值评估结果不可能十分精确，只能尽量接近真实值，或尽量被接受，主要为企业专利资本运营提供参考。基于此，本小节简单介绍专利价值的影响因素和评估方法，以供专利管理部门学习和参考。

1. **专利价值影响因素**

正式评估专利价值之前，必须深入调查和分析影响专利价值的各项因素，为评估工作提供必要的数据和材料。主要影响因素如下：

---

❶ 汪琦鹰，杨岩. 企业知识产权管理实务 [M]. 北京：中国法制出版社，2009：128.
❷ 日本将推行专利价值评估以实施知识产权战略 [EB/OL]. http://www.cofortune.com.cn/moftec_cn/dsbgx/asia/rb-157.html.

(1) 法律因素：专利权利归属、专利类别、专利法律状态、专利保护范围、专利权利限制、专利剩余保护期限等。

(2) 技术因素：专利技术的替代性、先进性、创新性、成熟度、实用性、防御性、垄断性等。

(3) 市场因素：市场化程度、市场需求度、产业应用范围、市场竞争力、国家政策适应性等。

(4) 其他因素：企业的经营状况、类似专利的市场交易价格、特殊行业（如医药行业的药证、临床试验，网络安全技术）的有关批准证书等。

2. 专利价值评估方法

我国目前对专利价值评估大都沿用无形资产的评估方法：成本法、市场法、收益法。这些传统的方法对专利价值评估的作用很大，但也存在一定缺陷。①成本法是以实际研发成本的现值或者重置成本减去损耗和贬值作为评估值的方法。该方法只反映专利的最小价值，适用于评估萌芽期的技术、没有适用市场或没有获得收益的专利。但专利的价值一般不由研发成本决定，主要取决于它给企业带来的预期垄断利益。因此，用成本法评估的价值往往偏低。②市场法是参照类似资本的市场价格进行评估。前提条件是专利交易市场比较成熟，存在可对比的参照物。我国目前还没有这个条件，加之每项专利个性十足，市场法的运用比较困难。③收益法是评估无形财产经常用到的一种方法，即将评估对象的预期收益适当折现。但是所需参数——经济寿命周期、利润分成率、折现率仍要估算，事实上存在很大偏差。❶

为了克服传统评估方法的缺陷，一些改进的或新的方法被开发出来。例如，割差法、超额收入计算法、实物期权法、模糊综合评价法等。①"割差法"，是将专利价值从企业总价值中一层一层剥离出来。具体做法是：利用收益法评估出的总额，减去以成本法评估出的有形资产金额所得到的差，即为企业的无形资产价值，再进一步减去除专利之外的其他无形资产，则可得出该企业的专利价值。此方法可能形成的误差会比较小，但其运算过程复杂而烦琐。②"超额收入计算法"，是就同一企业内，在规定的时间段内，在同一种产品上，将使用某专利与不使用某专利在实际收入上的差额，作为该专利权的实际价值。由于专利技术更新速度较快，吸收利用新的专利，往往意味着更大的市场空间，且专利领域存在

---

❶ 万小丽，朱雪忠. 专利价值的评估指标体系及模糊综合评价 [J]. 科研管理，2008（2）：185-191.

从属专利等特殊问题,对其价值的评估尤为艰难复杂。❶ ③实物期权法,是从金融期权定价方法中衍生出来的一种评估方法,基本思想是将一个不具有可逆性的投资机会看成是一种权利,利用数学模型进行评估。该方法考虑了不确定环境下投资者的柔性决策价值和投资资金的时间价值,缩小了评估值和真实值之间的距离,比较适合用于评估专利价值。但该方法也必须以专利的预期收益为参数,仍然存在较大的不确定性。④模糊综合评价法,是建立在模糊数学的基础上运用指标体系进行综合评价的方法。由于专利价值具有不确定性的特点,且影响因素较多,使模糊综合评价法备受学者青睐。但是,单独使用该方法只能得出专利价值各影响因素的权重以及专利价值与真实价值的偏差度,无法直接获得专利价值。因此,该方法适合与其他方法并用。❷

总之,专利评估方法各有优、缺点,应该根据具体情况适当选择一种或几种方法进行评估。通常,同时利用多种方法进行评估,将各评估值平均以后获得的最终值相对比较准确。

7.5 专利运用管理

企业申请专利的目的有多种,根本目的应该是运用专利为企业带来经济效益。然而,目前我国绝大多数企业仍停留在以保护技术成果为专利申请目的,这种狭隘的观念必须改变。专利的价值体现在运用当中,只申请不运用,专利只是躺在抽屉里的一张图表、一份文件,专利只能成为企业的成本,成为企业统计或宣传时的一个数字。对于企业专利管理部门而言,专利获得授权,是专利管理工作的一个段落,一个新的起点,是专利运用的基础;在此基础上,还需要积极利用和开发专利的价值。国外一些跨国公司在专利运用方面做得非常出色,为企业带来一笔可观的收入。例如,蓝色巨人 IBM 公司,在知识产权与许可副总裁马歇尔·菲尔普斯(Marshall Phelps)带领下,IBM 知识产权部门曾创造了一个专利授权年收入 20 亿美元的奇迹——这笔钱 98% 是纯利润,使得知识产权部门完全从成本中心变成了利润中心。❸ 根据美国 2009 年十大最具创新力公司的统计,按每件专利的利润计算,通用电气每件专利带来 1130 万美元的利润,思科公司每

---

❶ 李绩. 浅谈专利评估 [EB/OL]. http://law.chofn.com/Articles/Patent/20100608166.html, 2010-06-08.

❷ 靳晓东. 专利价值评估方法评述与比较. 中国发明与专利, 2010 (9): 70-72.

❸ 菲尔普斯. 烧掉舰船 [M]. 谷永亮, 译. 北京: 东方出版社, 2010.

件专利带来 600 万美元的利润。❶

专利运用是包括专利实施在内的更加广泛的概念，是指对专利进行各种方式的开发和利用，充分发挥专利的最大价值。❷ 大型企业主要涉及专利实施、专利许可（包括专利联盟和专利标准化）、专利转让、专利出资四种运用方式。专利运用不是孤立的，必须与企业经营紧密结合，才能真正为企业创造价值。因此，专利运用不只是专利管理部门的事，研发部门、生产销售部门、市场部门等都需要参与其中。

7.5.1 专利实施

专利实施是指企业自己实施专利技术，将其物化到产品中，以提高产品的质量或降低成本，为企业赚取超额利润。国家知识产权局副局长李玉光曾指出，专利技术的利用最终要转化成产品，知识产权直接转化为生产力，这是企业必须要做的一项工作，这会为企业带来直接效益。大型企业具有规模大、业务广的特点，其研发的主要目的还是为主营业务提供技术支撑，而专利则是为这些技术保驾护航。因此，专利实施是大型企业运用专利的主要方式。据资料显示，跨国公司均重视专利技术的自主实施。如日本丰田公司的发明专利 70% 以上均已实际应用于公司产品。❸

企业自己实施专利的过程中，专利管理部门的主要工作是：①专利实施前，准确分析和掌握专利的基本情况，如专利的权利归属、专利的法律状态、专利潜在侵权的风险，以保证专利顺利实施。大型企业专利数量众多，专利工作外包服务也比较多，分支机构庞杂，做好专利实施前的准备工作十分必要。例如美国的罗门哈斯公司建立企业中央信息数据库，方便在专利实施时随时调取专利的法律状态。②如果实施的专利为从属专利，确有侵犯他人基础专利的可能性，应积极与对方谈判取得专利许可，或提前做好应对措施。③了解企业产品中包含哪些专利，哪些是自己的，哪些是别人的。通常情况下，一个企业很难完全拥有一个产品所需的全部专利技术，尤其是高技术产品。如一部手机包含的专利数量很大，不是一个企业所能完成的。对于使用他人的专利，同样需要积极取得专利许可，最好是交叉许可，或提前做好应对措施。④指导和监督在产品上正确标注专利标识。⑤准备专利证书及相关文件的复印件，方便在产品销售过程中使用。

---

❶ 侯国胜．专利创新运用：企业可持续发展的核心竞争力［EB/OL］．http：//www.sqrb.com.cn/sqrb/html/2010-04/21/content_ 80682. html.

❷ 加强专利运用　实现专利价值［EB/OL］．http：//www.sipo.gov.cn/ztzl/zxhd/ztxxbhzscqbjayh/dxjy/qysdsf/200807/t20080730_ 413440. html.

❸ 胡佐超，余平．企业专利管理［M］．北京：北京理工大学出版社，2008：193.

研发部门和市场部门最重要的工作是充分沟通，避免专利技术与市场脱节，为专利实施奠定基础。因此，他们的工作事实上是专利实施的前端工作。

7.5.2 专利许可

专利许可是指专利权人将其所拥有的专利技术许可他人在一定范围内实施并收取专利使用费的行为。专利许可并不转移专利所有权，而只是有条件地"出租"专利使用权。专利许可双方需要签订专利许可合同，拥有专利权的一方为许可方，实施专利权的一方为被许可方。对于企业而言，既有可能成为许可方，也有可能成为被许可方。作为许可方，企业不仅可以获得可观的收入，还可以扩大市场、分散和转移专利产品化的风险。作为被许可方，企业可以获得市场准入，避免侵权纠纷。

外国跨国公司正利用专利许可筑起一道道专利壁垒，肆意向我国企业收取高额的专利使用费，使我国企业面临巨大的压力。我国 DVD 产业的快速衰落即是最沉痛的例子。因此，我国企业必须觉醒，强化专利数量和质量，改变一味地担当"被许可方"的现状，勇敢地成为"许可方"，为企业乃至国家赢得最大利益。

大型企业专利数量众多，完全靠自己实施不太现实，实施专利许可是比较好的选择。当然，大型企业仍需要从外界获得专利许可，因为在专利丛林的世界里，任何一个企业都很难完全拥有产品所需的所有专利技术。因此，专利管理部门对专利许可的管理是"出"与"进"两个方向，"出"即是将内部的专利对外实施许可，"进"即是从外部获得专利许可。由于专利许可比较复杂，涉及企业的经营发展，通常由专利管理部门和其他部门沟通以后拟定专利许可方案，最后由企业高层讨论决定。

1. **专利许可种类**

为了便于管理，从企业资源（主要指专利使用权）流向的角度，将专利许可分为：单向专利许可、双向专利许可（或专利交叉许可）、专利联盟三种。[1]单向专利许可是指许可方允许被许可方使用自己的专利，这是最常见的许可方式。双向专利许可，又称专利交叉许可，是指当事人双方相互允许对方使用各自的专利。专利联盟，又称专利池（patent pool），是由多个专利权人达成协议，为实现彼此间交叉许可或统一对外许可而形成的一种战略联盟。可见，专利联盟可以是单向许可，也可以是双向许可，或者两种兼有。

---

[1] 岳贤平，顾海英. 国外企业专利许可行为及其机理研究 [J]. 中国软科学，2005 (5): 89-94.

按照许可范围及实施权的大小，专利许可还可以分为：独占许可、排他许可和普通许可，此外还有分许可。独占许可，是指被许可方在规定的期限和地区内对许可方的专利享有独占的使用权，即被许可方是该专利的唯一许可使用者，许可方和任何第三方均不得在该地域和期限内使用该专利。排他许可，是指许可方除允许被许可方在规定的期限和地区使用其专利技术外，不再与第三方签订该项专利技术的许可合同，但许可方仍有权使用该专利技术。普通许可，又称一般许可或非独占许可，是指许可方允许被许可方在规定的期限和地区内使用其专利技术，同时还可以继续允许第三方使用其专利，并且许可方仍保留着自己使用该专利技术的权利。分许可，是指被许可人除在一定期间和一定地域范围内使用专利技术外，还可以允许第三方全部或部分地使用该专利。相对于原许可而言，它称作分许可。

2. 专利许可策略

专利许可是一门非常复杂的学问，单单了解其分类是完全不够的，必须讲究策略和方法，才能为企业谋取利益。在这方面，国外跨国公司有很好的经验值得我们学习和借鉴。根据专利许可双方的态度，许可策略分为以下四种模式。[1]

（1）进攻型模式，是指通过积极主动地对外实施专利许可，以获取资金回报和市场竞争优势的一种行为。该模式主要由行业内占有优势地位的大企业采用，如德州仪器、IBM、Intel以及日立、三星等都有较好的应用，它们都具备强大的实力。首先，这些大企业拥有丰富的专利资源，而且是核心专利、基础专利，是其他企业生产产品所必需的。其次，这些大企业拥有强大的经济实力，发现其他企业侵犯自己的专利时，有能力提起诉讼或以诉讼为威胁，迫使对方支付专利使用费。最后，这些大企业具备完善的专利管理部门，能够及时发现专利侵权，并有足够的专家和律师进行专业化分析和操作，以获得法律上的竞争优势。这些大企业积极实施专利许可，目标是多重的，除了获取资金回报、实现专利技术商业化和榨取技术本身所具有的信息租金外，更重要的是通过专利资产组合及其运作，巩固和提升市场竞争优势或行业支配地位。我国大型企业如果具备这些条件，也可尝试运用这种模式。

（2）防御型模式，一般是通过交叉许可或专利联盟的方式获得产品设计和生产的自由，在相互需要对方技术的企业之间达成一种协定，典型的例子如美国无线电公司。由于社会分工越来越细，产业链逐渐延伸，同一产业中的上下游企业之间技术依存度越来越高，只有大家都共享专利技术，才能生产出一项产品。

---

[1] 岳贤平，顾海英. 国外企业专利许可行为及其机理研究 [J]. 中国软科学, 2005 (5): 89-94.

在这种"专利丛林"里，企业只有通过交叉许可或专利联盟才能消除专利障碍，减少专利纠纷，降低诉讼成本。由于大企业和小企业的专利数量和质量、企业规模以及资本实力有较大差距，在该模式下，一般是小企业向大企业交纳专利使用费。

（3）公开许可模式，是指企业以合理的专利使用费标准公开向其他所有企业许可使用其几乎全部专利。采用这一模式的往往是历史悠久、规模庞大、专利非常丰富的企业，如 IBM、Fujitsu 和 Motorola。主要原因包括：强制许可法的约束；业务转型的需要，将不再使用的专利尽快推销出去；降低企业成本的需要，减轻专利维持费用的压力；来自潜在被许可方的需求，使其以低成本尽快获得市场准入；产品兼容的需要，通过部分专利的许可带动企业其他产品销售的大幅增加，如 Cisco 公司将其 BSD 等部分专利进行了公开许可。

（4）专利标准化模式，是指企业将专利技术上升为标准，以广泛地获取专利使用费，或者阻止竞争对手进入市场。采用这种模式的企业通常是专利实力非常强、技术领先的大企业，目前主要是发达国家的企业。标准是共同遵守的规则，包括法定标准（国家标准、行业标准、企业标准等）和事实标准。专利技术一旦成为标准，意味着遵守标准的企业必须使用专利并支付专利使用费；标准的制定者和拥有者便可通过控制标准、引导标准的发展方向，达到最终控制市场的目的。发达国家企业正在用含有专利的国际标准高筑技术壁垒；我国企业，尤其是大型企业，必须积极参与国际标准的制定，争取主动权和话语权。

3. 专利许可注意事项

作为许可方，应该注意以下事项：确定许可专利对本企业的价值，是否自己实施；对外许可后，是否影响本企业的市场份额；选择合适的被许可方，确认被许可方的法人资格和经营范围，评估被许可方的实施条件和资信状况；确定合理的专利许可费用；签订专利许可合同，并备案。

作为被许可方，应该注意以下事项：尽量选择规模大、研发实力强、信誉好的许可方；要求许可方保证是许可专利的权利人；分析专利的法律状态、技术价值、保护范围和法律稳定性，尽量降低风险；明确许可方为实施专利技术所提供的技术协助、服务和其他方面的范围；调查许可方的技术实力、经营作风和商业习惯；确定合理的专利许可费用；签订专利许可合同，并备案。

4. 专利许可合同

专利许可应该签订书面合同，主要内容包括：许可实施专利的专利号、发明创造的名称、申请日、授权日等；许可实施的行为（制造、使用、许诺销售、销售或者进口）；如果是制造或者进口，根据情况规定其数量或者规模；许可实施的地点，例如制造的地点或者工厂、销售的地区、进口的口岸等；许可实施的期限,如三年、五年;专利实施许可的类型,即是普通许可还是独占许可或者独家许可;使用费和支付方式;后续改进成果的提供和归属、分享;保密责任;专利权人的确保责任,即确保该专利是有效的,没有侵犯他人的合法权利;违约金或者损失赔偿的计算方法;争议的解决办法。

另外,专利权人应该自专利许可合同生效之日起3个月内办理备案手续。备案不影响专利许可合同的效力,但是备案证明可以作为独占许可和排他许可的被许可人享有和行使有关权利的有力证据,是办理外汇、海关知识产权备案等相关手续的证明文件。经过备案的专利许可合同的许可性质、范围、时间、许可使用费的数额等,还可以作为人民法院、管理专利工作的部门进行调解或确定侵权纠纷赔偿数额时的参照。

7.5.3 专利转让

专利转让是指专利权人作为让与方将其专利的所有权移转给受让方的行为。任何自然人、法人或者其他组织都可以作为专利转让合同的受让方,支付约定的价款后取得专利权,成为新的专利权人,让与方不再对该专利享有所有权。专利转让应当签订书面合同,经国家知识产权局登记后生效。与专利许可类似,企业既有可能成为让与方,也有可能成为受让方。作为让与方,企业可以获得比专利许可更可观的收入。作为受让方,企业可以直接获得所需技术,减少研发成本,加快进入市场的步伐。大型企业也不例外,既可以转让自己不再使用的专利,也可以从外部购买所需专利,如思科公司30%的技术都是通过专利转让获得,并迅速进入新市场。

1. 专利转让注意事项

专利转让与专利许可有很多相通之处,注意事项也基本类似。此外,需要特别注意的是:专利转让的风险较大,不管是让与方还是受让方都应该慎重考虑,最好由专利管理部门和研发部门、生产部门、市场部门共同拟订方案,再由高层决定。对于让与方,应该确定欲转让的专利是否对企业有价值,是否符合企业的发展战略;选择合适的受让方,避免树立竞争对手;注意签订保密条款,防止技术秘密被公开。对于受让方,应该评价受让专利的价值,确定其对企业发展的作用;重视合同审查,以及登记手续的履行,避免不必要的纠纷;重视对发明人的引进,强化技术的持续开发。

2. 专利转让合同

专利转让必须签订书面合同,主要条款包括:项目名称,项目名称应载明某项发明、实用新型或外观设计专利权转让合同;发明创造的名称和内容,应当用简洁明了的专业术语,准确、概括地表达发明创造的名称,所属的专业技术领域，现有技术的状况和本发明创造的实质性特征；专利申请日、专利号、申请号和专利权的有效期限；专利实施和实施许可情况，有些专利权转让合同是在转让方或与第三方订立了专利实施许可合同之后订立的，这种情况应载明转让方是否继续实施或已订立的专利，实施许可合同的权利义务如何转移等；技术情报资料清单，至少应包括发明说明书、附图以及技术领域内一般专业技术人员能够实施发明创造所必需的其他技术资料；价款及支付方式；保密条款；违约金或损失赔偿额的计算方法；争议的解决的办法，当事人愿意在发生争议时，将其提交双方信任的仲裁机构仲裁的，应在合同中明确仲裁机构。

7.5.4 专利出资

专利出资是指专利权人依法将专利权作价投入公司以获得股东地位的出资方式。专利出资是专利资本化的过程，是专利作为一种生产要素参与到企业利润分配的一种方式。作为出资方，企业不仅可以减少货币投入，还可以将专利产业化，同时控制更多的资本，有效占据市场的制高点，增强企业的实际市场占有率。作为受资方，企业（通常是新设公司）不需要支付货币对价即可获得专利权，一方面节省了开支，另一方面在生产经营领域抢占先机，形成竞争优势。

大型企业的专利资源丰富，资金实力又强，在扩大经营规模、设立分公司或与其他企业合资设立新公司时，完全可以考虑以专利出资。

1. 专利出资的权利类型

根据《公司法》第28条的规定，"以非货币财产出资的，应当依法办理其财产权的转移手续"。显然，《公司法》只允许专利所有权出资，出资后履行权利转移手续，相当于专利转让。但实践中，普遍存在以专利使用权出资。如早报记者吴洁瑾于2012年3月28日报道，上海目前使用专利使用权出资的企业有3户。以使用权出资，专利所有权不发生转移，受资企业对专利不享有完全的处分权，与公司法产生冲突。如果以专利独占使用权出资，会适当减弱这种冲突。为了减少不必要的纠纷和风险，企业最好还是以专利所有权出资比较妥当。

2. 专利出资的注意事项

大型企业以专利出资设立新公司，通常是打算实施利用专利，开辟新市场。决定出资时应注意以下事项：明确专利出资的权利类型，减少不必要的纠纷；权利归属明确，保证顺利出资；查清专利的法律状态，评估专利的法律稳定性，确保专利将来的实施利用；综合评价专利技术，确定其具有市场前景；办理相关的出资手续。

3. 专利出资的具体流程

（1）股东共同签订公司章程，约定彼此的出资额和出资方式。

（2）由专利所有权人依法委托经财政部门批准设立的资产评估机构进行评估，并办理专利权变更登记及公告手续。

（3）工商登记时出具相应的评估报告、有关专家对评估报告的书面意见和评估机构的营业执照，专利权转移手续。

（4）外国合营者以工业产权或者专有技术作为出资，应当提交该工业产权或者专有技术的有关资料，包括专利证书或者商标注册证书的复制件、有效状况及其技术特性、实用价值、作价的计算根据、与中国合营者签订的作价协议等有关文件，作为合营合同的附件。

7.6 专利保护管理

对于企业而言，专利保护应该是更广泛意义的概念，包括保护自己的专利和不侵犯他人的专利两个方面。积极保护自己的专利，不仅可以维护企业的技术竞争优势，还可以借此获得直接收益，如专利使用费或专利侵权赔偿。尊重他人专利，不侵犯他人专利，不仅可以为企业减少侵权纠纷，降低侵权成本，还可以保证企业的生产经营自由。有效地实施专利保护是企业专利管理的核心内容之一。专利保护不单是专利诉讼的问题，还涉及专利战略和企业的经营管理，因此专利保护管理主要由专利管理部门和法务部门负责，研发部门和生产经营部门也应该适当参与。

7.6.1 保护自己的专利

1. 预防他人侵权

保护自己的专利不能仅停留在处理侵权案件的层面，应该向前延伸到预防他人侵权，以减少企业的维权成本。预防他人侵权很显然是一项管理工作，主要体现在以下几个方面：

（1）企业在与他人进行生产经营合作的过程中要注意对相关条款的审核，预防他人利用合同的漏洞实施专利侵权，比如在专利许可合同中应明确界定专利许可的类型、范围和时间等。

（2）注意在专利产品及其包装上标注专利标识，在专利产品广告宣传中、专利产品展览会上强调专利保护。[1]

---

[1] 朱雪忠. 企业知识产权管理 [M]. 北京：知识产权出版社，2008：63.

(3) 积极与潜在的专利使用者谈判，实施专利许可。

(4) 加强专利维权力度，对潜在侵权者产生一定的威慑作用。

2. 处理他人侵权

大型企业研发实力较强，专利数量较多，甚至拥有一批核心专利，其专利被他人实施是非常普遍的现象。但是发现侵权并不是容易的事情，企业可以在内部及时公布专利及专利产品，让相关部门和员工了解，发动员工关注市场上的专利侵权现象，对举报者给予适当的奖励。专利管理部门还可以对竞争对手的研发动态和产品进行追踪调查，分析其可能存在的专利侵权的地方。一旦发现他人侵犯本企业的专利，专利管理部门和法务部门应该通力合作，采取措施及时制止，或积极达到其他战略目的。具体流程如下：

(1) 侵权判断与调查

如果发现他人有专利侵权的现象，应该及时、全面地收集相关侵权证据，包括未经许可实施专利的事实、企业因此遭受的损失或侵权方因此获得的收益等。在这些证据的基础上，初步判断是否真的侵权。如果确属侵权，应该要重新评估专利的有效性，尤其是实用新型和外观设计专利，为对方提出专利无效宣告做好准备；同时展开正式调查，为日后处理侵权提供条件，调查内容包括涉嫌侵权方的基本情况（如侵权产品的生产商、销售商、名称、地址、企业性质、注册资本、经营范围等）、侵权状况（涉嫌侵权产品的首次生产日期和地点、销售时间、价格、数量和地点、成本和利润等）、涉嫌侵权方与本企业的关系（与本企业有无商业上的重大利害关系、有无合同关系等）。❶

(2) 侵权处理方式

完成侵权判断与调查之后，综合考虑涉及侵权的专利的法律稳定性、权利保护范围、企业的经营战略、诉讼成本、预期的损害赔偿或专利使用费等情况，企业应该选择适当的处理方式。

① 默认侵权

如果涉及侵权的专利价值不大，或企业也未使用该专利，但维权成本又很高，那么企业可以选择不予追究，默认侵权。有时候基于企业经营战略考虑，如培育市场，也可采取该处理方式。

② 警告

在正式采取措施之前，企业应该先向涉嫌侵权方发出警告函，要求对方立即停止侵权、赔偿损失。这在我国《专利法》中并无明确规定，但在现实生活中

---

❶ 黄贤涛. 专利战略 管理 诉讼 [M]. 北京：法律出版社，2008：336.

却被经常使用，而且还经常取到较好的作用，主要是增加协商谈判的可能性，以节省时间和费用。

写侵权警告函时，根据不同的情况，语气可以强硬，也可以缓和。一般应写明以下内容：涉及侵权的专利号、专利的独立权利要求；涉嫌侵权的产品或方法，希望中止或禁止的侵权行为；希望对方作出答复的时间；如果对方不作答复，企业可能进一步采取的措施。

③ 协商谈判

在发出侵权警告函以后，可以与涉嫌侵权方进行协商谈判，及时、有效地处理专利侵权。协商谈判的优点在于：方式简单，灵活性大，在当事人之间不容易产生矛盾；双方可以在更广泛意义上进行磋商，达到双赢；达成的协议也容易执行；节省时间和费用。如果涉及技术秘密，则容易保密。如果拥有专利的企业不是为了主动进攻或打击侵权，这是最好的侵权处理方式。

但是，协商谈判是一种民间处理纠纷的方式，有时涉嫌侵权方不愿意在一起协商解决，而乐意寻找第三方来协助处理纠纷。

④ 调解

调解是指当事人双方在自愿的基础上，由第三者居中调停，促使当事人达成和解协议的纠纷处理方式。如果协商谈判无条件实施，可以考虑选择调解，尤其是涉嫌侵权方与本企业有业务往来或合作关系，或者涉案金额较小的情况。调解有利于维护双方的团结协作关系，所达成的协议容易执行，而且费用较低，程序简单。但是，如果一方对调解结果不满意或者后悔，将导致调解协议无效，使调解协议得不到执行。

⑤ 仲裁

仲裁是根据当事人之间的共同约定，由第三方（仲裁机构）居中裁判解决纠纷，是一种根据法律与公平原则作出终局裁决的非司法争议解决程序。❶ 仲裁的特点在于：仲裁员多是业内专家，裁决结果比较准确、客观、公正；仲裁是民间性的，无须按法律程序进行，相对灵活，方式友好，有利于维护双方当事人的贸易关系；仲裁只能选择一次，一裁完毕，且不能上诉，成本低；仲裁通常是不公开的，有利于保护企业的商业秘密；仲裁比较容易使裁决取得国外司法机构的承认和执行；仲裁裁决具有法律效力，一旦不履行，可申请法院予以强制执行。基于此，很多外国企业都选择仲裁。

在欧美等发达国家，仲裁在知识产权纠纷中广泛运用，世界知识产权组织在

---

❶ 郭寿康，赵秀文. 国际经济贸易仲裁法 [M]. 北京：中国法制出版社，1995：6.

1994年设立专门的仲裁中心来解决任何国家当事人之间的知识产权纠纷。在我国，知识产权仲裁刚刚起步，全国首个知识产权仲裁院——武汉仲裁委员会知识产权仲裁院已获得正式批准并于2007年4月挂牌，落户中南财经政法大学。仲裁将是继诉讼、调解、协商之后，解决知识产权纠纷的第四条有效途径。

⑥ 行政处理

我国的专利保护是行政保护与司法保护双轨制。在不愿意协商或协商不成的情况下，企业可以请求当地管理专利工作的行政部门予以处理。行政处理较之诉讼来说，手续简便，方式灵活；况且专利管理机关有一批既有较强专业知识，又熟悉法律的执法人员，处理起来直接快捷，有利于纠纷的尽快解决。有的侵权人为了拖延时间，向专利复审委员会提出宣告无效请求，这时法院通常需要中止案件的审理，等待复审委员会的结果，案件有时一拖就是几年，产品从畅销变成了滞销。但是作为专利管理机关，在分析请求人提出的证据以后，认为证据不足的，可以不中止审理。因此对于实用新型及外观设计专利侵权纠纷，通过行政处理更凸显其优势，当然经过专利管理机关调处后，当事人不服，也还可以向人民法院起诉。

⑦ 诉讼

向法院提起诉讼，是目前解决专利侵权纠纷的主要方式。诉讼的优点是：民事审判程序比较严格，相对可以保证公正；人民法院的判决具有权威性，有强制执行效力，可以保证生效判决得到及时执行。其缺点在于，审判一般需要经过一审、二审或再审程序，程序运行较为严格，审判耗时较长，不便于及时处理争议；而且诉讼费用相对较高，给当事人带来较大的经济负担。

企业一般不选择诉讼来解决侵权纠纷，在出现以下情况时可以考虑：专利侵权产品已经影响到本企业的市场份额；涉及侵权的专利的稳定性强，权利保护范围大，预期赔偿的金额比较大；提起诉讼可以将竞争对手排挤出市场；其他战略需求。

（3）侵权诉讼策略

在高度重视知识产权的年代，专利诉讼不再是简单的因专利侵权而提起的救济方式，专利诉讼已经成为企业经营的手段和策略之一，国外跨国公司尤其如此。专利诉讼的目的变得多种多样，如获得高额赔偿，抢占市场份额，获得许可谈判有利地位，达到广告宣传的作用等。但根本目的都是通过司法手段战略性地运用专利以获得利润最大化。专利诉讼内藏玄机，需要掌握一定技巧、采取一定策略才能克敌制胜，顺利实现目标。

① 诉前准备

专利诉讼是高风险行为，如果准备不充分，势必遭致对方反击，造成更大的损失。因此，企业在正式发动诉讼之前，应做好如下准备工作：确认专利的有效性，防止对方将其无效；了解竞争对手的状况，做到知己知彼；熟悉诉讼规则，充分利用规制；估算诉讼成本，量力而行；评估胜诉几率，随时变换策略；评估诉讼风险，做好应对策略。

② 诉讼时机

选择什么样的时机起诉，起诉前是否要发律师函，以及是先谈判后诉讼还是先诉讼后谈判等问题，也是诉讼开始前要考虑的。时机的选择，有时决定案件的成败。有些时候利用律师函、谈判等手段固定证据是一种非常有效的收集证据的方法。何时诉讼，要根据案情合理选择，但是出现以下情况通常会提起诉讼：一是对方处于危难之时；二是对方财务状况不佳之时；三是对方正在进行重大活动期间；四是对手已经因为专利侵权付出了巨大成本之后。❶ 总之，最佳时机是"乘人之危""乘其不备"，从而达到事半功倍的效果。如思科选择在春节临近时期起诉华为，华为员工精神比较懈怠，心绪多少都有些浮躁，将华为打了个措手不及。

③ 诉讼对象

起诉对象的选择也是专利侵权诉讼是否成功的一个重要方面。《最高人民法院关于审理专利纠纷案件适用法律问题的若干规定》第6条规定："原告仅对侵权产品制造者提起诉讼，未起诉销售者，侵权产品制造地与销售地不一致的，制造地人民法院有管辖权；以制造者与销售者为共同被告起诉的，销售地人民法院有管辖权。销售者是制造者分支机构，原告在销售地起诉侵权产品制造者制造、销售行为的，销售地人民法院有管辖权。"根据这条法律规定，针对不同案情选择起诉侵权产品制造者还是销售者抑或列为共同被告是必须研究的问题。对于存在众多侵权者的案件来说，是全部同时起诉以免有些侵权者掩盖证据还是只起诉几个侵权者以达到"敲山震虎"的目的也是要研究的问题。另外，起诉哪些侵权者会降低侵权认定难度，排除地方保护干扰均是应当研究的问题。

④ 诉讼战场

诉讼攻击的战场选择十分重要，因为任何判决都受到受理法院的影响。如在美国，专利权人喜欢选择在德克萨斯州联邦法院起诉，因为该法院不仅采用"长臂管辖"原则，而且偏向于维护专利权人的利益。在我国，因侵犯专利权行为提起的诉讼，由侵权行为地或者被告住所地人民法院管辖。侵权行为地包括：被控侵权发明、实用新型专利权的产品的制造、使用、许诺销售、销售、进口等行为的实施地；专利方法使用行为的实施地，依照该专利方法直接获得的产品的使

---

❶ 朱雪忠. 企业知识产权管理 [M]. 北京：知识产权出版社，2008：186.

用、许诺销售、销售、进口等行为的实施地；外观设计专利产品的制造、销售、进口等行为的实施地；假冒他人专利的行为实施地；上述侵权行为的侵权结果发生地。对于专利侵权案件，存在可供选择的诉讼战场，选择原则是"地点有利、法院判决有利"。地点有利主要是指离本企业的地理位置近，最好是在本企业所在地，方便诉讼，节约成本；还可利用在当地的人际关系，方便处理相关事务。法院判决有利主要是指法院的审判标准、审判偏好对本企业有利。另外，根据具体案情，并结合起诉对象的不同可选择最佳的起诉地点，从而有效保护自己的合法权益。

⑤ 诉讼请求

诉讼请求包括停止侵权、赔偿损失、赔礼道歉。企业主动提起专利诉讼，应该写全这三项诉讼请求。停止侵权可以避免损失的进一步扩大，赔偿损失可以弥补自己的损失或获得更高的赔偿；赔礼道歉可以起到一定的宣传作用。不过，对于赔偿数额的确定需要深思熟虑。从我国目前专利审判的实践来看，除了新闻炒作外，提出高额的损害赔偿对当事人没有更多的好处。因为按照现行《专利法》的规定和赔偿计算方式，举证很困难，所以专利侵权案件的赔偿绝大多数都是法院的酌定赔偿，酌定赔偿的上限是 100 万元。如果提出几千万元的损害赔偿，除了支付高额的诉讼费外，最终实际能得到的赔偿会和提出的数字相差很远。因此，就一般的专利侵权案件而言，适当的损害赔偿数额反而对自己有利，可以控制在 40 万元到 60 万元左右。

⑥ 诉讼和解

专利诉讼耗时、耗力、耗钱，不能为了诉讼而诉讼，一诉到底，而应该根据诉讼目的、情况变化，随时变换策略，准备和解。因为和解是一个双赢的决策，不仅可以节省时间和金钱，还可以集中精力进行技术研发和经营管理。实践中，绝大多数专利侵权案件都是以双方和解告终。如刚刚结束的一起长达 32 个月的诉讼是在苹果公司和中国台湾企业宏达电（HTC）之间展开的。双方最终在全球范围内达成和解，撤销了双方之间专利侵权的相互诉讼，签署了长达十年的专利授权协议。根据该协议，双方之间的专利可以交叉使用。此消息一出，资本市场立即给予回应，第二天宏达电的股票便在台湾涨停。❶

7.6.2 尊重他人的专利

尊重他人的专利主要体现在不侵犯他人的专利，以及积极获得专利许可。如

---

❶ 魏龙. 和解专利诉讼的双赢选择 [N]. 东莞日报，2012-12-19.

果无意识地侵权他人专利，并遭受诉讼，也应该正面、积极地予以应对。尊重他人的专利和保护自己的专利就像银币的两面，都是专利保护的重要内容。

1. 避免专利侵权

随着技术研发的日益复杂，同一技术领域专利权主体的增多，使用他人的技术导致专利侵权的现象非常普遍。为了尽量降低侵权风险，企业应提前做好预防措施。最关键的是要建立专利预警系统，即积极收集、检索和分析与本企业相关的专利信息，对可能发生的侵权发出预警，使企业及早发现问题，提前做好应对措施和策略。专利预警系统主要包括专利信息资源（使用免费数据，或购买数据库，或建立自己的数据库）、网络信息平台、专利分析专家、预警信息发布。企业应该根据自身需要和实际情况建立合适的专利预警体系。

专利预警贯穿于企业生产经营的整个过程，一个环节也不能少。首先，在研发环节，注意进行专利文献检索和分析，避免重复研究，有效实施侵权规避设计；其次，在生产环节，注意采购的原料是否涉及专利侵权；最后，在销售环节，产品上市之前进行必要的专利调查，避免专利侵权。如果不可避免地要使用他人专利，应考虑提出专利无效，彻底扫清障碍；如果专利无效的成本高、时间长、风险大，可以积极与对方谈判，取得专利许可，或者作好将来交叉许可的准备。

2. 应对他人的诉讼

我国企业的整体研发能力较弱，缺乏核心专利，正面临着一场前所未有的国际专利诉讼的挑战，专利诉讼已成为我国企业不可承受之重。因此，我国企业无论大小，都应该时刻准备着应对他人的诉讼；如果能掌握一定的技巧和策略，可以更好地维护自己权益。

（1）分析是否侵权

有时候对方提起专利诉讼仅仅是出于恐吓或威胁目的，是否侵权还有待确定。因此，企业被诉以后不必惶恐，首先要确认是否真的侵权。具体做法是：调查和分析对方专利的有效性，如果已经失效，则不存在侵权；如果仍然有效，则分析是否落入该专利的保护范围，如果未全面覆盖该专利的必要技术特征，则不存在侵权。

（2）提出专利无效

由于实用新型和外观设计专利的授权均不经过实质审查，专利的效力极不稳定；发明专利授予中的实质审查基于检索资料和审查员自身知识的局限性也难保没有错漏，因此为专利无效提供了机会。目前，提出专利无效已成为应对专利诉讼的常规武器和"撒手锏"，不仅有机会彻底清除专利，还可以通过该程序拖延时间。但是提出专利无效必须慎重，首先要掌握充分的证据，证明涉诉专利具备无效理由，如不属于专利保护的范围，不具有可专利性，未充分公开，权利要求未得到说明书的支持等；其次，无效宣告程序比较复杂、冗长，要考虑拖延时间是否对自己有利。

（3）利用抗辩理由

① 诉讼主体资格抗辩

原告与诉讼标的具有法律上的利害关系是诉讼得以成立的前提，原告不能证明其具备诉讼主体资格的，起诉自然应予驳回。

② 诉讼时效抗辩

侵犯专利权的诉讼时效为两年，自专利权人或者利害关系人得知或者应当得知侵权行为之日起计算。如果原告的起诉超过了诉讼时效，法院自然会判决驳回原告的诉讼请求。

③ 法定免责事由抗辩

我国《专利法》第69条规定了不视为侵犯专利权的5种情形：权利用尽、先用权、临时过境、专为科学研究和实验使用、药品和医疗器械行政审批。第70条还规定善意侵权不承担赔偿责任，即不知是侵权产品而使用或销售并能证明其产品合法来源的。因此，被诉方必须注意保存证据。

④ 现有技术抗辩

现有技术是指在申请日以前在国内外为公众所知的技术。如果被控侵权技术属于现有技术，则缺乏新颖性，可以直接认定不构成侵权。

最理想的现有技术证据是能找到一份现有技术覆盖被控侵权技术所有的特征，如果无法找到，也可以尝试递交一份现有技术与公知常识的组合，甚至多份现有技术的组合，只是援引的现有技术越多，被法院接受的可能性就越低，向法院证明被控侵权技术与某一现有技术无实质性差异的难度就越大。

⑤ 合同抗辩

在专利侵权纠纷中，越来越多的被告采用了合同抗辩。合同抗辩是由于从属权利和重复授权的存在，同一个技术方案或近似的技术方案，可能有两个或两个以上的专利权人，而被告以得到其中一个专利权人许可而进行的抗辩。

（4）适时寻求和解

如果确属侵犯了他人的专利权，自己又仍想实施该专利技术，最明智的办法是主动与对方和解。如果专利权人已提出诉讼，也可以在法庭上主动提出调解方案，尽量同对方达成调解协议。如果通过和解或调解，双方能签订专利实施许可合同则更为理想，这样可以化干戈为玉帛，从而达到双赢。只有在专利权人提出的条件过于苛刻，以至法院也认为无法满足其要求时，才应主张由法院判决解决纠纷。

第八章 大型企业专利管理的风险防范

随着"专利丛林"的出现,企业在生产经营过程中动辄侵犯专利权,危机重重。除此之外,企业还面临专利开发失败、专利未被授权、专利权利瑕疵、技术秘密泄露等风险。这些风险一旦发生,小则前期投入付诸东流,大则整个企业倾家荡产。如果能提前采取措施对常规风险予以防范,可以达到事半功倍的效果,而且大大减少不必要的损失。对于大型企业而言,业务庞杂,管理层级较多,应急速度缓慢,更应该重视事前防范。

专利管理贯彻于企业生产经营的全过程,专利风险也暗藏于各个环节。本章根据大型企业经营管理的主要流程,对人力资源管理、研发阶段、专利申请阶段、生产和销售阶段、专利运营阶段和企业重组过程中可能发生的专利风险、发生的原因及防范措施进行阐述。

8.1 人力资源管理中的专利风险防范

"以人为本"恐怕是所有成功管理的不二法门,管理企业首先要管理"人"。在大型企业专利管理活动中,人的因素可谓是一切管理活动的开端,但也是风险的最大来源,集中体现在技术秘密泄露问题。技术秘密一旦泄露,可能会导致专利开发失败、专利授权失败、专利许可转让谈判失利,甚至影响新产品顺利上市。大型企业人员众多,负有保守技术秘密义务的人员也不在少数,不仅包括专利管理的专职人员,也包括研发人员以及其他人员。具体而言,专利管理的专职人员主要是负责专利流程管理、专利申请材料撰写、专利运营、情报分析等工作的人员;研发人员主要是企业内部研发人员和外部合作研发人员;其他人员的范围较大,甚至包括第三方的专利代理机构。因此,防止技术秘密泄露是大型企业人力资源管理中的一项重大工程。

技术秘密泄露的原因可能是主观故意,也有可能是无意造成。主观故意泄露技术秘密的人往往受到金钱诱惑,将技术秘密出卖给他人,甚至直接跳槽到竞争对手单位,将企业的技术成果拱手相让。要防范这种情况的发生,最关键的是建立完善的保密制度；即使已经发生技术泄密，企业一定要尽量采取强硬措施予以制裁，起到"杀鸡吓猴"的作用。另外，企业还应该注意以下几个问题：第一，将研发项目或技术成果拆分，不能让某一个人或少数几个人掌握所有的信息；第二，与相关人员签订的保密协议，必须明确而完善，不能含糊其辞；第三，对于相关人员的离职，应该有完善的竞业禁止协议和补偿制度，以便企业维权；第四，对于外部合作的研发人员，一方面要签订保密协议，另一方面要积极监控。

无意识泄露技术秘密的原因主要是保密意识不足、保密规则不具体。提高保密意识，不仅需要加强教育培训，更要严格执行保密协议。许多企业在新员工入职时，都会进行集体的保密意识培训，并且签订保密协议；但是有部分企业在经营过程中执行保密协议并非有效。据了解，某国有军工企业的科技研发者每月的保密费仅5元人民币，这与其保密责任严重不相匹配，也难怪员工没有保密意识。因此，建立保密补偿体系也非常重要，世上没有"免费的午餐"，只让人保密又没有补偿，和强盗又有什么区别？除此之外，对于保密工作造成巨大威胁的是"临时工"。对于很多企业而言，这些临时工大多没有经过保密培训，更别说签订保密协议了。举一个例子，美国苹果公司要在上海建立研发中心，但是地点尚未确定，记者在一个可能之处采访施工者，施工者竟答"你们怎么知道的，我们和他们签了协议，不能告诉你"。这多么像电影里的情景，这恰好说明，保密工作"防不胜防"。

保密规则不具体，如保密级别和内容含混不清，这种情况在国内大型企业中很常见。大型企业通常都有一部完善的保密章程或规则，但是少有可以将其实施到点的细则。因此，在面对一个具体的科研项目或者计划的时候，就显得捉襟见肘了。在大型企业，一个需要保密的科研项目或计划，参与人数可能达到上千之多，如何平衡保密与效率，这就需要针对每一个具体的项目或计划设计保密规则，如保密的范围、级别、人员、方式等，使员工对自己的保密责任清晰明了。

8.2 研发阶段的专利风险防范

研发是企业后续经营的开端，也是专利管理的起点。研发过程中可能出现重复研发、研发失败和专利侵权的风险，在委托研发和合作研发中还可能出现权属纠纷的风险。如何采取防范措施，本节将一一介绍。

8.2.1 分析利用信息

一般而言，企业的技术研发都是以项目呈现的。在一个研发项目投入之前，至整个研发过程，充分利用专利信息和市场信息都是十分重要的，这是避免重复研发、研发失败和专利侵权的基本手段。

世界知识产权组织研究发现，世界上70%~90%以上的新技术都包含在专利文献（专利信息的主要载体）中，并且最先出现在专利文献中，比其他的公开出版物一般要快两年❶。如果能够有效利用专利信息，可以节省60%的研发时间和40%的研发费用。也就是说，分析利用专利信息可以帮助研发人员迅速掌握相关技术领域的发展现状、发展趋势，从而快速确定技术研发的方向和技术规避设计，不仅节约研发成本，更提高研发起点，降低重复研发、研发失败的风险。分析利用专利信息一般经历四个步骤：目的定位、策略设置、检索筛选和统计分析。在研发阶段需要注意的是，目的定位有全面掌握技术发展现状、准确掌握可能发生侵权的区域范围，既有"检全"的要求，也有"检准"的要求，整个专利检索的策略设置和筛选都要围绕这两个要求进行；在统计分析过程中，要有理有据地分析技术发展的趋势、竞争对手的情况、技术空白领域、可能发生侵权的区域范围等。另外，还应注意尽量委托专业机构对自身的专利工作人员进行培训，同时邀请即将参与技术研发的专家参与整个专利信息的筛选和分析，在具体的工作当中，要保证专利信息源完整有效，选用先进的专利数据库进行检索，避免漏检；对检索策略和检索结果进行反复的验证，最终达到全面、准确的要求。

分析利用市场信息是一个极其复杂的课题，本书在此难以详述。对于大多数企业而言，以市场需求为导向来规划研发项目是一个既保险又合理的方式。如何确定市场需求，仁者见仁智者见智，有时候还存在博弈和赌博的成分。但是，以市场需求为导向的研发，始终建立在现有技术或产品基础之上，很难产生创造性或革命性的成果，这是其弊端。因此，很多技术实力强、有想象力的企业，不会设定一个具体的需求，而是创造市场需求，这当中最具有代表性的就是苹果公司。即使不以市场需求为导向，也要对相关领域市场需求做详细研究。市场的前景就蕴含在市场本身，因此，技术研发要围绕市场需求进行。在研发过程中，通常会产生很多成果，有的成果可以直接看出与市场需求的联系，但是有的成果却难以转化为可以被市场接受的产品。将技术优势转化为市场优势，需要对市场需求有很很深的认识，不然研发项目虽然成功，对于企业而言也是失败的，因为很少有企业可以承担一个大型科研项目没有市场前景的损失。

---

❶ 企业如何有效利用专利信息？[EB/OL]. 国家知识产权局网站 http：//www.sipo.gov.cn/yl/2011/201111/t20111109_629922.html. 2013-02-19.

8.2.2 专利规避设计

原始性创新非常困难,绝大多数企业都是模仿创新或吸收利用再创新,这种二次创新很容易将自己置于侵犯在先专利的危险境地。因此,合理规避在先专利,从而进行持续性创新和设计是企业的一门必修课。简言之,专利规避设计就是找出该设计没有被专利权利要求所覆盖的合法理由。

专利规避设计的基础是专利分析。一方面,通过专利分析了解竞争者的专利布局,从中寻找自身可以发展的市场;另一方面,通过专利分析详细解读专利技术方案,从中研究得到可以替代的方案,主要有以下五种方案:

(1) 仅借鉴专利文件中技术问题的规避设计,通过专利文件了解新产品的性能指标或技术方案解决的技术问题。

(2) 借鉴专利文件中背景技术的规避设计,在此基础上创造出不侵犯该专利权的设计方案。

(3) 借鉴专利文件中发明内容和具体实施方案的规避设计。在此过程中,一方面寻找权利要求的概括疏漏,找出可以实现发明目的,却未在权利要求中加以概括保护的实施例或相应变形;另一方面可以通过应用发明内容中提到的技术原理、理论基础或发明思路,创造出不同于权利要求保护的技术方案。

(4) 借鉴专利审查相关文件的规避设计。利权人不得在诉讼中,对其答复审查意见过程中所作的限制性解释和放弃的部分反悔,而这些很有可能就是可以实现发明目的,但又排除在保护范围之外的技术方案。

(5) 借鉴专利权利要求的规避设计。这种规避设计是采用与专利相近的技术方案,而缺省至少一个技术特征,或有至少一个必要技术特征与权利要求不同。这是最常见的规避设计,也是最与专利保护范围接近的规避设计。❶

8.2.3 明确约定权属

企业研发的方式有很多种,一般可分为自主研发、委托研发和合作研发。无论是哪种研发方式,都可能出现专利权属纠纷的风险。对于自主研发,主要是职务发明创造专利的权利归属问题。虽然法律已作出规定,职务发明创造专利属于企业所有,但是职务发明创造专利的界限仍然不是十分明显,企业有必要提前与员工签订合同,详细约定权利归属,避免产生不必要的纠纷。另外,建立完善的职务发明创造奖酬机制,使研发人员得到应有的回报,也是减少权属纠纷的有效

---

❶ 佚名. 专利规避. [OE/BL] http://www.iprtop.com/pages/view/281/? tp=hg.

措施。

在科学技术日新月异的今天，企业独立研发已变得十分困难，委托研发、合作研发成为企业的必然选择，大型企业也不例外。这两种研发容易产生各种法律风险，但最尖锐的还是专利权归属问题。企业一定要在研发项目投入之前，双方或多方拟订好技术成果的归属方式和界限。这些问题只能具体情况具体处理，此处不宜一概而论。

8.3 专利申请中的风险防范

随着研发项目的逐步推进，技术成果不断涌现，如何将这些技术成功申请专利，如何获得最大的权利保护范围，如何进行有效的专利布局是专利申请这一环节的重要工作。相反，这一环节要注意防范专利不被授权、专利权利瑕疵、专利布局不当等风险。

8.3.1 专利不被授权的风险防范

在激烈的市场竞争中，专利成为企业获取竞争优势的有力武器。因此，面对研发成果，企业更愿意选择申请专利。事实上，除了申请专利，还可以选择技术密码保护，甚至将技术公开。至于哪一种保护方式对企业更有利，需要专利管理部门联合研发部门、生产销售部门共同探讨。申请专利并不代表一定授权，如果申请前泄露相关技术信息、专利检索分析缺失或失误、专利申请文件撰写有问题、专利代理机构能力不足、申请过程中未及时答复或缴费等都会导致专利不被授权。如此一来，前期的投入均化为乌有，从长远来看，还可能影响到企业的专利布局，甚至是后期的生产经营。因此，在专利申请的过程中，必须十分谨慎，稍有不测，极有可能导致专利申请胎死腹中。如果能够提前做足防范措施，可以大大降低这种风险。如果能够提前预测到专利授权的几率非常小，应该及早放弃专利申请，选择其他保护方式。

为了选择适当的技术申请专利，并保证专利申请顺利获得授权，企业专利管理部门可以采取以下防范措施：①注意要求研发人员及相关人员保守技术秘密，一旦技术信息泄露或对外公开，要及时采取补救措施，如利用宽限期挽救专利。②大型企业可以在研发部门设置专利联络人，指导和帮助研发人员撰写技术交底书，以确保专利申请书的撰写质量。③在申请专利之前进行必要的专利检索分析，确保专利申请具有新颖性和创造性。如果发现已有近似技术申请专利，注意调整技术要点，或者放弃专利申请。

8.3.2 专利权利瑕疵的风险防范

专利申请文件是指专利申请过程中向国家知识产权局提交的一系列文件。其中，专利权利要求书和说明书尤其重要，如果撰写有缺陷，可能造成客体保护不清或权利范围模糊，甚至导致专利权无效。

权利要求书是专利保护客体的依据，与说明书相互配合，可以很好的解释专利的保护范围，在权利要求书的撰写过程中，往往希望尽量扩大专利保护的范围，殊不知，当专利发生纠纷的时候，范围过大的专利被无效的可能性更大。对于权利要求书撰写，并没有什么最后的建议，只能说折中，在保护范围和危险度之间做权衡。

8.3.3 专利布局不当的风险防范

专利布局，研究的是在哪些技术点以什么样的组合申请专利、在什么时间点申请专利、在哪些地区申请专利，即专利的技术布局、申请时间布局、申请地域布局等。专利布局不当造成的风险一般体现在产品上市的阶段，影响到企业的市场布局和竞争力。比如，产品要到某地区上市，但并没有在这一地区进行专利布局，那么产品在该地区就很难得到专利保护。为了防范这类风险，专利布局需要从技术出发，从自身的产品组合出发，结合企业的经营布局，提早规划，可以说是"产品未至，专利先行"。

专利布局是专利相关工作中对专业水准要求最高的工作之一，需要对于行业格局、技术和市场格局都有很深入了解的从业者从事，大型企业在投入一个巨大项目的时候，组成一个团队进行专利布局工作是相当必要的。

8.4 生产销售阶段的专利风险防范

8.4.1 生产阶段的专利风险防范

对于制造型企业，生产过程必不可少，也是企业盈利的关键一环。在生产过程中，极可能发生专利风险的两个环节是原料与设备采购、生产技术环节。大型企业生产规模较大，生产阶段的专利风险不可小觑。

1. 采购过程中的侵权风险防范

在原料、设备采购环节中，极易出现第三方产品侵权的风险。所谓第三方产品侵权，即采购的原料、设备侵犯他人的专利权，当自己的产品使用采购到的原料进行生产出品后，也侵犯他人的专利权。这种情况在制造型企业中尤为常见。

对这类风险的防范比较被动。首先，应该尽量在原料采购合同中与原料供应商将法律风险界定清楚，特别是第三方引发的专利侵权问题，或者要求原料提供商对自身提供的产品做出不侵权担保；同时，每一批采购的原料和设备，都要保存好合同、收据、发票等，以备不时之需；其次，应对所采购的原料的知识产权状况进行一定程度的关注，履行一般注意义务；这种注意义务的程度，与原料以及企业所处的行业而定，从而发现明显的专利侵权，也作为日后的抗辩理由。至于是否对所采购的原料进行专利侵权检索和分析，要根据企业的具体情况而定。如果进行了详细的侵权分析，虽然降低了风险的程度，但金钱和时间成本急剧上升，且在日后万一侵权的情况下，缺少了一项抗辩理由；而如果完全不做侵权分析，侵权的风险极大，但可以采用不知情作为抗辩理由，至于抗辩理由是否成立，就另当别论了。

2. 生产技术的侵权风险防范

在生产过程中除了采购的原料的侵权风险之外，生产过程所使用的技术、工艺，也可能侵犯到他人的专利权。反过来，这也提醒制造型企业不光要注重自身产品技术的研发，生产加工的技术、工艺同样重要。

对于生产过程中使用的技术和工艺，在生产项目投入之前，应全面详细地进行侵权检索，确定可能侵权的目标，从而在生产项目投产之前进行规避设计或者寻求授权许可。

8.4.2 销售阶段的专利风险防范

产品上市过程与产品设计过程相对应，产品上市过程中的专利风险防范继承了产品设计过程中的专利风险防范，二者具有很多相同之处。产品设计阶段，要通过专利信息的分析利用，掌握可能的侵权风险，并且在设计中尽可能地规避；同时，根据专利的布局来设计产品面向的地域、上市时间等，尽量防范他人可能的专利侵权。我们可以把产品设计阶段所做的专利风险防范归纳为"防范将来的风险"。而产品上市过程，由于产品已经上市，随时可能面临专利侵权诉讼或者警告，造成企业或产品的商誉受损，甚至造成产品遭受扣押或禁令无法销售。因此，产品上市阶段面临的专利风险随时可能发生，我们可以把这一阶段所做的专利风险防范归纳为"防范随时的风险"。

重视产品上市过程中的专利风险防范，对于保障企业商业活动的顺利进行是不可缺少的。以下将对产品上市过程中主要的专利风险防范措施进行讨论。

1. 产品上市前的侵权检索分析

虽然在产品研发设计的时候已经实施了专利检索分析、专利规避设计等风险防范措施，但是从产品设计成型到产品上市需要经历一段较长的时间，一些"潜水艇专利"可能在此期间浮出水面。因此，在产品上市之前，有必要进行专利侵权的检索和分析，降低产品上市过程中的专利风险。

产品上市前的侵权检索，目标是发现自身产品可能存在的侵权风险。检索的范围是：类似产品的专利、竞争对手的专利、行业内的专利。产品侵权检索的工作量相当大，必须制定完善的检索策略，防止漏检，通过对检索出来的专利进行阅读和分析，最终要将检索的目标定位到单篇专利上面。面对工作量如此之大、工作流程如此烦琐的检索分析项目，我们必须按照流程来进行每一步的工作。

参与产品上市前侵权检索的分析的组成人员，除具有专利检索技能的工作人员外，还必须邀请产品设计人员、技术研发人员参与，必要时需邀请市场人员和销售人员参与。专利管理人员根据产品设计人员和技术研发人员提供的线索，设定检索策略，主要检索出类似产品的专利和竞争对手的专利，并对这些专利进行初步筛选；专利管理人员同市场和销售人员合作，主要确定类似产品的专利和竞争对手专利，并对检索到的专利进行初步筛选。经过初步筛选的专利，将进入侵权分析的阶段，这一阶段，技术人员、法务人员将参与进来，进行侵权分析，并将每一可能造成侵权的专利进行分级，对极有可能发生侵权的专利进行特别关注。特殊情况下，在产品上市的最后时刻，可进行专利许可交易，寻求和解，降低产品上市后的专利风险。

2. 专利预警

专利预警与极端天气预警、战争中的预警机制类似，指的是制定一种策略，设定一些指标，实时监控外界的变化，并将收集到的信息与设定的指标进行对比分析，判别是否有侵犯他人专利权的风险，遇险则随时预警并采取相应措施，其最为核心的内容就是"动态"。

专利动态预警对于企业产品销售的顺利进行，有着重要的保障作用。如果预警的范围足够大，企业的很多专利侵权风险都可以纳入预警机制当中。

专利预警主要有以下几个步骤：检索策略的设置、对比指标的设置与监控对象和工具、对比分析与风险预警。

（1）检索策略的设置

专利预警主要可以分为三种类型：针对技术领域的专利预警、针对竞争对手的专利预警、针对单篇专利的专利预警。这三种专利预警方式适用于不同的情形，当然，三种预警方式相应的检索策略的设置和对比指标等数据也各有区别。

那么如何选择这三种预警方式呢？一般而言，需要看产品设计阶段以及产品上市前的侵权分析中对风险的分级，如果在这两个阶段，产品侵权分析发现很多单篇专利的侵权风险，则可以采用针对单篇专利的专利预警；如果在这两个阶段并没有确定到专利级别上，而能确定到某些竞争对手有相似产品，则可以使用针对竞争对手的专利预警；而当这两个阶段既没有发现可疑专利，又没有发现相似的产品，则只能进行技术领域内的专利预警。当然，这三种方式也可以同时采用，因为在这两个阶段的产品侵权分析，可能三种情形都会遇到。

如果没有进行产品设计阶段和产品上市前的产品侵权检索分析，也可以采取补救措施，将之前的工作再做一次即可。

针对单篇专利的专利预警，在设置检索策略的时候，使用单篇专利的专利号（公开号）即可。在专利有同族专利的时候，还需要将整个同族专利系列设置为检索对象。这种预警方式的优势在于十分准确，有针对性，省时省力；但是这种预警方式无法弥补在前两个阶段的产品侵权检索分析中可能存在的缺陷。针对竞争对手专利预警，需要监控竞争对手的专利情况，因此检索策略设置为专利权人，为了更加全面地监控，竞争对手相关的下辖分公司、子公司以及与竞争对手有技术合作的第三方机构，也应该作为监控的目标。这种预警策略的优势是比单篇专利监控范围广，但是同样不能避免在前两个阶段产品侵权分析的缺陷。针对技术领域的专利预警是最重要的预警方式，这种方式可以针对某一个技术点，也可以针对某一行业，只要能够设置完善而准确的检索策略，都可以实现。这种预警方式，可以全面检索相关专利，但是工作量比较大，也比较耗费时间，风险反馈的时间间隔较长。

表8-1对三种专利预警方式的检索策略设置进行了对比。

表8-1　三种专利预警方式的检索策略设置

专利预警方式	检索策略设置	优势与劣势
针对单篇专利监控	专利号、专利同族系列	优势：准确、省力 劣势：无法避免在先的检索分析缺陷
针对竞争对手专利预警	专利权人、专利权人相关下辖机构和技术合作方	优势：监控范围广 劣势：无法避免在先的检索分析缺陷
针对技术领域专利预警	技术领域关键词、IPC限制、申请年限限制	优势：完善、防止遗漏 劣势：耗时耗力

第八章 大型企业专利管理的风险防范

(2) 对比指标设置与监控对象和工具

对比指标是用于实时监控检索到专利数据后作为对比参考的指标,这些指标的设置会因为不同监控对象和预警方式的不同选择而有不同,同时,企业也可以根据自身所处行业的特点或者监控到的专利特征设置个性化的对比指标。监控对象不光指专利,也包括专利的法律状态变化。事实上,专利的法律状态监控是专利预警中的主要监控对象。

不管采用哪种预警方式,最终的监控对象都会落到具体的专利上。当拿到一篇侵权风险较大的专利时,要监控专利的法律状态变化,从而确定产品侵权的风险,以采取进一步的措施。如果针对竞争对手或者技术领域的专利预警,要特别关注那些新申请的专利,窥探竞争对手的专利布局,以及行业内部的技术发展动态。

针对单篇专利的监控对象,要监控专利法律状态的变化、同族专利法律状态的变化,还需要特别关注的是专利法律诉讼方面的信息,专利授权异议的信息,专利许可与转让方面的信息,专利被无效的信息等。

目前商业中提供的专利预警工具较多,如汤森路透公司的 Thomson Innovation 平台,就能提供定时发送邮件的方式,发送被监控对象的变化,用户只需要设置好检索策略和对比指标即可。

(3) 对比分析与风险预警

在发现竞争对手或者行业内专利申请的新动态时,要特别关注这些专利,通过分析其权利要求,对产品再次进行侵权分析。遇到侵权风险特别高的专利时,要随时关注其法律状态的变化,以及时采取应对措施。

专利法律状态的变化直接关系到产品侵权风险的定级。当监控中的一篇专利得到授权,那么这篇专利带来的产品侵权风险必然会上升很多;反之,当监控中的一篇专利失效,这无疑将其引起产品侵权的风险降低到最低值。专利同族的法律状态变化对监控中的专利有参考借鉴作用,从而推测监控专利的命运。专利法律诉讼方面的信息,对于推测专利的强度具有很大的帮助意义,从而更准确地判断产品侵权的风险。专利授权异议对判断专利的强度,或者找到无效专利线索有很大帮助。专利许可与转让方面的信息,可以监控目前专利所处的状态,特别是专利权人的状态。专利无效方面的信息,如果监控专利被全部无效,这与专利失效的效果一样,而当监控专利被部分无效,这就需要进一步判定分析产品侵权的级别;如果专利曾经被他人提出无效,但无效失败,可以通过这些信息推测专利的强度,从而更改产品侵权风险的级别。详见表8-2。

表 8-2　监控信息与指标

监控项目	可利用信息
专利法律状态变化	产品侵权风险的判定
专利同族法律状态的变化	预测、无效
专利法律诉讼信息	专利强度推测
专利授权异议信息	专利强度推测、无效
专利许可转让信息	专利权人
专利无效信息	专利强度推测、风险判定

8.5　专利运营中的风险防范

对于大型企业来说，特别是那些技术集中型企业，每年投入的研发经费相当大，企业会进行很多探索性研发，而这些研发成果大多在短时间内难以运用于企业。因此，如何运用这些专利，使之产生效益，成为很多企业的难题。专利运营可以说是将专利"盘活"的过程，也可以说是专利资本化的过程。专利运营方式包括投资入股、许可转让、质押融资等，不同的运营方式所涉及的专利风险有所差异。

8.5.1　专利价值评估不当的风险防范

专利运营首先要解决的问题就是专利价值评估。只有准确地评估专利价值，才能有效地运营专利。过高或过低评估专利价值，都会损害专利权人的利益，使之面临风险。

专利价值评估面临着很多问题，目前虽没有一套广为人接受的评估模式，但专利价值的评估案例也已经很多了。为了确保专利价值评估相对准确，应该注意以下事项：①根据不同的专利运营方式，选取不同的评估模式。②专利价值评估与很多因素有关系，比如专利的法律状态、期限、创造性的高度、市场前景等，应该尽量考虑周全。③在评估过程中，应该选取公信力较高的评估机构进行评估，有时可能还需要选择多家评估机构进行评估。要与委托的评估机构签订风险承担的协议，并在整个评估过程中监督评估机构的行为。

8.5.2 专利投资中的风险防范

专利作为投融资的资本，在美国等发达国家已经运作得比较成熟；在中国，对这一问题的理论研究较多，但是实际运作尚不成熟。专利投资，即用专利作为资本进行投资，其关键环节仍是专利价值评估。除了专利价值评估不当带来的风险之外，专利投资还有可能涉及专利权利瑕疵、出资后权利转让、专利的实施困难等风险。专利投资，一定要提前做好"功课"，熟悉相关的法律法规以及政策，在专利投资协议上要明确专利投资后专利权的转移、专利瑕疵担保等问题。

8.5.3 专利交易中的风险防范

专利交易即专利许可和转让，是最常规的专利运营方式。与专利投资所存在的风险相似，最大的风险来源也是专利价值评估不当的风险，其次是合同约定不明所引发的风险。

专利转让，首先应该确定待转让的专利价值。不管是卖方还是买方，与专利投资类似，应该委托专业机构对专利价值进行评估；对于重要的专利，应该委托多家评估机构，通过对比多份评估报告进行判定。但在有些情形下，企业为了生产经营或技术布局的需要购买专利，支付高于评估价值数倍的价款也比较常见。

专利许可与专利转让有所不同，专利许可除了关注专利的价值外，更在乎专利用于市场之后的潜在价值。因此，在授予或者接受专利使用权的时候，要对所属领域的技术和商业环境进行调研和评估。在许可合同中，应该明确收益的分配方式、发生专利侵权时的诉讼责任以及专利许可的类型，具体包括排他、独占和普通许可。

8.5.4 专利滥用的可能性控制

专利是具有法律效力的技术方案，国家通过赋予权利人一定时间的技术垄断权而鼓励技术的公开，从而促进技术的快速传播。但是，这种垄断权并不是没有限制的，如果滥用专利权也会招致很多风险，给企业带来损失。

对于大型企业而言，专利实力较强，极易发生滥用专利权的情况。专利权的滥用，一般涉及反垄断或者反不正当竞争的条款，如果遭受处罚，后果会比较严重，同时也会对企业的商誉造成影响。因此企业要重视自身对专利运用的幅度，避免发生被认定为专利滥用的情况。

8.6 企业重组中的专利风险防范

对于大型企业来说,企业的兼并、分立是十分常见的事情。随着我国市场化程度的提高,经济结构的转型,大型企业的破产亦不少见。在企业兼并、分立、破产过程中,最常遇到的专利风险是专利资产被忽略、价值评估不合理、专利权归属纠纷。

在国内,企业发生兼并、分立、破产等情形时,关注到自身专利资产的企业可谓很少。在国外,近年来,大公司破产后,专利资产成为人们关注的焦点,比如"北电"破产,其专利资产的售卖如火如荼;"柯达"破产重组,专利资产成为了救命稻草。

企业在发生兼并、分立时,应该处理好专利权人的变更。专利是"活"的,必须经过经营才能产生价值,一般而言,企业发生兼并时,专利自然变更为新的企业所有。但保险起见,企业在兼并或分立之时,要在协议上明确专利双方或多方的专利权归属,并在完成兼并或分立后及时进行专利权人的变更。

企业申请破产时,要重视自身的专利资产,及时对自身专利资产进行价值评估,通过专利许可或者交易的方式,尽可能使专利的价值得以体现。要知道,专利资产可能成为企业最后的"救命稻草"。

第九章 大型企业专利管理的信息系统

大型企业专利管理的信息系统是指为了充分发挥专利在大型企业中的重要作用，为企业持续创造经济效益、谋求最大利益和增强企业市场竞争力，由专门的专利部门或专利人员在专利战略的指导下采取科学的管理方法，对企业现有的专利、失效专利、正在申请的专利等智慧成果，甚至是即将申请专利的智慧成果予以体系化构建，便于查询、信息分析，使企业专利得到有效利用的体系。专利信息管理则有狭义和广义之分，狭义上指专利本身的资料及专利权产生、发展和变化中所记录的信息，这类信息也被称为专利文献信息；广义上则不仅包括文献信息，还包括与专利有关的专利情报、企业往来的专利文件和协议等信息。❶

从重要性上来讲，在2011年《全国企事业知识产权示范创建单位创建工作方案》中就曾说明，要"进一步加强专利信息化建设和专利信息的利用，着力开展专利信息化平台建设，建立专利信息系统，加强专利信息数据库建设，形成支持企业活动全过程的专利信息支撑体系。充分利用专利信息，预测技术发展趋势，建立专利预警机制，为企业技术创新、市场开拓等提供全面的专利信息支撑"。而国内外很多大型企业很早便开始了专利信息的收集、利用和建立企业专属专利信息库的工作。例如，日本日立公司（HITACHI）设立知识产权本部，并把对专利情报进行管理作为其首要任务。三菱公司（Mitsubishi Motors Corporation）在发展本公司总部的同时，分立出专利情报中心，使之成为独立于专利部的独立公司。在我国，彩电中的巨擘TCL公司，与广东省专利信息中心合作开发了能够满足其大规模专利检索需要的"TCL中外专利信息系统"。中国船舶重工集团第七一一研究所也在知识产权服务类代理机构帮助下，逐步建立起自主专利数据库，并随着数据的增加定时对其更新。❷

大型企业专利管理的信息系统包括专利分析系统和专利管理系统。本章首先介绍一般情况下的专利分析系统和专利管理系统，再探讨大型企业的信息资源和分析工具以及以信息处理网络系统为核心的企业专利管理软件，从而构建大型企

---

❶ 徐怡. 论企业专利管理 [D]. 北京：中国政法大学，2011.
❷ 于涛. 国外企业的知识产权管理模式分析 [J]. 电子知识产权，2003 (6).

业专利管理的信息系统。

9.1 企业专利管理信息化的意义

随着科技的发展，计算机网络已经成为一个企业不可或缺的工具。现代企业尤其是大型企业，企业信息化程度越来越高。企业信息化是指企业以业务流程的优化和重构为基础，在一定的深度和广度上利用计算机技术、网络技术和数据库技术，控制和集成化管理企业生产经营活动中的各种信息，实现企业内外部信息的共享和有效利用，以提高企业的经济效益和市场竞争力，这将涉及对企业管理理念的创新，管理流程的优化，管理团队的重组和管理手段的创新。

专利信息是大型企业信息的重要组成部分，具有信息量庞杂，要求及时性等特点。专利信息处理难度大，需要定时更新，这就决定了大型企业专利管理的复杂程度。引入信息化的专利管理是非常有必要的。企业专利管理信息化主要体现在两个方面：一方面是专利信息的采集，也即专利信息检索分析；另一方面是专利信息的管理，也即专利管理。

专利信息检索分析在专利管理中必不可少，涉及企业专利管理的方方面面，是企业信息化最重要的环节。企业实现专利信息检索分析都要用到专利信息检索分析系统。专利信息检索分析系统是利用计算机技术、网络技术、数据库技术，专门用于专利信息检索分析的信息化工具。专利信息检索分析系统一般拥有丰富的专利数据且数据更新及时，专利检索结果全面精准。专利信息检索分析系统利用计算机技术，可以使专利分析更为快捷，能帮助专利工作人员对专利数据进行多角度分析。在专利申请前，在专利布局，专利侵权，专利运营等阶段中，都少不了专利信息检索分析，一个全面精准的检索分析结果是专利工作人员在这些阶段中作出正确判断的重要保证。大型企业专利事务多，这些事务都离不开专利信息检索分析，所以专利信息检索分析系统是大型企业专利管理信息化的首要工具。

专利管理包括专利申请流程管理、专利保护管理、专利运营管理等方面，这几个方面相辅相成、互相联系。在大型企业中，仅依靠人工进行管理，不仅成本高，也容易造成管理过程的阻塞、信息传递延迟或错误。为减少专利管理中出现错误，大型企业应当建立一套符合自身管理流程、管理需求及管理理念的专利管理系统。

9.2 专利信息检索分析系统介绍

9.2.1 国内外免费专利信息平台

对于国内免费专利信息平台，大型企业应该尽量介绍给内部科研人员了解和使用，作为专利信息利用入门级的练习手段，但不能作为支撑大型科研企业的信息系统。大型企业的特点是科研活动内外网隔离，所以依赖免费专利信息平台，技术上不能实现，也无法保障重大科研活动。

1. **国家知识产权局的专利信息平台**

国家知识产权局网站是国家知识产权局支持建立的政府性官方网站。该网站提供与专利相关的多种信息服务，如专利申请、专利审查的相关信息，近期专利公报、年报的查询，专利证书发文、年报的查询，专利证书发文信息、法律状态、收费信息的查询等。此外，还可以直接链接到国外主要国家和地区的专利数据库、国外知识产权组织或管理机构的官方网站、国内地方知识产权局网站等。

国家知识产权局专利检索数据库检索系统收录了自 1985 年 9 月 10 日以来已公布的全部专利信息，包括著录项目、摘要、各种说明书全文及外观设计图形，是收录我国专利最全的数据库。国家知识产权局专利检索数据库每周更新一次。国家知识产权局网站可支持专利号（申请号）专利检索、法律状态检索、高级检索等，可以满足较为基础的国内专利检索。国家知识产权局网站没有提供专利分析功能。

2. **国家重点产业专利信息平台**

为配合国务院十大重点产业调整和振兴规划（以下简称"规划"）的实施，发挥专利信息对经济社会发展和企业创新活动的支撑作用，由国家知识产权局牵头，在国资委行业协会办公室协调下和各行业协会的积极参与下，建设了专利信息服务平台（以下简称"信息平台"），为十大重点产业提供公益性的专利信息服务。

"信息平台"在内容上，涵盖"规划"中有关技术创新重点领域的国内外数十个国家的专利文献信息；在功能上，针对科技研发人员和管理人员，提供集一般检索、分类导航检索、数据统计分析、机器翻译等多种功能于一体的集成化专题数据库系统。

利用"信息平台"，行业和企业可以了解竞争对手的技术水平，跟踪最新技术发展动向，提高研发起点，加快产品升级和防范知识产权风险，为自主创新、技术改造、并购重组、产业或行业标准制定和实施"走出去"战略发挥重要作用。

9.2.2 国内外商业专利信息平台

1. PQD 专利数据库

PQD 全称 ProQuest Dialog，是 Proquest 公司的产品之一，其前身是著名的 Dialog 国际联机系统，现隶属于美国的 ProQuest 公司。ProQuest Dialog 系统拥有 30 多年的历史，是世界上最大的国际联机检索系统，它最早由美国的洛克希德公司和美国宇航局 NASA 联合研发而成，用于同时对多个数据库的检索。该产品涉及的行业领域包括：科技、教育、新闻与贸易、电信与计算、工程与技术、航空航天与国防、化学、能源与环境、汽车、食品与农业、卫生保健、诊断与医疗器械、制药与生物医学、专利等。

PQD 专利数据库收录了全球 98 个国家的专利数据，每周更新。其中中国、美国、印度等 33 个国家和组织提供可检索的英文翻译检索全文。除此之外，还包括 Derwent 世界专利索引数据库，Derwent 专利引证数据库，Inpadoc 专利同族与法律状态数据库，美国专利与商标诉讼数据库以及全球药品专利数据库等重要的数据库。PQD 平台专利检索支持专利原语言及英文检索，有检索词的智能联想功能，单复数自动匹配功能。加上其资源丰富的专利数据库，使得专利检索更为全面和准确。PQD 平台有最基本的专利分析功能，包括专利趋势分析，专利权人分析，专利 IPC 分类分析等宏观的基础分析。

2. INNOGRAPHY

Innography 简称 IN，也是 ProQuest Dialog 公司旗下的专利检索与分析平台，重点在于提供专利分析解决方案。

IN 收录了包含 90 多个国家和地区的发明专利、实用新型专利等，超过 8000 多万件全球专利数据，还包括邓白氏商业数据库、美国专利数据库以及美国商标数据库等重要数据库。

IN 和其他专利检索分析系统不同的是，其侧重于专利分析方面。IN 将专利与金融、诉讼、市场等信息结合起来综合分析专利。除了专利申请趋势、专利技术分布、国家分布等基础专利分析，还有专利权人之间的专利及年收入总额等信息的综合分析、全球热点技术领域分析、专利强度分析。IN 的专利强度指标用于判断专利价值，独特的气泡图分析竞争者差距，无效侵权检索、专利诉讼及异议信息检索，语义分析智能检索相似专利，聚类分析提炼专利技术点。

所以相比于其他专利检索平台而言，IN 的检索功能较为普通，但其专利分析功能具有独特的优势,更侧重于对专利信息的微观分析及专利信息的运用。

3. 德温特世界专利索引

德温特(Derwent)是全球最权威的专利情报和科技情报机构之一,1948年由化学家 Monty Hyams 在英国创建。德温特隶属于全球最大的专业信息集团——Thomson 集团,并与姐妹公司 ISI、Delphion、Techstreet、Current Drugs、Wila 等著名情报机构共同组成 Thomson 科技信息集团(Thomson Scientific)。目前全球的科研人员、全球 500 强企业的研发人员、世界各国几乎所有主要的专利机构(知识产权局)、情报专家、业务发展人员都在使用 Derwent 所提供的情报资源。

德温特收录来自世界 40 多个专利机构的 1000 多万个基本发明专利,3000 多万个专利,数据可回溯至 1963 年。每周都有更新,每周增加来自 40 多个专利机构的 25000 多个专利。整个专利数据库分为 Chemical Section, Electrical & Electronic Section, Engineering Section 三部分,为研究人员提供世界范围内的化学、电子电气以及工程技术领域内综合全面的发明信息,由 World Patent Index(世界专利索引)及 Patent Citation Index(专利引文索引)两部分构成。

4. 法国 ORBIT

Orbit 涵盖 74 个国家的专利摘要与目录,21 个国家的专利原文。中文专利已经代码化。数据库每周更新,其中中国与韩国公布的翻译数据与官方同步。Orbit 提供 40 多个检索入口,其检索方式除了常规检索还包括美国专利商标局、欧洲专利局、PCT 的专利关键内容的检索。

Orbit 的专利分析限于 15000 条专利分析,加入了云分析概念。文本聚类很直观,有多种表现形式。有引证树分析,收录了 20 多个国家和地区的专利引证信息,可以分析目标专利前后 X、Y 类引证文件,引证信息有 IPC、ECLA、专利权人、时间四种分组方式。

5. 保定大为

《大为 PatentEX 专利下载分析系统》是保定大为软件公司自主研发的一款集专利下载、专利数据管理、专利分析三大功能模块为一体的专利信息有效利用的软件工具。在专利分析功能、专利结果管理的完善性等方面有较大优势。专利分析除包括申请人、发明人、代理机构、申请国家等常用分析外,还增加了自定义矩阵分析、公知公用技术分析、技术生命周期分析、专利申请流向分析、多局专利分析、国家创新能力分析、申请人创新能力分析、增长率一维分析、二维交叉分析、多维等特色分析。

PatentEX 直接链接到中国(SIPO 和 CNIPR)、美国 USPTO、欧洲专利局 EPO、欧洲外观设计、日本 JPO、WIPO 等 7 个国家或组织的网站,专利家族数据为 INPADOC 数据，专利数据同步更新；法律状态数据源为中国 SIPO、欧洲专利局 EPO、美国 USPTO 专利数据；引证分析数据源为美国专利。PatentEX 可以根据用户实际需求构架单机版或者局域网络版，直接链接到中国（SIPO 和 CNIPR）、美国 USPTO、欧洲专利局 EPO、欧洲外观设计、日本 JPO、WIPO 等 7 个国家或组织的网站上检索并下载数据。

PatentEX 支持专利权人、发明人等手工批量设定，系统自动完成合并。完善公司树功能，并支持专利分析，支持同族专利的展开合并，默认只分析基础专利，如果需要分析同族，可以在分析前选择；支持其他专利数据以 Excel 格式导入。

PatentEX 的分析功能体现在其能够在中国、美国、欧洲、日本、WIPO 官方专利局网站上高速下载专利并建库。按申请人等自动分类，支持自定义分类，专利存活期分析、法律状态分析、引证技术深入分析、技术生命周期分析、自定义矩阵分析、增长率分析、存活期分析、引证分析等定量分析。

6. 奥凯智慧之光本地库

专利信息本地库系统是一个专门为各类型企业提供专利信息的获取、检索、分析和管理完善解决方案的专利信息本地化平台。专利信息本地库系统能够自动、高效地抓取全球知识产权信息发布机构的原始数据，提供多样化的专利检索、多维度的专利分析，以及标签、批注、推荐等数据加工功能，帮助专利管理人员轻松定制个性化、智能化的专利本地数据库，安全高效地对专利信息进行检索与分析。该产品特色鲜明：全程服务式下载专利信息，提高本地下载的效率和稳定性；实现专利全文一键检索，轻松掌握技术动态和创新风险；提供多维度专利分析，以清晰直观的图表效果完美呈现；支持专利数据的加工与共享，促进内部专利工作的知识交流；实时专利状态预警，有助于快速制定专利布局策略。具体功能如图 9-1 所示，包括建立专题库、专利检索和分析、个人数据以及后台管理。

（1）建立专题库

本地库将中国、美国、日本、欧专局等多个国家和权威组织的知识产权信息发布机构的专利数据源抓取到本地数据库中，可以按技术领域、行业、产品等分类方式自定义建立专利专题库和导航，提高建库速度和数据整理的效率。

（2）专利检索

本地库提供有针对性的导航条设置和丰富的检索条件，让技术工程师不需要有专业的检索经验即可快速准确地检索出需要的专利信息。主要检索方式有快速检索、组合检索、高级检索、IPC 检索等。

专利检索
- 快速检索
- 组合检索
- 高级检索
- IPC检索

专利分析
- 技术领域分析
- 竞争分析
- 专利技术-功效分析
- 专利相关者分析
- 申请相关情况分析
- IPC分类号分析

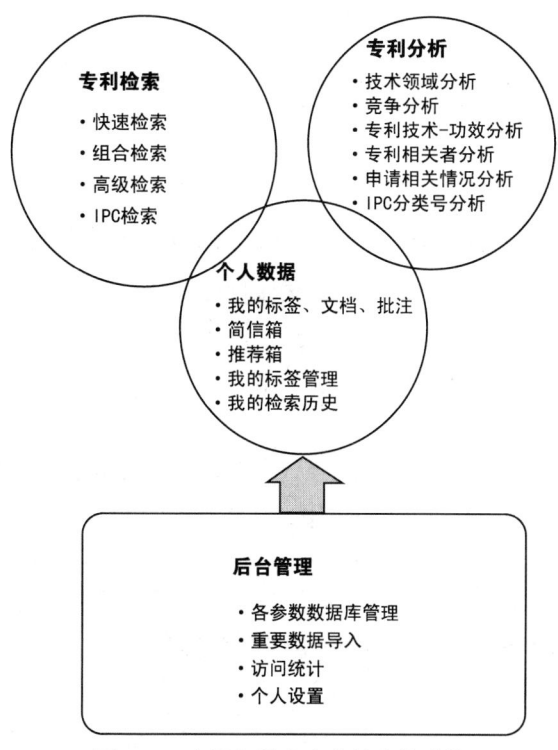

个人数据
- 我的标签、文档、批注
- 简信箱
- 推荐箱
- 我的标签管理
- 我的检索历史

后台管理
- 各参数数据库管理
- 重要数据导入
- 访问统计
- 个人设置

图 9-1 奥凯智慧之光本地库的功能

（3）专利分析

专利分析提供检索结果的精准分析，分析展现形式包括柱图、线图、饼图、堆栈图、气泡图、表格和世界地图。专利分析可根据不同分析需求，提供技术领域分析、竞争分析、专利技术-功效分析，以及申请人（组）、发明人和 IPC 分类号等进一步的统计分析，其分析结果支持以 Word 和 Excel 形式导出。

（4）个人数据

每个用户可拥有个性化的系统设置，包括账号、标签、文档、批注、检索条件、检索结果集、检索历史、分析报表模板、分析报表列表以及推荐管理等个人加工信息管理。其中，简信箱功能为用户提供站内点对点沟通平台及信息推荐和专利更新的功能。

（5）后台管理

后台管理主要是系统各项参数数据管理，包括导航管理、权限管理、数据导入和其他数据设置。用户可针对公共导航、专题库进行自定义管理，并分配访问用户的角色和权限；数据导入提供标准格式下载，实现一键导入用户、专利和 PG 检索条件；其他数据设置可对用户访问历史、未知错误和下载任务进行记录，方便系统管理员追本溯源。

9.3 专利管理系统介绍

1. 奥凯智慧之光一体化管理平台

奥凯智慧之光是知识产权全生命周期管理平台，是一个适用于企业和单位的一体化知识产权管理平台，围绕知识产权创造、管理、运用和保护进行信息化平台构建。专利管理属于其中的核心部分，包括专利提案、专利申请、专利运营、费用管理、文档管理等流程。

（1）产品特色

①采用成熟标准的 J2EE 框架，具有良好的兼容性和扩展性。

基于企业级开发的 J2EE 标准架构，知识产权全生命周期管理平台能够有效地支持与各类公共服务平台（邮件、短信、文件服务等）、知识产权业务相关系统（ERP、OA、PMS 等）的集成，以及实现可视化流程设计工具、流程管理模块、业务流程接口 API 等复杂技术，整体系统具有良好的系统兼容性和扩展性，如图 9-2 所示。

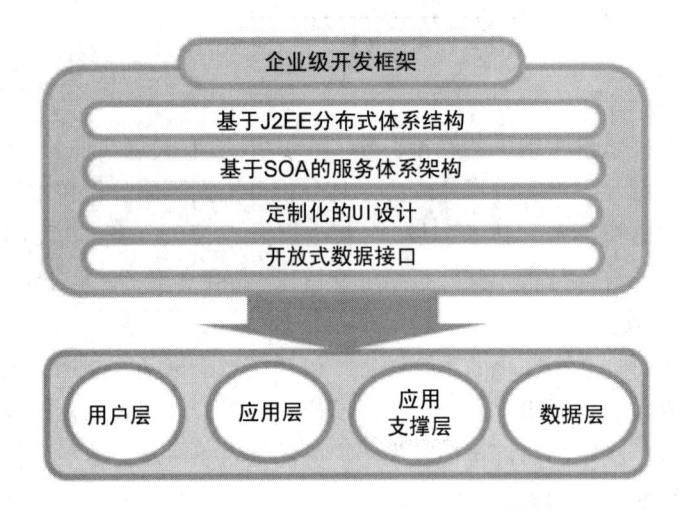

图 9-2 知识产权全生命周期管理平台开发框架

②图形化的工作流引擎，满足企业内部知识产权在线管理模式。

采用图形化工作流引擎，结合专利管理流程实现一套高效灵活的企业工作流框架，包括可视化流程设计工具、流程管理模块、业务流程接口 API，整合待办、办毕、催办等个人工作台，可进行流程发送、退回、作废等作业，以及实时追踪流程状态。

③多层级权限架构体系，支持集团机构逐级授权管理。

支持集团多层级机构逐级授权管理的权限架构体系，提供角色的权限分配方案以及特定场景的业务模式，如职务代理（代理范围、代理时限）等。基于企业级数据隔离安全策略，结合组织架构、分级权限管理，形成一个具有高安全性、可灵活配置的后台管理。如图9-3所示。

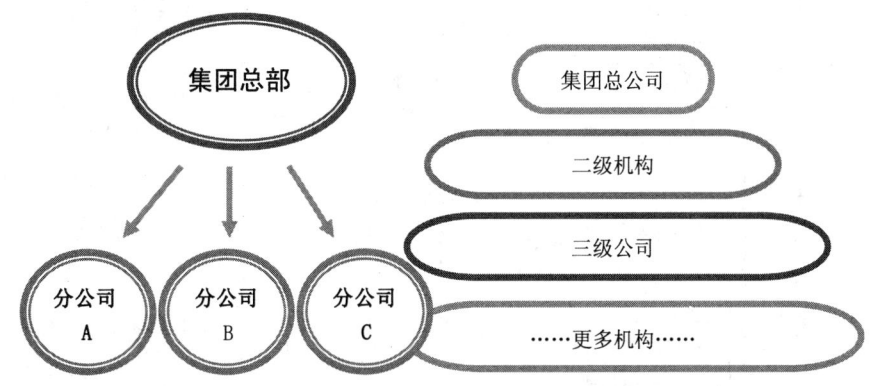

图9-3 知识产权全生命周期管理平台多层级权限架构体系

④丰富的可视化图形与报表，随时掌握专利项目监控情况。

提供各类专业图形报表，用于满足业务分析与数据统计的需要，并可定制个人报表中心。可视化图形展现，囊括十几种统计分析报图表，统计分析过程中支持动态展现和交互式操作，支持Pdf、Word、Excel等多种常用文档格式。

⑤可定制企业门户管理平台，突出企业机构间差异化特色。

提供企业知识产权信息门户构建服务，可按页面、板块、菜单等多维度定制，支持企业多层级机构间个性化、差异化的门户界面管理。

（2）功能模块

该管理系统设置门户子系统、创造子系统、保护子系统、管理子系统、运用子系统等功能模块，以实现知识产权创造、管理、运用、保护全方位、一体化管理，同时与企业其他管理系统实现无缝对接。

就专利管理而言，各子系统的具体功能模块如下：门户子系统，包括信息一站式检索、个人工作台、信息发布与推送、知识库和系统管理等模块；创造子系统，包括专利规划与布局、专利信息检索与分析、专利提案管理、全球专利申请管理等功能；保护子系统，包括企业专利库、专利无效和专利诉讼三个模块；管理子系统，包括费用管理、人才管理、绩效管理、流程管理、价值评估、提醒管理、代理机构管理等模块；运用子系统，包括专利奖励、许可管理、转让管理、质押融资管理；统计报表子系统，包括自定义分析、统计参数、图表类型、专利报告、统计报表输出等功能。

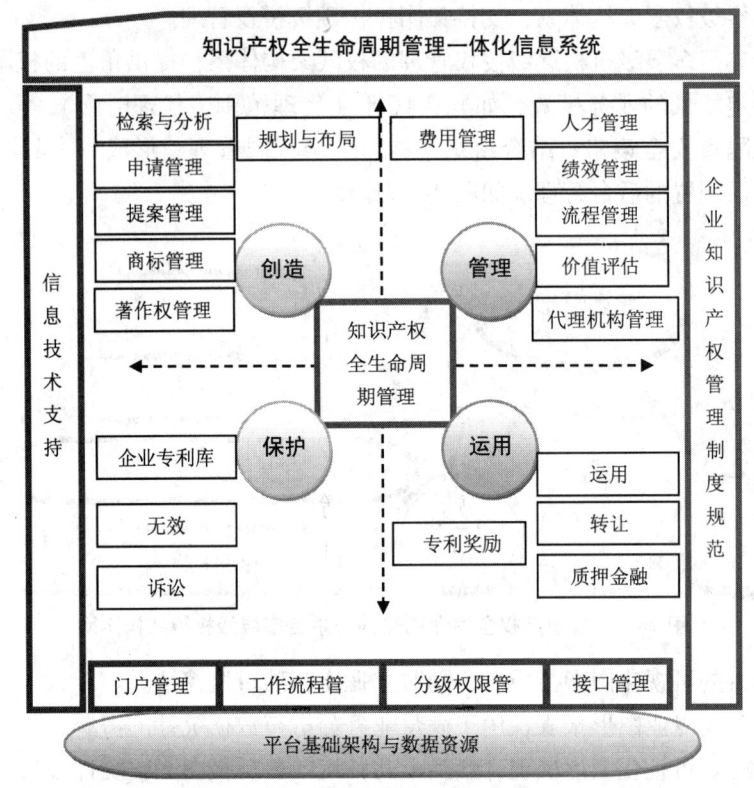

图 9-4 知识产权全生命周期管理一体化信息系统

2. 大为 IPLine 知识产权管理系统

IPLine 知识产权管理系统对发明、实用新型、外观设计从发明部门的提案接收、在国内外的申请战略分析、申请直到权利终止的全过程进行跟踪管理；对于商标在国内外申请注册、续展直到权利终止的全过程进行管理；对专利商标在中间手续、实质审查、年费缴纳等期间的各种期限进行管理；对专利商标申请、年费缴纳等过程中发生的各种费用进行管理；对发明者的奖金进行管理等。利用它可以方便准确地进行专利事务的日常管理，全面、及时、准确地把握企业知识产权现状，推动企业技术创新的发展。

该系统的主要功能如下：

（1）严密的安全管理。系统用户只能访问经过系统管理员授权的程序模块，并且只能访问自己权限范围内的系统数据、文件资料；并且系统具有安全日志功能，对系统用户进行跟踪，详细记录系统用户在什么时间在哪个画面对哪个案件进行了什么样的操作，以及具体操作的数据项目在操作前、操作后的对比情况，以便于系统安全管理及管理人员对数据的确认。

（2）强大的期限报警功能。系统用户可以根据管理需要设置各种期限的提前报警时间；当系统启动时，根据当前用户权限及设定，自动提醒用户近期需要及时处理的案件的各种期限，如中间期限、实审请求期限、登记费缴纳期限、年费期限、商标续展期限、外国各种期限等；结合强大的详细检索功能，随时把握各种期限及案件状况，提高工作效率，确保不遗漏任何一个期限，避免造成损失。

（3）方便的申请管理。对于国内专利申请，包括受理管理、申请管理、期限管理和综合检索。受理管理：提供案件从立项到决定是否申请这一期间的管理，能详细管理案件的立项情况、案件基本信息，以及通过对申请战略的分析决定对该案件所做的最终处理情况，如是申请还是作为技术秘密保留，申请时机、申请种类、申请国别等。申请管理：提供案件从申请、公布、实质审查、登记、公告、年费缴纳、放弃直到权利终止整个过程的管理。详细记录与事务所、专利局之间的中间交流（如各种通知书以及回答等），实质审查请求、复审请求、无效请求等程序情况，年费缴纳情况，放弃原因，并能统一管理申请文件、附图等资料，管理人员可以准确把握案件的进展情况，方便管理。期限管理：对国内专利申请过程的各种期限进行管理，如受理期限、实质审查期限、年费期限、中间期限等各种期限。综合检索：可以按各种编号、各种日期范围、案件状况、申请人、事务所、案件名、法律状态等条件组合对数据进行检索，快速、高效检索到符合条件的数据并打印输出，提高工作效率；并能提供检索结果数据的文本格式输出，便于与其他办公软件如 Word、Excel 的数据共享。

对于外国专利申请，与国内专利申请一样，提供受理管理、申请管理、期限管理、综合检索等功能，根据外国申请的管理特点，追加了外国法律制度管理、EPC（European Patent Convention）申请管理、巴黎条约申请管理、PCT 申请管理等功能。

（4）详细的费用管理。管理向知识产权局、事务所等所支付的各种款项。能按不同案件、部门、事务所等条件输出费用一览，进行费用的统计分析。

（5）完善的奖励金管理。系统可根据对各种案件的评估等级设定不同的奖励金标准，并可根据不同发明人所占比例，自动计算出奖励金的分配方案，打印通知书，详细记录奖励金的发放情况，并提供奖励金的统计分析功能。

（6）统计分析。对企业内部的专利分布、产品或分技术领域的专利申请量整体或某一时间范围内的变化趋势、部门及发明人的创新能力等方面进行分析，为企业经营战略、科技发展、专利战略的决策提供准确、详细的资料。

3. **彼速专利之星**

北京彼速信息技术有限公司的专利管理软件"专利之星"可以帮助企业、科研机构管理其科研提案、成果专利，以及专利申报、申请、审查、授权、实施等过程；最终能够帮助企业建立内部知识产权数据库，从而大幅提高企业知识产权的管理水平，有效保护企业的知识产权，提高知识产权工作者的效率。专利之星有以下几个功能：

（1）提案管理：管理提案信息、提案申报情况，提案审批及评审情况，提案的专利申请（包括计划和已申请情况）、提案成果的实施情况，相关电子文档。根据各项规则，自动建立时限提醒，自动进行任务分配，并且以多种方式自动提醒。

（2）专利管理：全面管理专利信息，包括专利著录项目信息、专利的特点、重要等级、状态、技术类型、技术特征、技术领域、产品类别、发明目的、技术特征图、专利提案及承办人、委托代理机构的情况、专利申请流程及完成状态等，自动建立并打印专利档案；具有完整的流程管理，专利文档管理，专利时限管理，专利费用管理，缴费评估管理，专利评估管理，发明人奖金管理，专利资助金管理，专利实施管理。

（3）统计分析：多类统计如成果、专利、费用、时限、许可实施等，各种权重趋势均可进行统计分析，一目了然。

（4）统计图表：自动计算并生成 3D 视图，并可灵活导出统计图和统计数据。

9.4　大型企业专利管理的信息系统建设

9.4.1　大型企业专利管理信息系统的必要功能

无论是从规模还是从资金流来看，大型企业都有着不同于中小型企业的特点，单单是市场占有量而形成的主体地位都是一般企业所不能比拟的。大型企业，尤其是资源型为主导的大型国有企业，其专利管理通常而言资金投入大而创造价值高，风险豁免的可能性也较大。为了最终能将专利信息物化为企业的设计资源，需要建立大型企业专利信息库对专利信息加以保存，并建立管理的接口。基于企业专利库的信息资源能快速检索到相关设计信息的专利列表，进而为企业新产品的研究设计提供设计思路与侵权避让参考。另外，系统还应集成企业专利管理相关的任务，如专利缴费、专利申请书模板、失效专利提醒等，同时与企业管理的其他系统衔接为一体。

首先，大型企业的专利管理系统应当具有良好的底层数据结构设计，通用的专利管理逻辑和美观、便于维护与更换的用户界面，三层体系结构层次分明，且具有以下主要功能：

专利信息录入：设计录入接口，建立通用的产品专利分析过程，依次将专利中的基本信息、设计信息等提取出来，录入专利库，成为企业的设计资源。

专利信息查询：提供方便快速的专利基本信息检索和保护特征、设计信息的检索。

专利信息浏览：为设计人员提供方便的关键图档、保护特征以及标注浏览界面，并提供其他信息的快速查看链接。

专利信息对比：采用设计良好的信息比对界面，显示要比对的专利，给设计人员比较直观的信息表达，提供设计思路以及侵权参考。

专利知识库管理：区分过期的专利库、企业的专利库和总专利库，提供专利编辑功能。过期的专利库到期自动采纳，并能在设计人员登录系统时提醒，如企业专利缴费提醒等。

新专利申请书生成：提供申请书的模板，输入保护点和图档等信息，自动生成格式良好的专利申请书。

其次，系统主框架根据企业相关部门的实际需求，主要分为三个模块：专利信息录入模块、专利信息检索浏览模块和专利库管理模块。

专利信息录入模块用以实现图档专利文献的数字化、基本信息提取、保护特征提取和标注保护特征信息，为其后基于保护特征所进行的检索提供条件。专利信息录入平台在使用前期，因为需要录入大量现有的专利信息，且录入时需专业设计人员与计算机交互，所以使用频率较高。在使用后期又会因为新的专利申请逐渐减少，而使专利信息录入平台的使用频率下降。该模块的使用人员（用户角色）是企业设计部门的设计师，拥有该类产品设计的相关知识，在录入过程中，系统将辅助设计师依次提取专利的基本信息、设计信息和隐藏的规则信息，最后由设计师确认添加一个完整的专利对象（包括专利基本字段、专利保护特征信息、专利原始文档等）到企业的专利数据库中去。专利信息录入模块的目的即解决将外部的专利资源转化为企业内部的设计信息资源问题，为其他系统功能模块提供数据基础。

专利信息检索浏览模块用以提供专利常规著录项的检索、基于保护特征的检索、基于保护特征和保护特征标注的图形界面浏览，和两个或两个以上专利信息比对等功能。该模块一般提供三个查询入口：关键字快速查询、基本信息组合查询和基于保护信息组合查询。用户在 UI 层输入或选定要查询的条件，BL 层负责将这些用户输入转换成对应的 SQL 查询语句，DAC 层则负责执行上面得到的语句，取得查询的数据。检索最后所得的专利信息列表采用统一的显示方式，共四个专利信息字段：专利号、专利名称、申请日期和摘要概略。另外还可以提供查看、比对和下载等其他操作选项。

专利库管理模块用以提供一般的数据维护功能，包括数据的修改和与专利信息录入平台录入功能类似的专利信息添加功能，另外还包括专利失效提醒、企业专利缴费提醒和新专利生成等功能。

最后，专利管理系统应当进行相应的信息安全维护。信息安全的问题是不容疏忽的，专利经营的信息安全从某种角度上是指商业秘密的保护问题。美国竞争情报专家富德所设计的一种"信息泄露公式"曾刊登在《新竞争情报》上，它以信息泄露计算表的形式得出这样一个结论：公司每年有大量的信息泄露，这是毋庸置疑的，其中有相当一部分会对公司造成伤害。❶ 这种伤害往往是流动性很大的"人"造成的，一部分是公司内部有意或是过失的工作人员，另一部分则是具有窃取保密信息意图的外部专业人员。

一方面，应当建立对信息安全的合同管理。合同管理往往在处理公司内部员工关系、外部贸易往来的活动中发挥着保护信息安全的重要作用。这些保障安全的合同常常表现为保密合同或是保密条款，而公司针对其内部人员还可以竞业禁止合同的方式进行，单独签订合同或者作为劳动合同的一部分。

另一方面，必须采取有效的信息安全执行措施。例如在信息接触方面，应当建立相应的信息接触制度，分为不同等级的员工和不同性质商业秘密来管理，其安全措施诸如设立门卫、限制出入等；再如在信息披露方面，应当建立员工对商业秘密相对了解的前提，并建议公司不得随便或者擅自允许员工交流自控的信息，对外披露必须签订保密协议或是经过企业的审查，同时提醒员工谨慎行为、避免泄密等。❷

9.4.2 大型企业专利管理信息系统的发展方向

1. 管理咨询在先

2013年，随着国家到地区的"创新知识企业知识产权管理通用规范"编撰贯彻评审工作的开展，国家开始着力培育服务企业，为实现高新技术服务业市场化的发展，打造具有国际影响力的知识产权服务企业和品牌，而督促各大型企业在管理信息系统的建设方面立足于诊断现状，明确形势，认清自己在市场中的定位，以此为基本点而准确确定制度，辅之以管理制度，并确保整个系统的顺利实施。

大型企业专利管理信息系统的建设需要以管理咨询服务为基础，以各种专利信息服务平台为工具，实现专利信息从获取、检索、分析到管理的全流程控制。

---

❶ 曾忠禄. 公司竞争情报管理 [M]. 广州：暨南大学出版社, 2004：279-280.
❷ 袁真富. 专利经营管理 [M]. 北京：知识产权出版社, 2011：97-98.

2. 一体化管理

大型企业通常体现为集团型多层级机构，最有效的专利管理莫过于一体化管理，即将专利管理信息系统部署在集团总部，设定各分支机构使用权限，实现专利多层级管理。此处的一体化管理包括专利信息检索分析系统与专利管理系统的一体化、专利管理信息系统和关联系统一体化（如科研管理系统、人力资源系统）等。首先，专利信息检索分析贯穿于专利的开发、申请、维护、运营和保护等各项事务工作之中，专利信息检索分析系统和专利管理系统融合在一起，是有效进行专利管理的必然要求。其次，专利管理不仅涉及专利本身，而且贯穿于企业研发、采购、生产和销售整个经营过程，专利管理信息系统应该与企业的经营管理系统对接，实现整个企业的一体化管理。

第十章 大型企业专利战略管理

专利战略是为获得与保持市场竞争优势，运用专利制度提供的专利保护手段和专利信息，谋求获取最佳经济效益的总体性谋划。❶ 随着技术在经济增长中的作用日益重要，大型企业面对的竞争逐步由资本竞争、成本竞争转向以技术为主导的竞争。在此环境中，将专利作为一项财产加以战略性管理，重视专利战略的运用实施，将有助于提高大型企业创造和运用专利的能力，从而取得专利竞争优势，赢得市场竞争的有利地位。

10.1 大型企业专利战略的制定与实施

专利战略是一项需要大量投入且短期内难以见效的工作。由于拥有资金、技术等方面的优势，大型企业较之中小企业更具备综合利用多种专利战略，以实现经营目的的能力。因此，大型企业应结合自身的实际情况，因地制宜地制定、实施与自身的总体经营战略相匹配的专利战略。

10.1.1 大型企业专利战略的制定

1. 大型企业专利战略制定的原则

大型企业专利战略的制定应遵循系统、平衡和权变三个原则。

第一，系统原则。大型企业往往具有经营管理模式多样、组织结构形态复杂、人员众多且隶属关系复杂等特点，其专利战略的制定是一项系统工程，应建立在对内外环境进行分析、预测的基础上。一方面，要基于对企业内部产品、技术、人才、经济实力等内部条件的研究和评估，明确企业专利工作现状，恰当评估企业创造和运用专利的能力，分析企业在专利竞争中的优势与劣势；另一方面，要在充分的专利情报检索和分析、市场调查、技术发展预测、行业分析的基础上，通过对外部环境进行分析，找到企业开发、申请与运营专利存在的外部机

---

❶ 冯晓青. 企业知识产权战略 [M]. 北京：知识产权出版社，2001：58.

会和威胁。

第二，平衡原则。大型企业由于机构庞大、业务种类繁多，因此要求在制定专利战略目标时进行两种平衡：①专利战略目标与其他经营战略目标之间的平衡。企业仅仅靠专利战略是不能在市场竞争中取胜的，专利战略应从属于总体经营发展总战略，与企业经营的其他战略综合运用，共同受经营战略目标的制约和指导才能取得最佳效果。②近期目标和远期目标之间的平衡。只顾近期目标而不考虑长远需要，企业难以在未来继续生存；相反，只考虑远期需要而不兼顾近期需要，企业则将难以为继。因此，大型企业专利战略目标的制定必须同时兼顾长短期利益，既适用于当前的发展阶段，又有利于长远发展的实现。

第三，权变原则。尽管企业专利战略具有一些通行的规律，但它不同于具体的管理方法和手段，没有一个固定不变、通用的模式。大型企业由于具有规模大、组织结构复杂、缺乏灵活性、对环境变化适应性差的特点，更应结合自身的实际情况科学地制定专利战略，具体包括科技实力、企业类型和规模、产品优势、经营风格、经营实力等，才能使制定出来的专利战略落到实处。

2. 大型企业专利战略制定的主体

大型企业专利战略与其总体经营战略及品牌战略、技术创新战略等诸多子战略有着密切的联系。因此，若由大型企业的高层领导、中层管理人员、专利工作人员或技术人员单独制定专利战略，都难免会顾此失彼，存在某些缺陷。比较可行的做法是，由上述人员组建一个团队，综合从技术、管理、法律三个方面制定出具有较强的可操作性的专利战略。

特别值得注意的是，大型企业专利战略制定的团队中，通常应有企业的高层主管领导。因为这关系到制定的专利战略能否受到大型企业领导层重视的问题，如果领导层不重视专利战略，那么专利战略即便制定得再好也将难以发挥作用。

3. 大型企业专利战略制定的方法

大型企业制定专利战略可采用多种不同的方法，常见的有SWOT分析法、头脑风暴法、定量战略计划矩阵法等。

（1）SWOT分析法

SWOT分析法是管理学中的一种战略分析方法，包含的四个方面分别是优势（strengths）、劣势（weaknesses）、机会（opportunities）和威胁（threats）。该方法基于对企业内部条件和外部环境的综合分析，按矩阵形式罗列，运用系统分析方法将各因素相互匹配，制定未来发展战略。大型企业通常具有其自身特殊的优劣势，优势包括规模经济优势、资金优势、技术优势、人才优势、产品优势、成本优势、管理优势等，而劣势则有管理成本高、市场适应性差等。将SWOT分析法运用于大型企业专利战略的制定，可充分认识、掌握、利用和发挥大型企业专利创造与专利运营的有利条件和因素，控制或化解不利因素和威胁，以达到扬长避短、趋利避害的目的。

（2）头脑风暴法

头脑风暴法是一种集体创造性解决问题的方法，指一群人或一个人运用脑力，作创造性思考，在短暂的时间内对某项问题的解决提出大量构想的技巧。[1] 运用该方法的核心在于四项原则：自由思考、延迟批判、量中求质、综合基础。大型企业具有人才优势，可利用这一方法制定专利战略。

运用这一方法制定专利战略时，一方面应遵循以上四个原则，另一方面也应注意与会人员的确定问题，即要使企业中与专利战略的实施有关的各方都能参与到会议中。

（3）定量战略计划矩阵法

定量战略计划矩阵法是一种战略决策阶段的分析工具，用以指出哪一种战略是最佳的。该方法的分析原理是将制定的各种备选战略分别评分，得分的高低反映战略的最优程度。

大型企业利用 QSPM 矩阵方法制定战略，应按表 10-1 的格式制作表格：顶部一行为可行的各备选战略；左边一列为关键的外部和内部因素。值得注意的是，QSPM 对备选战略的数量和战略组合的数量都没有限制，分析结果也并不是非此即彼的战略取舍，而是一张按重要性和最优程度排序的战略清单。

表 10-1　定量战略计划矩阵

关键因素	备选战略				
	权重	战略 A	战略 B	战略 C	战略 D
外部因素					
因素 1					
因素 2					
因素 3					
……					
内部因素					
因素 1					
因素 2					
……					
总计					

---

[1] 杨德林. 创意开发方法 [M]. 北京：清华大学出版社，2006：220.

4. 大型企业专利战略制定的程序

大型企业专利战略的制定一般包括确定目标、环境分析和方案选择三个步骤。

第一，确定目标。制定专利战略的目的是获得专利竞争优势。大型企业一般会采取多样化经营战略，针对不同的业务单元的经营目标，大型企业专利战略可能有多种不同的任务，具体包括：针对某一特定产品赢得市场竞争优势，或在专利战中避免侵权诉讼，或利用专利许可获取最大的经济利益，等等。因此，大型企业制定专利战略的第一步，即要确定战略的目标体系，明确总目标和各目标之间的关系，以确定具体策略的方向和现实的意义。

第二，环境分析。在确定战略任务目标后，大型企业专利战略的制定需要对其内部条件和外部环境进行综合分析。大型企业内外部的环境要素很多，内部因素有企业资本实力、研发能力和市场开拓能力等；外部环境因素有政治、经济、技术及竞争等。这些环境要素对不同的企业而言，其关联程度并不相同。大型企业在制定专利战略时，应在所有环境因素中选择与其制定专利战略密切关联的因素，将其分离出来，为其制定合适的专利战略提供依据。

第三，方案选择。大型企业专利战略的制定应在对内外部环境进行分析后，基于既要利用环境机会和内部优势，又要尽力将环境威胁和内部劣势的影响减到最小的原则，基于综合掌握的情况确定最佳的专利战略方案。具体包括专利技术开发策略、专利申请策略、专利实施策略、专利防御策略等。

10.1.2 大型企业专利战略的实施

1. 大型企业专利战略实施的主体

大型企业经济实力强，通常不仅有一定的专利人才储备，而且有能力培养和引进所需要的专利人才。大型企业应充分利用自身优势，建立专门负责专利管理的工作机构，作为实施专利战略的组织保障。

专利管理机构在大型企业专利战略的实施中担负着重要的职能，可根据不同职能的需要对大型企业专利管理部门进行部门化。例如，设立信息部负责调查分析，跟踪行业的技术及专利技术动态，定期和不定期提交调查报告；设立策划部为决策层的经营决策提供相关意见；组建运营部负责管理监督，制定企业的专利工作计划并监督指导、实施、控制；设立法务部负责专利法律事务的处理，包括企业专利的申请、许可、转让、实施、纠纷处理等。

2. 大型企业专利战略实施的方式

由于具有组织庞大、地域分散、人员众多等特点，为提高专利战略实施效率和效果，大型企业实施专利战略可根据实际情况，采取统一管理和分散管理两种不同的方式。

(1) 统一管理。大型企业的专利管理部门对专利战略进行统筹规划，统一负责专利开发、申请、实施、授权、日常管理等活动。如IBM公司，在美国本土公司总部设有专利管理部门，并在欧洲、中东、非洲地区、亚太地区设有其分支机构。没有设置分支机构的国家和地区，则由该地区的知识产权管理部门的代理人管理，或是由邻近国家的知识产权管理部门负责。专利管理总部对全球各子公司的专利部门严格要求，除要向总部做业务报告外，还要执行总部统一的专利政策，并接受总部极强的功能性管理。

(2) 分散管理。大型企业常常会有不同的事业部门，分散管理即适用于各事业部各自为政的情况：专利管理部门制定总体专利战略后，对各事业部下属的专利工作部门充分授权，由事业部的专利工作部门对本事业部拥有的专利事务进行管理。如东芝公司，除在日本设有专利体系外，还设有海外专利体系。其海外专利体系分为两部分：一部分在华盛顿、西海岸设立专利事务所；另一部分则在欧美的子公司内设置专利委员会，负责制定当地企业专利管理规则，定期讨论相关问题。专利管理本部则通过各委员会、研究会协调各事业部之间的联系，同时，对各事业部负责专利工作的人选有决定权。

3. 大型企业专利战略实施的评估

大型企业组织层级较多，在专利战略实施的过程中，应适时对情况进行追踪调查和评估，以确保从上层管理到基层管理的每一个环节都能较好地执行战略的具体措施。具体工作包括：制定出战略的评价标准体系，检查目前的绩效与标准进行对比，定期召开专利战略工作会议，总结专利战略实施中的经验教训，并及时反馈到下一步的专利战略实施计划之中。

4. 大型企业专利战略实施的注意事项

大型企业在实施专利战略的过程中，应注意以下两个问题[1]。

第一，技术和市场情况的变化。技术和市场的变化是动态的，而专利战略的制定是静态的。大型企业专利管理部门应利用自身的专利信息资源优势，重视对专利情报和市场经济情报的收集、整理和分析，及时掌握竞争对手的技术发展和市场占有情况，以便采取相应的对策。

第二，资源配置状况。大型企业拥有资金、人才、专利技术等资源优势。如何有效地配置资源，发挥资源的最大效用，保证专利战略实施方案的正常运行，是大型企业专利战略实施过程中的重要议题。

---

[1] 冯晓青. 企业知识产权战略 [M]. 北京：知识产权出版社，2001：68.

10.2 专利信息战略

专利信息是以专利文献作为主要内容或依据,经各种手段处理而形成的与专利有关的各种信息的总称,它集技术、法律和经济信息于一体,蕴含了极大的使用价值。专利信息具有数量巨大、内容广博、技术信息新颖且完整、格式统一规范而便于检索和阅读等特征。[1] 大型企业往往设有专门的专利管理与情报部门,因此具备积极实施专利信息战略的组织条件。

10.2.1 提高研发质量的专利信息战略

大型企业科研基础条件较好,科技实力较强,往往会投入大量的资金和人力用于研究开发。有研究发现,有效运用专利信息,平均可缩短60%的研发时间,节省40%的研发费用,甚至可以实现跨越式发展。在科研立项或新产品开发之前,通过对专利信息的检索分析,可以了解现有技术状况和发展趋势,确定攻关重点,选准研发项目,避免重复研究和低水平开发,节约经费,少走弯路,创新具有市场价值的新产品或新工艺,形成自主知识产权。

一个典型的例子是北大的王选教授。他在发明激光照排技术时,检索了国外所有的照排专利文献,发现共有4代技术:20世纪40年代问世的"手动式",50年代的"光学机械式",60年代的"阴极射线管式",70年代开始研究的"激光照排"。于是他从高起点研究,及时申请中外专利保护,实现了世界领先的跨越式发展。又如,北京低压电器厂在开发漏电保护开关产品初期,由于忽视了对专利文献的调研,花了整整一年的时间仍未找到理想的技术方案,后来他们利用了7天的时间,查阅了大量有关的专利文献,并从中筛选出六七篇参考价值较高的专利,在专利文献的启发下,仅用了3天的时间就制定出可行的技术方案,又在此基础上进行了进一步的创新,并申请了专利。

反之,在科研立项之前不进行专利查新,就可能导致科技资源的人为浪费和低水平的重复研究。例如,四川省某物理研究院下属的环保所于1997年准备开发一项环保技术,历时4年,前后共投入科研经费2500万元,终于成功研制"电晕放电脱硫脱硝技术"。该项技术对于烟尘的治理、保护环境作用极为明显,有着广阔的市场前景。然而,当环保所准备大力推广该项技术并打算申请专利

---

[1] 李建蓉. 专利文献与信息 [M]. 北京:知识产权出版社,2002:8.

时，才发现日本一公司早在1988年已就相同的技术在中国申请了专利。这一情况使环保所处于进退两难的境地。

10.2.2 为帮助专利申请的专利信息战略

创新性的科研成果是专利申请的基础，没有足够的研发投入，没有强大的创新能力，就不可能产出有价值的创新成果，后续的专利申请也就无从谈起。大型企业由于拥有较强的经济和技术实力，往往在有了发明创造时，需要考虑是否利用专利制度获得专利权、申请何种专利、何时申请专利、在何地申请专利等问题。在专利申请之前进行专利信息检索，不仅有助于回答上述问题，而且可以确定所申请的产品技术是否具有专利性和保护范围的准确度，从而减少申请的风险，提高申请质量和获权的可能性，以有效地保护发明创造。例如，美的集团在专利申请前要进行相关的专利检索及分析，以了解现有技术情形并提高各专利申请案的有效性以顺利取得专利，建立有效的专利部署。

10.2.3 用于专利诉讼的专利信息战略

作为国际市场的主力军，大型企业也往往成为国际专利诉讼案件的主角。当他人侵犯专利权时，作为专利权人的大型企业可以通过诉讼依法保护自己的合法权益；而当大型企业被控侵权时，则应该合理应对专利权人的侵权指控，维护自身合法权益。

大型企业无论是作为专利权人还是被控侵权人，在处理专利诉讼时，均需提供证据，因此，需要运用专利信息。一方面，在专利侵权诉讼中，原告的诉讼请求往往是要求被告停止侵权行为以及赔偿损失，根据"谁主张谁举证"的规则，原告需要就此举证，而原告搜集证据的一项重要工作就是要进行专利信息的检索与分析。另一方面，专利信息检索往往可为被控侵权人否定起诉方的专利，同时也可为反诉他人专利无效与之抗衡提供依据。当企业面对专利诉讼时，应对起诉方的专利状态进行调查。调查内容包括：专利是否获得授权，在哪些地域范围有效，是否失效或者过期；接着，分析专利保护的范围，对侵权产品与权利要求进行对比分析，对侵权的可能性进行评估，并分析是否可以申请无效宣告。

10.2.4 寻找合作伙伴的专利信息战略

面对激烈的市场竞争，大型企业在研究开发领域往往选择寻找合作伙伴，以实现资源互补、降低风险。在此过程中，合理运用专利信息分析，将有利于合作取得更好的效果。

（1）通过专利信息寻找战略合作者，从而以强有力的研究开发优势取得技术研发成果并形成产品占领市场。例如，克罗地亚 Pliva 公司研制开发了"阿奇霉素"并在 20 世纪 80 年代初取得了专利保护，但该公司缺少资本打入国际市场。美国辉瑞公司从专利文献中发现了这项专利，意识到了巨大的市场潜力，及时与 Pliva 公司合作，最终获得了双赢。

（2）在引进技术过程中，对引进的技术进行专利检索，对该技术的创造性及法律状态进行仔细研究，避免引进没有价值的技术或失效专利。例如，我国引进英国皮尔金顿玻璃公司的浮法玻璃生产技术，英方一开始索要 2500 万英镑的技术入门费。我方情报人员检索专利文献后发现，英方转让技术中的 137 项专利，其中有 51 项已经失效，占全部转让专利技术的 37.2%，最后迫使英方将入门费降至 52.5 万英镑。又如河北省石家庄市某印染厂准备与德国某公司以补偿贸易形式进行为期 15 年的合作生产，规定由外方提供黏合衬布的生产工艺和关键设备。该工艺包含了大量的专利，初次谈判时对方要求我方支付专利转让费和商标费共 240 万马克。我方厂长马上派人对这些专利进行了专利情报调查。调查发现其中的主要技术——"双点涂料工艺"专利的有效期将在几年后到期失效。在第二轮的谈判中，我方摆出这个证据，并提出降低转让费的要求，外商只得将转让费降至 130 万马克。

10.3 专利进攻战略

专利进攻战略是指企业利用与专利相关的法律、技术、经济手段，积极主动地开发新技术、新产品，并及时申请专利取得法律保护，抢先占领市场，维护自己在市场竞争中占主动的优势地位和垄断地位，以获得最大的市场占有份额。国外具有较强经济实力、技术上处于领先优势的大型企业常采用此种战略。

10.3.1 基本专利战略

一般认为，基本专利是前所未有的、独创性非常高的发明，它具有广泛应用的可能性和获得重大经济效益的前景。❶ 如 DVD 中的编解码技术，照排系统中的汉字压缩和复原技术等。基本专利战略是指企业以某项技术或某件产品的核心技术的研究开发为基础，将其研究开发的核心技术申请专利并取得专利权，以此获得其所属领域的支配地位的战略形式。❷ 这一战略要求实施主体具备较高的研发

---

❶ 戚昌文、邵洋. 市场竞争与专利战略 [M]. 武汉：华中理工大学出版社，1995：14.
❷ 朱雪忠. 企业知识产权管理 [M]. 北京：知识产权出版社，2008：229.

能力和风险承受能力，大型企业一般具有较强的技术研究和开发能力，能够预测和把握所属技术领域的发展方向，并且具有一定的经济实力，不仅能够支撑企业的研发活动，而且能承受可能造成的损失，因此具备采用基本专利战略的一般条件。

由于基本专利往往是某一技术领域中具有先导性和基础性作用的专利，具有难以替代的特征，企业通过开发和申请基本专利享有法律赋予的排他权，可以达到排除竞争对手和最大限度地占有市场份额的目的，从而在激烈的技术竞争中取得垄断地位和支配权。例如，美国哈那威尔公司曾通过运用这一专利战略令其日本竞争对手付出了高额的代价。哈那威尔公司在取得自动对焦技术专利权的基础上，于1987年4月向美国明尼苏达州地方法院起诉美能达公司（该公司于1985年2月在美国市场开始销售一种带有自动聚焦功能的照相机），指控被告侵犯了其专利权。双方于1992年3月达成和解协议，根据协议，美能达公司一次性付给哈那威尔公司1亿多美元的和解金。此后不久，哈那威尔公司又相继对尼康、佳能等多家日本照相机企业展开专利诉讼，迫使这些企业支付了巨额的和解金。此外，哈那威尔公司还威胁对日本摄像机制造商采取同样的行动。最终，哈那威尔公司从其自动对焦技术这一基础专利中获得了高达10亿美元的收入。又如美国的高通公司，利用手握3G三大标准都无法绕开的CDMA核心技术专利，2004年共获得4.15亿美元的WCDMA专利使用费。

10.3.2 专利网战略

专利网战略是围绕某个技术领域提出大量的专利申请，编织一张严密的专利网，尽可能覆盖该项技术未来的应用领域。❶ 这一战略的实施要求战略主体具有技术力量强、管理水平先进、资金人才丰富等优势。因此，大型企业较之中小企业更具备实施专利网战略的条件。

专利网战略主要有两种类型。第一种是拥有基本专利的一方，在自己的专利周围设置许多原理相同的小专利组成专利网，抵御他人对基本专利的进攻。例如美国施乐公司在其静电复印机的基本专利周围，不断地补充改进专利，形成了坚固的保护网，使得在其基本专利到期后，其他企业仍无法越过此保护网利用该公司的基本专利去制造商品。又如，朗科作为USB闪存盘的发明者及基础专利的拥有者，在闪存应用及移动存储领域不断进行研发并申请专利，形成了以闪存应用及移动存储技术为核心的专利网，在闪存盘、固态硬盘、数字音视频播放设

---

❶ 徐红菊. 专利权战略［M］. 北京：法律出版社，2009：86.

备、汽车电子、家庭音响、机顶盒、无线应用、手机、电视机、数码相机、GPS导航仪等方面进行了大量的研发工作，提出了大量的专利申请。专利网形成了技术壁垒和技术保护，有效地防止了竞争对手的进入，并构成了朗科发展的长期原动力。第二种则是在他人基本专利周围设置自己的专利网，以遏制竞争对手的基本专利。例如，日本东阳公司围绕德国某公司的"转子发动机"的基本专利开发出大量的实用化技术专利，组织反包围，反而使东洋公司在该发动机的商品化阶段能和德国公司分庭抗争。

具体来说，大型企业制定专利网战略要考虑以下问题。

(1) 确定专利网的开发方向。在制定专利网时，可以考虑从以下三个方向进行专利技术的开发：基础专利技术有无改进的可能以及改进的方向；发明可能涉及的新的应用领域，有可能开发的新产品、新用途；支持该项发明实施的相关技术和材料的发展有无改进的可能、改进的方向与途径，有无替代的材料。例如，韩国的三星公司并不是 DVD 3C、6C 等专利许可联盟的成员，可以说三星并没有掌握 DVD 技术领域的核心专利技术。但该公司通过大量收集 DVD 相关技术的专利情报并积极分析，寻找技术突破的机会，于 1997 年获得 DVD 激光头技术领域的专利授权（专利号为 US5665957）。该发明借鉴了日本、美国和德国的光学扫描头、光学寻址、光学读取、光学转换器、纠错装置、分层读取装置原理等 17 个相关专利技术，10 年间得到了 58 次引用，在他人核心技术专利周围形成有效的专利包围。

(2) 协调专利网的大小和密度的关系。构建一张又大又密的专利网需要企业具有较强的技术实力和经济实力。在专利数量相同时，网的范围越大密度就越小，空白点越多，给竞争对手留下的机会就越多，保护强度就越弱。因此，如果企业暂时缺乏构建大而密的专利网的能力，应适当缩小专利网的范围。

(3) 恰当选择专利网的开发形式。大型企业在编织专利网时，应根据自身的能力，选择一次性织成或逐步织成两种不同的方式。前者可在竞争对手没有准备的情况下占据市场，但风险也相应较大，因为其他组织也有可能再开发相同的技术，并抢先申请专利。因此，企业通常只有在技术绝对领先的情况下才适合选用这种方式。后者是企业在基本专利尚未公开或公开不久之时，申请一些重要的外围专利，然后在这些重要外围专利尚未公开或公开不久时，再申请下一层外围专利。这样一方面可以使重要的专利先申请从而先受到保护，另一方面还可以延长保护期。

10.3.3 专利许可、转让战略

专利许可是指在不转让专利权所有权的情形下让渡专利权中的财产权的一种

专利实施方式；专利转让是指专利权人作为转让方将其专利的所有权移转受让方。拥有专利权的企业实施专利许可、转让能够为自己带来丰厚的利益回报，实现专利资产的利益最大化，并实现专利技术的独占垄断权。专利许可、转让战略指的是将企业拥有的专利权作为商品积极推销，通过积极、主动地向其他组织许可、转让来获得经济效益的战略。

大型企业通常会出于以下三种原因考虑实施这一战略。第一，获取许可、转让费。许多大型企业每年的专利申请量与授权量都十分庞大，由于生产能力与市场开拓能力的限制，或出于其他考虑，对于这些专利，企业往往不可能全部实施。于是，在符合企业经营宗旨的前提下，以专利许可或转让的形式使企业获得一定的经济收益就成为一种不错的选择。以惠普公司为例，该公司2003年成立专门营销专利权的部门后，每年的获益从5000万美元增至2亿美元。惠普向亚洲数家厂商许可了其troll技术，两年半的时间里共进行了2500起专利许可贸易。❶ 第二，推广和普及专利技术。通过进行专利许可、转让，可以大力推广和普及该专利技术，提高该专利技术在其技术领域内的影响力，有助于该专利技术战胜其他替代技术，从而成为技术标准。例如，录像机中VHS带和BETA带的开拓者就通过广泛地转让自己的专利技术加速了技术标准化。❷ 第三，实施交叉许可。专利交叉许可是专利许可的双方当事人以其自身拥有的专利技术，在互惠互利的基础上相互交换专利的实施权。交叉许可通常是在产品或产品生产过程中，拥有专利权的双方需要对方拥有的专利技术时，互相有条件或无条件地容许对方使用本企业技术特别是专利技术的协定。对协议双方而言，交叉许可具有以下作用：规避双方相互阻止新技术开发、新产品生产或引起诉讼等阻碍市场竞争行为的产生，特别是在包含有许可费的交叉许可协定中，协议双方都可以自由竞争而不必担心自己的技术或技术产品会引起侵权诉讼或支付不必要的许可费等。❸ 微软与IBM公司的合作就是交叉许可的典型范例。❹ 通过在IBM出售的个人电脑上使用微软的"MS-DOS"操作系统，一方面，IBM个人电脑上安装此系统后，其用户很快熟知并喜欢上"MS-DOS"操作系统，使IBM个人电脑的销售份额空前增长；另一方面，微软公司的"MS-DOS"操作系统也随着IBM个人电脑销售份额的增加而轻而易举地占领了市场，令微软公司通过授权许可使个人电脑的最大市场使用自己的技术，在某种程度上控制了本行业的发展方向，并且通

---

❶ 徐红菊. 专利权战略学 [M]. 北京：法律出版社，2009：101-102.
❷ 冯晓青. 企业知识产权战略 [M]. 北京：知识产权出版社，2001：76.
❸ 岳贤平，顾海英. 国外企业专利许可行为及其机理研究 [J]. 中国软科学，2005（5）：89-94.
❹ 徐红菊. 专利权战略学 [M]. 北京：法律出版社，2009：104.

过对技术的改进和创新，对本领域市场的发展不断施加影响。

10.3.4 专利与商标相结合战略

专利权与商标权虽有不同的作用，但均具有独占性，且都涉及产品生产领域。大型企业往往拥有知名商标，在实施专利战略时，若能使之与商标战略相结合，则往往会取得更好的效果。具体而言，专利与商标相结合的战略主要包括以下两种结合方式。

1. 专利与商标捆绑许可

企业在进行专利许可时，可同时进行商标许可，要求被许可人在专利产品上一并使用企业的商标，以此来提高企业的市场占有率和扩大企业商标的影响；高品质的专利产品有助于提升企业商标的品牌价值；而商标的信誉也会推广这种专利产品。例如，拥有DVD音频专利的美国杜比公司要求所有取得其许可的产品必须在显著位置使用其商标"DOLBY"，并对专利和商标共同收费，否则就不能通过许可和认证。❶

2. 利用商标权承接专利权

专利权具有排他性，但也有时间限制，过了保护期任何人都可以无偿使用。大型企业可在专利保护期内利用专利权的专有性形成产品的市场垄断优势，同时创立名牌商标效应，在保护期届满后，则可利用商标权延续对市场的控制。例如，先灵葆雅公司在其风靡市场的拳头产品抗组胺药的专利到期时，将该药由处方药转为非处方药并大幅增加了广告，使消费者基于品牌而不是药品的通用名称作出选择。此外，企业也可以选择专利涉及的内容注册商标。一个典型的例子是，得而达水龙头公司拥有一项单手柄鹅颈形状冷热混水水龙头的专利，在1980年该专利即将到期时，该公司将单手柄鹅颈形状注册为商标。❷ 我国的朗科企业也成功运用了这一战略。继注册"闪存盘（R）"商标后，朗科又相继申请了其他"优"系列商标，为了适应国际的需要，公司又在多个国家和地区申请注册了"Netac（R）"商标。销售闪存盘的时候，朗科便可以贴上属于本企业注册的闪存盘商标。这为朗科获得了更高的信誉，加强了专利产品的保护力度。

10.3.5 专利回输战略

专利回输战略是指企业在引进原输出企业专利技术后，对其进行研究、消

---

❶ 马一德. 中国企业知识产权战略 [M]. 北京：商务印书馆，2006：148.
❷ Michael A. Gollin. Driving Innovation Intellectual Property Strategies for a dynamic World [M]. London：Cambridge University Press. 2008：175.

化、吸收和创新，然后再将创新了的技术以专利的形式转让给原专利输出企业的战略。以美国史伯克公司为例，该公司先大量收购有效期快终止的药品专利，然后对这些专利加以改进，去除一些多余的专利要素然后申请新的专利，再通过把新的专利权出售给原来的制药商或者其他感兴趣的公司以获得巨额利润。

大型企业有一定的研究开发能力，具备实施这一专利战略的基础。具体实施战略时，要求企业能够正确处理好引进技术与消化吸收、改进创新的关系。例如，日韩许多大型企业在引进他国专利技术时，特别注重技术的改进和创新，通过运用这一战略摆脱了原输出企业专利的控制，获得了巨大的成功，其经验很值得我国大型企业学习。

10.3.6 专利诉讼战略

作为一种进攻型的专利战略，专利诉讼战略指的是利用法律赋予的专利保护权限，收集竞争对手专利侵权的可靠证据，及时向竞争对手提出侵权警告或向司法机关提起诉讼，迫使竞争对手停止侵权、支付侵权赔偿费，以达到及时维护自身合法权益、有力打击竞争对手、确保自己的市场竞争优势的目的。❶由于一般中小企业难以支付高昂的专利诉讼费用，因此，大型企业更具备灵活实施这一战略的能力。

国外大型企业常使用这一战略打击我国企业。例如，国外 DVD3C、6C 专利许可联盟在我国 DVD 的生产达到繁盛的阶段时展开了征收专利许可费的攻势。由于我国 DVD 企业利润空间小，无法承受高额的专利许可费，许多企业相继倒闭。随后，我国 MP3 和机顶盒企业也遇到了同样的问题。

当然，我国企业也逐步学会了采用此战略维护自身的利益。以我国朗科公司为例，自其于 1999 年发明闪存盘后，市场上就出现了大量类似的侵权产品。为捍卫自身的利益，在核心专利"用于数据处理系统的快闪电子式外存储方法及其装置"于 2002 年 7 月 24 日获得授权后，朗科进行了一系列维权活动，相继起诉了北京华旗资讯、北京宏碁讯息、索尼（无锡）电子，并逐一达成和解。此外，朗科不仅在国内进行专利维权，还将专利诉讼打到了美国。2006 年 2 月 10 日，朗科以侵犯其美国发明专利权为由在美国起诉 PNY 公司，最终双方于 2008 年 2 月签署专利授权许可协议并达成庭外和解。通过专利侵权诉讼，朗科不仅从专利侵权赔偿中获取一笔可观的经济补偿，而且有效遏制与制约了竞争对手，树立了市场形象，维护了企业长远发展的根基。

---

❶ 冯晓青. 企业知识产权战略 [M]. 北京：知识产权出版社，2001：81.

10.3.7 专利收买战略

专利收买战略是指企业不是通过自己开发、申请专利而获得专利权，而是通过从发明人或者其他企业那里收购专利的方式达到其战略目的。例如，韩国三星公司于 2000 年起诉仁宝等中国台湾七家笔记本电脑制造商，称其侵犯了名为"基于微处理器的计算机系统的受保护的热键功能"的美国专利（专利号为5333273）。这一专利并不是三星自己申请并获得授权的，而是通过 1997 年收购了美国 AST Research 的主要股份获得的。2006 年 11 月，加利福尼亚联邦地区法院认为仁宝侵犯了三星的专利，判决仁宝支付 1999 年 4 月到 2002 年 3 月的侵权损害赔偿金，共计 900 万美元。

大型企业资金雄厚，往往会选择实施这一战略。而在具体实施时，应注意事先调查清楚被收购专利的权利状态，包括专利的类型、有效期限以及有无权利争议等。

10.4 专利防御战略

专利防御战略是企业在市场竞争中受到其竞争对手的专利战略进攻或其经营活动受到专利的妨碍时，为打破既有市场垄断格局，改善竞争的被动地位，扫除发展障碍而采取的策略。目前国内许多大型企业虽在国内的市场竞争中占据主导地位，但在与国际大型跨国公司的专利竞争中，往往仍处于相对劣势，因此，常采取专利防御战略。

10.4.1 令障碍专利无效战略

根据《专利法》第 45 条规定："自国务院专利行政部门公告授予专利权之日起，任何单位或者个人认为该专利权的授予不符合本法有关规定的，可以请求专利复审委员会宣告该专利权无效。"因此，运用《专利法》赋予的权限，企业遇到专利纠纷时，可以利用障碍专利的漏洞、缺陷或不符合专利条件的情况，启动专利无效程序，部分或全部取消对方的专利权，实现以攻为守的目的。

根据《实施细则》第 65 条规定，无效宣告请求的理由包括：发明主题不属于授予专利的范围；被授予专利的发明创造不满足新颖性、创造性或实用性；专利说明书公开不充分；说明书不支持权利要求书；独立权利要求缺少必要技术特征；属于重复授权；属于在后申请；属于不应授予专利权的主题；等等。大型企业要想使无效宣告成功，关键是要收集到障碍专利无效的充分证据，实践中的渠道主要包括：

（1）调查障碍专利的说明书对技术内容公开的充分性。为鼓励和推动创新，各国专利法都要求专利说明书写得全面、充分。根据《专利法》第26条规定："说明书应当对发明或者实用新型作出清楚、完整的说明，以所属技术领域的技术人员能够实现为准。"

（2）调查障碍专利不符合专利"三性"的情况。根据《专利法》第22条规定："授予专利权的发明和实用新型，应当具备新颖性、创造性和实用性。"由于技术本身的复杂性和专利审查员知识水平的局限性，很难保证被授予的专利都符合"三性"要求。企业可通过追踪调查、产品调查及文献调查等方式来查找是否有相似技术或产品已经公开或实施，从而判断障碍专利是否符合"三性"的要求。

（3）调查障碍专利的说明书在审批中的修改、变动情况。根据《专利法》第33条规定："申请人可以对其专利申请文件进行修改，但是，对发明和实用新型专利申请文件的修改不得超出原说明书和权利要求书记载的范围，对外观设计专利申请文件的修改不得超出原图片或者照片表示的范围。"

磷酸铁锂专利无效案是运用此类专利战略的具体实例。2003年3月，加拿大魁北克水电公司等专利权利人的磷酸铁锂专利以申请号为PCT/CA2001/001349的国际申请为基础进入中国，向中国国家知识产权局提出名称为"控制尺寸的涂敷碳的氧化还原材料的合成方法"发明专利申请，并于2008年9月获得授权。该专利共有125项权利要求，覆盖了包括磷酸铁锂等多种正极材料及其主要制造技术。凭借此专利，该公司向中国的磷酸铁锂电池生产企业提出1000万美元的专利授权费和每吨2500美元的专利使用费的要求。中国电池工业协会受行业众多企业的委托，以"专利不具有新颖性""专利技术缺乏创造性""专利文件修改超范围""专利权利要求得不到说明书支持"等7方面理由向中国专利复审委员会提出请求裁定加拿大公司专利无效的申请。2010年5月底，国家专利复审委员会对上述专利作出无效决定，对修改后的111项权利要求宣告全部无效。专利无效的理由：一是授权文本的修改超出了原始申请文件记载的范围；二是授权文本的权利要求方案得不到说明书的支持。无独有偶，2003年5月，美国劲量控股公司及旗下的电池生产子公司Eveready向美国国际贸易委员会（ITC）提起诉讼，起诉包括中国7家公司在内的24家美国境内外电池公司侵犯其无汞碱锰电池专利，要求ITC展开调查并禁止这些企业生产的无汞碱锰电池进入美国市场。尽管2004年6月ITC初审判决中方败诉，但中方坚持上诉，由新成员组成的ITC审判委员会最终裁定中方没有侵权，并否定了原告专利权的有效性。

10.4.2 文献公开战略

根据《专利法》第 22 条规定："授予专利权的发明和实用新型，应当具备新颖性、创造性和实用性。新颖性，是指该发明或者实用新型不属于现有技术；也没有任何单位或者个人就同样的发明或者实用新型在申请日以前向国务院专利行政部门提出过申请，并记载在申请日以后公布的专利申请文件或者公告的专利文件中。"文献公开的战略即通过公开发明来阻止他人申请专利、获得专利的战略。如果企业认为自己开发成功的技术没有必要取得独占权，或者为实现独占权申请专利反而得不偿失，但又担心他人取得这一技术的专利权将给本企业带来威胁时，就可以采取抢先公开技术内容的方式，使之丧失新颖性，以阻止竞争对手获得专利权。大型企业研发能力强，往往能够拥有较多的研发成果，却无法全部实现商业化，因此常常会选择实施这一战略。

日本的《公开技报》、英国的《研究公开》以及美国专利与商标局公报中名为《防卫性公告》的专栏，均专门刊登此类信息。美国 IBM 公司从 1950 年至今每月自行出版技术公报，公开了大量未申请专利的技术信息，以阻止他人申请相应专利，从而使其在开发、制造、销售产品的过程中没有阻力。

文献公开的目的，在于阻止竞争对手取得相关发明创造的专利，从而消除自己的发展障碍。但此种策略的实施，需要仔细衡量利弊得失、慎重决策。从策略上讲，文献公开需要注意以下几点：

（1）谨慎选择公开的技术内容范围。公开发明创造的内容时，只需将其基本内容公开到足以破坏此后可能递交的专利申请的新颖性即可，而不必公开所有的细节。特别是该发明创造的关键内容，在满足破坏新颖性的前提下，仍可作为商业秘密加以保护。

（2）尽快破坏新颖性。为尽快破坏相关发明创造的新颖性，可选择在本企业的公开出版物或网站上公开发明创造。如果依靠向其他刊物投稿发表，可能会延迟公开的时间，这期间可能发生他人申请专利的风险。

（3）缩小被接触利用的范围。虽然在网上公开便利迅捷，但却存在容易被竞争对手检索到的缺点。从这个角度看，可以选择在发行面较窄、发行量较少的出版物上公开，以缩小所公开的发明创造被接触和利用的范围。

10.4.3 利用失效专利战略

失效专利指的是专利权已过保护期或因故提前终止的专利技术。专利权有一定的保护期限，保护期届满后该专利技术即进入公有领域，任何人都可以在不涉及专利侵权问题的情况下自由利用。专利权除了因过期而失效外，还可能由于专利权人自动放弃或未按规定缴纳年费而导致提前终止。由于失效专利是在法律上的失效，并不等于在经济技术价值方面的失效，有些失效专利仍可能具有一定的开发和利用价值。利用失效专利战略即是从失效专利中有针对性地选择相关技术进行研究开发和生产的一种战略。

利用失效专利战略包括两个方面的内容：一是以到期或快到期的基本专利作为继续研究开发、创新的起点，继而组织专利申请；二是对失效专利技术的实施使用战略。对于第一种情况，运用基本专利终了战略，为争取时间，企业应在基本专利终止之前就开始实施，以便在基本专利终止之时能迅速组织专利申请。为此，企业应对基本专利进行跟踪监视。如果运用得当，企业可通过实施这一战略利用原来的基本专利的影响和市场获取丰厚的效益。如美国史伯克公司瞄准市场上制药公司销售的快到有效期的专利药品，并对这些专利通过排除多余的分子或元素等方法对原来的专利加以改进，继而就改进后的药品申请专利。获权后，该公司再向原来的药品制造商出售专利许可证，以收回开发成本并获取利润，最终通过这一战略赚取了丰厚利润。而对于第二种情况，实施失效专利取得巨大效益的例子并不罕见。例如，荷兰飞利浦公司发明磁带录音机后，先后取得多国专利，但由于该公司认为此时发展录音机产业会没有市场，又主动放弃了相关专利。精明的日本企业即利用失效专利战略，先后开发出各式录音机，受到市场普遍欢迎，从而获得了巨大的经济利益。又如，美国风险投资家费莱瓦尔丁1972年在美国专利商标局查阅到一份微电脑技术失效专利，与他人合作，投资50万美元创建了美国苹果公司前身。

鉴于有相当大比例的失效专利或者在技术上已经过时，或者不再具有市场价值，因此对失效专利的利用不能盲目进行，失效专利战略的开展也必须讲究策略。失效专利的利用涉及对失效专利的选择问题，通常失效专利的选择应当考虑技术因素、市场因素和产业因素。从技术因素方面看，企业应当考虑的基本技术因素有企业技术积累、外部技术供给、用户对技术特性的要求，以及竞争对手的态势即竞争对手在该技术领域的技术实力和竞争对手可能采取的对策。市场因素主要考虑的是专利产品的特性，即至少在某一方面具有优于市场上已有产品的特性；市场需求及其变化，即能够满足市场需求并适应市场的变化；企业自身的核心能力，即能够使企业显示自身特色并能为企业带来竞争优势的知识集合；竞争对手态势，即竞争对手现有同类或替代品的情况以及竞争对手对推出该项专利产品所采取的态度。新市场领域的进入壁垒及与此相关的市场进入成本也会影响企业对失效专利的选择。从产业因素看，影响对失效专利选择的因素主要有反映企业所处市场垄断程度的市场集中度、产品差别、进入壁垒和产品的进入阶段特性等。在综合考虑上述因素后，企业即可以从市场潜力与渗透力、投资评价、成本与价格等方面进行全面考虑，从而能够比较科学地作出选择。

10.4.4 绕过障碍专利战略

若他人的专利权十分牢固，并且对本企业的经营构成制约，则可以考虑采用以下三种迂回的策略，实行绕过障碍专利战略。

1. 使用替代技术

为避免专利诉讼，企业可考虑采用与专利不抵触的替代技术。当然，使用替代技术可能也会有技术效果不佳等局限性，因此要谨慎使用。例如，日本索尼公司开发单枪三束彩色显像管技术就是使用替代技术的典型案例。❶ 20世纪60年代，美国无线电公司拥有荫罩式显像管彩色电视机的相应专利和大量技术秘密。几乎所有生产彩色电视机的日本公司都购买其生产的荫罩式显像管。索尼公司却通过专利许可证贸易的方式购买了"贺罗马特隆"专利。该专利在当时根本没有成型的产品，只是一种理论构思。基于这一专利的构思，索尼不断刻苦钻研，终于创造了单枪三束彩色显像管，就是业界熟知的特丽珑显像管。1968年，索尼的单枪三束彩色电视机开始投入市场，其优秀的技术表现震动了全球。

2. 利用地域性绕过专利障碍

专利权具有地域性特征，即只在申请的国家或地区专利权才有效，企业可以选择在不受专利保护的地域范围内利用他人专利。例如，我国上海某医疗器械公司生产的"恶性肿瘤固有荧光诊断仪"在中国获得专利后，又相继在美国和日本获得专利，因此成功垄断了美国和日本的市场。但美、日两国企业联合在加拿大生产这种产品，然后将产品出口到在我国尚没有获得专利的国家和地区销售，从而规避了这一专利，取得了巨大的经济效益。❷

3. 开发不抵触的技术

例如，我国北京科技大学为绕开美日企业的钕铁硼专利，开发出与美日专利不抵触的新技术，先后申请了多项制备钕铁硼直接法合成合金的新技术的专利。

实施这一战略，要求战略主体的研究开发实力较强，因此，大型企业具有一定的优势。

10.4.5 专利诉讼应对策略

专利诉讼既可以当作进攻型战略工具，也可以当作防卫型工具。这里从诉讼对策的角度阐述企业在被控专利侵权情况下的应对之策。在专利侵权诉讼中，有

---

❶ 王玉民、马维野等. 专利商用化的策略与运用［M］. 北京：科学出版社，2007：51.
❷ 李旭. 应对洋专利的挑战有办法［J］. 机电新产品报道，2002（10）.

相当一部分情况是不能成立侵权的。当企业受到他人的专利侵权指控时，应以积极的态度参与诉讼程序，充分运用法律允许的方式和手段澄清事实和阐述理由，依法维护自己的合法权益。专利诉讼费用惊人，一般中小企业往往难以应对，通常只有资金雄厚的大型企业，才有基础和实力采取这一战略。

我国比亚迪公司诉日本索尼公司专利权无效获胜诉是实施这一战略的典型实例。2003年7月8日，日本索尼公司向日本东京地方法院裁判所递交起诉状，指控比亚迪公司在2001年、2002年日本CEATEC展览会上展出的两款锂离子电池侵犯其特许第2646657号（以下简称"657专利"）、特许第2701347号两项日本专利权，请求禁止比亚迪向日本进口、销售最主要的6种型号的锂离子充电电池。面对索尼的指控，比亚迪积极应诉，在日本聘请了著名律师团队，由公司知识产权部负责组织应对诉讼，由相关技术部门、市场部门给予充分配合。比亚迪对索尼的起诉状及涉案专利文本进行研究，并和自己的产品进行比较、分析，最后确信并未侵犯索尼的专利权。同时，比亚迪以相关产品的有关工艺技术标准为依据，指出索尼计算比亚迪电池空隙的错误，并提出正确的计算结果，以此证明并未侵犯索尼的专利权。此外，比亚迪还通过在生产现场对取样过程及结果进行公证并作为不侵权证据提交给法院。2003年10月8日，经过精心准备，比亚迪向东京地方法院递交答辩书及相关证据38份，请求确认不侵犯索尼的专利权；随后于2004年3月19日向日本特许厅提起专利无效宣告请求，请求宣告索尼的657专利无效。2005年1月25日，日本特许厅作出裁决，宣告657专利无效。2005年3月2日，索尼不服日本特许厅对其657专利作出的无效裁决，向东京知识产权高等法院（日本知识产权高等裁判所）提出上诉，请求撤销日本特许厅的裁决，维持其657专利有效。然而在比亚迪有力的证据和事实面前，2005年11月7日，针对657专利无效上诉案，东京知识产权高等法院作出判决："驳回原告（索尼公司）的请求。诉讼费用由原告承担。"2005年12月2日，索尼向东京地方法院递交撤诉请求书，撤销所有对比亚迪的指控。至此，由索尼在2003年7月8日在日本本土提起的诉讼，以我国比亚迪公司获得全胜告终。❶

10.5 专利综合战略

专利综合战略是一种混合型战略，它要求企业根据外部环境的变化，结合自

---

❶ 李平，萧延高. 产业创新与知识产权战略——关于深圳实践的深层分析［M］. 北京：科学出版社，2008：173-175.

身的技术开发能力、经济实力以及战略目标，灵活地调整和运用专利战略，以求在市场竞争中取得优势。

在多数情况下，进攻型战略与防御型战略的区分并不绝对。企业在实施进攻型战略时往往包含着防御型战略的考量，而防御型战略中又蕴含着进攻型战略，两者在实际运作中互为运用，并随着竞争过程实力的变化而互为转化。企业也必须及时、灵活地制定和调整其专利战略，才能最大限度地发挥其战略的作用和价值。

竞争能力较强、拥有的专利价值较高的大型企业通常更适合选择专利进攻战略；反之，竞争能力较弱、拥有的专利价值较低的大型企业应更多地选择防御战略。

第十一章 大型企业专利管理典型案例

11.1 跨国公司专利管理

11.1.1 IBM 专利管理

1. IBM 专利管理的组织架构

(1) 专利管理组织的模式

IBM 拥有庞大的知识产权管理机构,在总公司设有知识产权管理总部,负责处理所有与 IBM 公司业务有关的知识产权事务。其知识产权管理总部内设法务部和专利部,法务部门负责相关的法律事务;专利部门负责专利事务。专利部下设 5 个技术领域,每一个领域由一名专利律师担任专利经理。由于 IBM 公司是一个跨国集团公司,知识产权管理部门在美国本土主要设有研究所,在欧洲、中东、非洲地区、亚太地区设有其分支机构。若没有设置分支机构的国家和地区,或是由该地区各国知识产权管理部门的代理人管理,或是由邻近国家的知识产权管理部门负责,如亚太地区未设知识产权管理部门的国家,由日本的知识产权管理部门统筹管理。同时,IBM 公司知识产权总部对全球各子公司知识产权部门严格要求,除向总部作业务报告外,世界各地子公司的知识产权分部要执行总部统一的知识产权政策,并接受总部功能性管理[1]。

(2) 专利管理组织的职能

知识产权管理部门的职责范围是处理一切有关 IBM 公司业务上的知识产权事务,专利、商标、著作权、半导体芯片布图设计保护、商业秘密及其他有关知识产权的事务,公司法务部门负责知识产权以外有关的法律事务。由于 IBM 公司每年都必须花费其总收入的一成以上用于研究开发活动,因此知识产权管理部门最

---

[1] 谷丹. IBM 知识产权管理:高度集权,激励创新 [Z]. http://ip.people.com.cn/GB/8957177.html,2009-03-13.

重要的使命之一就是适当地保护其研究开发的成果,但是IBM公司也绝不是申请大量的专利后,再以排他独占的方式来实施,而是在确保其营业活动自由的必要范围内,持久地维护较好的专利财产。知识产权管理部门履行以下基本的职权:

寻找合适的发明。知识产权管理部门的重要使命是与研究开发人员、技术人员等密切合作,一方面向其灌输知识产权的观念,另一方面从中发掘优良的发明。对研究开发中的产品必须调查有关专利问题,因此尽早发现这些信息便尤为重要。

申请专利。这是知识产权管理部门的基本工作内容。在IBM公司,有专门的专利律师,同时有外聘的专利代理人,申请由这些人完成。员工只需向专利律师等说明发明构思即可。关于有关产品知识产权检索以及制造产品的有关技术,技术人员只要对专利律师说明技术特征,专利律师会从专业的角度来调查及判断有无侵害他人知识产权的可能。

知识产权授权许可谈判。IBM公司在检索其有关产品的知识产权时,也同时监视竞争对手有无侵害其知识产权,如果有则要争取促成他人与之订立授权许可合同。拟定授权许可合同的谈判策略也是知识产权管理部门的重要使命之一。

审核合同中涉及知识产权的问题。IBM公司与其他公司所签订的开发合同、买卖合同、委托制造合同、合并合同等,有关知识产权的条款,例如知识产权的归属、机密信息的取得等规定,也由知识产权管理部门负责审核[1]。

2. IBM专利管理的规章制度

(1) 保密制度

IBM将商业秘密分为四个等级,针对密级来实施不同的管理制度。依照机密与IBM业务的关系、与IBM业务的施政方针的关系、有关业界竞争的影响度、是否为IBM产品技术上及收益上成功的关键等因素,IBM将商业秘密依次分为绝密、限阅、机密、仅内部使用四种。然后再依其等级,决定其复印、对外公开、对内公开、废弃、保管、资料传送时候的处理规定。例如,对外公开时,前三类资料必须得到特定人员的同意;复印资料时,前两类的资料只有原制作单位才能复印;传送资料时,前两类的资料必须转成密码才可传送。为了彻底实施公司的规定,公司内部也设有自我检查制度,随时实施内部检查并指导员工养成自我管理的习惯。接受他人的机密资料也要得到特定人员的同意。至于接受机密资料的有关条件,则必须得到IPL以及法务部门同意。另外,未被指定为机密信息者,以及未限定保密期间者,如有碍于IBM的开发及销售,IBM都会再加批示修改。

---

[1] 来自网络文档:《IBM公司的知识产权管理制度》,参考文献信息不全。

（2）专利权利归属制度

IBM对于知识产权的归属及管理实行中央集中管理制，由总公司来集中管理此类事务。一方面，在各员工和公司之间要签署一份"有关信息、发明及著作物的同意书"，其中规定，只要员工是从IBM内部取得若干机密信息或是从以前员工完成的发明、著作等创作物中撷取若干信息来完成IBM的有关研究开发项目的成果，以及其因执行职务或为公司业务而产生的成果，都应该将这些成果的知识产权移转给公司。另一方面，IBM各子公司都要和总公司签署一份"综合技术协助契约"，依此，总公司替各子公司支出研究开发的费用，子公司的研究开发工作如有成果，其知识产权必须转移给总公司所有。

（3）职务发明奖酬制度

IBM公司激励公司员工进行发明创造，他们设立了累积积分制的奖励方法，即对申请专利的发明人给予计分，1项专利为3点，同时可获1200美元奖励；点数累计达12点，再加1200美元奖励。刊载在技术公报上的发明或发表论文，也计为1点。发明人若是在第一次申请即获专利，则可获首次申请奖，奖金1500美元。至于第二次以后被采用时，则每次发500美元的奖金，称为发明申请奖。上述制度在总公司及子公司都共同实行。另外，如专利权对整个公司有重大的贡献时，该发明人还可依其贡献程度的大小得到若干的奖金，此称为特别功劳奖。此外，公司每年举办一次盛大的科技发明奖颁奖仪式，100名获奖员工将分享300万美元的奖金。IBM总裁亲自颁奖，在精神和物质上鼓励发明者。仪式后，发明者可以度假3至4天，费用全部由公司承担❶。

3. **专利管理的信息系统**

IBM公司建立了知识产权网络系统（IPN），进行知识产权信息和战略管理。知识产权网络系统的不断成熟和规模的扩大，使IBM公司在2000年5月与网络投资公司（ICG）合作成立新的Delphion公司（http：//www.deiphion,cam）。Delphion咨询机构的调查报告显示，一个企业内部的信息和知识，仅有12％在需要时可以很容易得到；46％的信息则以纸张和电子文件的形式存在，虽然理论上很容易实现共享，但由于数据格式不兼容，或纸张文件和电子文件转换困难，难以做到真正的信息交流；此外剩余的42％的信息则存在于员工们的大脑之中。IBM公司正是基于这个原因才建立了知识产权网络系统，以加强知识产权信息管理。目前，当IBM公司的研发人员或普通员工有了创新构思或研究成果时，他们就可以及时通过知识产权网络系统将它们报告给公司。公司的专门委员会通过评

---

❶ 谷丹.IBM知识产权管理：高度集权，激励创新［Z］.http：//ip.people.com.cn/GB/8957177.html，2009-03-13.

估，决定如何实施知识产权保护。这样，IBM 公司就可以实现对创新信息及时、有效的知识产权管理。目前，Delphion 公司可以为 IBM 和其他公司提供以专利为主的知识产权信息检索、考察、分析、跟踪等各种服务。通过 Deiphion 可检索到包括美国专利申请、美国专利许可、欧洲专利申请、欧洲专利许可、日本专利索引和世界知识产权组织 PCT 出版物等大量的专利信息情报。与此同时，Delphion 还为 IBM 公司提供知识产权战略的系统智能分析，帮助 IBM 公司把从发明的提出到实现专利申请的管理过程缩短到 3 个月（一般企业为 1 年），使专利实施率达到 30%（一般企业为 20%）❶。

4. IBM 专利战略管理

IBM 通过放弃部分专利收益来谋求长远的技术霸主地位，公司宣布开放自己的大量专利，以实施其专利开放战略。2004 年 IBM 公司向软件开发商免费开放了 500 项软件专利，2005 年又向卫生和教育产业软件标准设计者授权免费使用其全部专利。2007 年 4 月 12 日，IBM 宣布将开放诸多资源给业界，自由社区向中国地区客户提供 12 万份社区版 WebSphere，Rational 和 DB2 软件。

IBM 真正看重的全局利益则是成为未来全球产业标准中的长期主导地位。一项技术开放得越早，就越有可能成为主流，从而成为产业的标准，建立标准就意味着取得主导地位，IBM 的专利开放战略相当于在行业领域内设置了很高的进入壁垒，能够有效地遏制竞争者的进入，也能为自己确立市场地位赢得先机。IBM 公司的专利开放是根据自身发展需要，有计划、有步骤、有策略地推进，对追随者的技术和产品开发具有一定的引导性，追随者获得技术的同时往往也实现了 IBM 对某些技术进行推广的战略企图，推动了 IBM 在产业新标准制定中主导地位的建立。IBM 相对完善的内部创新体制与专利保护体制，为他的创造力赢得了宝贵的源泉，通过外部公开共享，让更多的人使用并参与到其中，为创新提供开放式的环境，让创新变得更加容易，IBM 成为技术的领头羊，更是专利保护的另一种缔造者❷。

11.1.2 高通专利管理

1. 高通专利管理的组织架构

高通主要由四个业务部门组成，分别是高通 CDMA 技术部门（QCT），高通

---

❶ 谷丹. IBM 知识产权管理：高度集权，激励创新 [Z]. http://ip.people.com.cn/GB/8957177. html，2009-03-13.

❷ 无法获得详细参考文献资料 http://www.cnipr.com/news/dailykeyword/201105/t20110524_133876_1.html.

技术授权部门（QTL）、高通无线 & 互联网部门（QWI）、高通战略方案部门（QSL）。

高通的技术授权部门的营收主要包括两个部分——Licensing（入门费）和Royalty（按整机销售额比例收取），客户也主要有两类：一类是手机芯片设计公司（如联发科展讯等），一类是终端设备厂商（如华为 HTC 等），但不重复收费，即只要手机芯片设计公司支付了专利授权费用，终端设备厂商便不用重复支付，反之亦然。目前高通主要向终端设备厂商收取专利授权费用，当然终端厂商可以选择直接向高通 CDMA 技术部门购买芯片组。

高通的专利授权部门已成为高通的主要盈利来源，毛利率达90％以上，2011财年营收占比 36.5％，却贡献高通税前利润的 69.5％，这也是卖产品与卖标准的区别，卖产品的收益取决于销售收入减生产成本的毛利和市场占有率，而标准技术标准取决于你能把目标市场做多大、市场认可程度、能有多少伙伴，然后就是坐地收钱了❶。

2. 高通专利管理的工作流程

（1）专利开发

为了继续控制产业链，高通已经在 4G 技术的研发上投入了巨资。高通目前对被视为 4G 时代代表技术的 OFDMA 正交频分多址技术兴趣盎然。2006 年，高通以 8.05 亿美元的价格收购了一家在 OFDMA 上实力不俗的技术公司，以此来加强自己在 OFDMA 领域的技术积累。业内人士认为，高通在 4G 技术领域已经处于遥遥领先的位置，难有实力足够雄厚的后来者可以居上。

高通的标准是要以持续的专利质量和数量做保障的，截至 2011 财年，高通在研发上累计投入超 200 亿美元，其中 2011 财年，高通研发支出达 30 亿美元左右，占销售比 20％左右，是行业中占比最高的公司之一。高通的逻辑是，通过不断的研发投入，专利池随之增长，保持行业领先地位，并将新技术新专利整合到芯片同时以授权的方式向整个无线生态价值链扩散❷。

（2）专利运用

高通在三个层次上收标准与专利费。首先，手机生产商若想取得 CDMA 手机开发授权，必须缴纳标准授权费。按照高通公司的规定，全世界不管是生产CDMA 系统设备还是手机的公司，都要缴纳大约 1 亿元人民币的"入门费"，才

---

❶ 申文风. 高通商业模式——输出技术标准 [Z]. http：//roll. sohu. com/20120702/n347074203. shtml，2012-07-02.

❷ 申文风. 高通商业模式——输出技术标准 [Z]. http：//roll. sohu. com/20120702/n347074203. shtml，2012-07-02.

能进入这一行业。其次，生产 CDMA 手机时，需要购买高通公司的芯片，并且按照销售额给高通提成。每台手机收取 6% 的技术使用费。此外，为了升级支持芯片的软件，CDMA 手机生产商每一次都要支付几十万美元的授权费❶。

高通利用多达数千项的核心专利，筑起了 3G 路上无法逾越的高墙。这使得高通有足够底气置多方反对于不顾，酝酿调高专利费，要求所有 3G 手机生产商在向其缴纳专利费时，都需遵循统一的、大约相当于手机成本的 4.5% 的费率标准。高通强硬的态度早已引起了手机厂商的普遍不满，诺基亚、博通、爱立信、NEC、松下等轮番发起对高通的挑战，但均以失败告终❷。

（3）专利保护

2012 年 6 月 29 日，高通公司宣布将调整公司内部结构，建立一个全新的子公司来保护其技术授权业务。新建的子公司将主要负责进行开源无线技术的开发工作。

在新的公司结构下，高通将作为母公司运营，旗下将包括技术授权部门和各个职能部门，拥有高通的大多数专利。新成立的高通技术分公司（QTI）将包括公司以前的研发业务和无线芯片业务。

高通表示，公司需要对内部结构作出调整来保护有价值的专利组合，使其免受公司内除高通技术许可部（QTL）以外其他部门行为和活动造成的权利要求方面的影响。

在新的公司架构下，美国高通技术公司（QTI）及其下属子公司拥有部分专门用于开源软件开发的专利，而其余的所有专利组合则由母公司美国高通公司持有。QTI 及其下属子公司无权授权美国高通公司持有的许可或其他权利。同时，高通创新中心拥有的知识产权不变，目前该公司正与开源社区密切合作加快推动整个无线行业的发展❸。

3. 高通专利战略管理

高通公司的许可原则反映公司的核心理念，即如果所有参与者都能接触到所有的专利发明，那么无线行业就会实现最快、最有效的增长。高通公司相信，通过开放而不是限制性的许可，整个行业，包括高通公司自己都会更多地获益。因此，公司愿意在公平、合理、无歧视的条款和条件的基础之上向任何用户设备提

---

❶ 晋刚. 高通：靠专利许可模式赚钱的"知本家"[Z]. http://tech.sina.com.cn/t/2005-07-09/1708658721.shtml, 2005-07-09.

❷ 刘仁. 3G 专利霸主欲接 4G 接力棒[Z]. http://www.sipo.gov.cn/dtxx/gw/2007/200804/t20080401_353430.html, 2007-05-24.

❸ 林靖东. 高通调整公司结构，新建子公司保护技术专利[Z]. http://telecom.chinabyte.com/441/12367941.shtml, 2012-06-29.

供商提供其专利池中所有专利的许可。高通公司的标准条款包括专利权使用费——费率不足一部获授权许可手机批发价格的5%。标准费率自20世纪90年代早期以来一直保持不变，而专利池中的专利数量和创新技术数量却急剧增长，并将继续增长。实际上，由于手机价格的持续下跌（部分由于高通公司所培育的竞争），每部手机的实际平均专利费在近些年呈下降趋势。为了支持更复杂的、比高端移动电话更昂贵的无线设备（如笔记本电脑）的开发，高通公司主动为这类产品设定了专利费的最高限额。此外，高通公司还授权调制解调器卡或模块供应商销售用于下游产品（如远程信息服务设备、笔记本电脑、售货机、抄表器、销售点终端等）的 PCMCIA 调制解调器卡和嵌入式模块，这样如果模块制造商向高通公司支付了专利费，那么下游产品制造商一般就不必为模块中使用的专利支付额外的专利费。

同样地，所有系统设备和测试设备供应商都被许可使用高通公司的专利，甚至与高通公司直接竞争的芯片厂商也可以被许可使用执行标准所必需的高通公司专利。

目前，超过135家公司已经与高通公司签订了使用高通公司专利的许可协议。许可包括制造和销售使用 CDMA 空中接口（如 CDMAONE、CDMA2000、WCDMA 和 TD-SCDMA）的产品；并且针对多模 CDMA/OFDM（A）产品，高通公司收购了 Flarion Technologies，加强了 OFDM（A）专利。此外，高通公司的芯片和软件客户也从高通公司被授予许可的权利用尽的第三方专利中受益。到2006年8月，高通公司宣布了两家使用其单模 OFDMA 用户设备和系统设备专利的授权厂商。

2005年11月，高通在美国提起诉讼，指控诺基亚侵犯了高通的11项专利和其子公司的一项专利。这些专利均为诺基亚制造和使用 GSM 及其升级技术标准的核心专利，高通为此要求判令诺基亚停止销售侵权产品和赔偿经济损失。高通和诺基亚的专利纠纷，被业内认为是全球庞大的3G市场来临时，各大电信厂家利益的博弈。

两年后，2007年4月，在迟迟谈不拢的情况下，高通再次将诺基亚送上美国法庭，两家就专利问题再次爆发新一轮的知识产权大战。高通在诉状中称诺基亚侵犯了其5项手机专利，请求法院禁止诺基亚销售侵权手机，同时为已经销售的手机赔偿其损失。

专利诉讼作为一种专利权的运用策略，现在已经越来越受到各大企业的重视。因此，主动跟踪和收集竞争对手的专利侵权证据，及时向竞争对手提出侵权警告或是提起诉讼，不失为专利进攻的终极策略[1]。

---

[1] 刘奇. 高通反诉诺基亚侵犯多项 GSM 专利 [N]. 京华时报，2005-11-09.

11.2 国有大型企业专利管理

11.2.1 海尔专利管理

1. 海尔专利管理的工作流程

(1) 专利申请

海尔的专利管理工作实行全员参与，全程保护。比如，对于一项新投资项目的规划和论证，从决策者到普通工作人员都会从多个角度来考虑和实施有关专利保护工作，诸如项目涉及的各项新技术是否有在先专利申请保护。

在海尔，技术开发成果必须获取法律保护，没有专利申请，新技术研发就没有结束。专利申请与技术研发是一对一或多对一的关系，即每一项技术创新方案都要至少申请一项专利，有些不便申请专利的以技术秘密的方式进行保护，或进行专利和技术秘密的复合保护，构成对新产品技术创新的进行全方位法律保护。

海尔集团公司副总裁喻子达说："技术创新不是为了技术而创新，而是为了全球用户需求的产品而创新，技术创新过程不仅是市场化的技术创新过程，更是一个严密的法律保护过程。脱离有全球竞争力需求的产品的创新没有任何产业意义，而没有法律保护的创新也不是自己的创新。"

喻子达认为：一个企业没有技术创新，就没有竞争力，然而仅仅有新技术，还不足以拥有市场竞争优势，只有将所取得的技术通过专利制度加以保护，企业才能立足于市场，保持其竞争力[1]。

在海尔，专利申请与研发技术成果是一一对应的，每一项技术创新方案都会去申请一项专利，即实行100%的专利申请率。伴随着市场空间的不断拓展，海尔已经成为中国申请专利最多的企业之一。2008年上半年，海尔集团申请专利450项，其中发明专利260项，相当于每个工作日申请两项发明专利[2]。截止到2011年底，海尔累计申请专利12318项，其中发明专利4175项，稳居中国家电企业榜首。仅2011年，海尔就申请专利1575项，其中发明专利796项[3]。海尔对每项核心技术创新，申请基础专利，并对关联的外围技术申请专利进行保护，避免他人专利阻碍业务开展。通过对一项产品技术实施多项专利申请保护，留给

---

[1] 常滨毓. 海尔特色的知识产权管理 [N]. 东方企业文化, 2006 (6): 21.
[2] http://www.haier.net/cn/about_haier/news/qt/201106/t20110601_50755.html.
[3] http://www.haier.net/cn/research_development/achievements/intellectual_property/.

竞争对手可以规避风险的范围已很小。

比如环保双动力洗衣机，共申请32项专利，包括17项发明专利（含两项PCT，可指定100多个国家），15项实用新型专利，形成核心专利加外围专利的保护梯度。在开发"小小神童即时洗"微型洗衣机后，第一次申报专利即达12项，至今已推出第9代产品，每一代产品都形成了全面专利保护，前后共获国家专利26项，从外观到内部结构所有新技术的应用均通过专利申请方式获得了市场保护❶。

（2）专利保护

海尔重视对自己专利的保护，对市场上的侵权行为给予坚决回应，不主张但也不回避诉讼，积极应对市场侵权事件，遏制假冒产品对社会的危害。几年来，共涉及专利案件31件，已结案29件，正在审理两件。夏普、伊莱克斯等公司都因侵权赔偿了海尔的损失或在诉讼中败诉。我国《专利法》实施20多年来，海尔集团的专利工作从无到有，多年来没有因为专利案件带来不利影响和损失，正是海尔专利保护走向成熟的有力见证❷。

2. 海尔专利管理的信息系统

（1）专利管理系统

在海尔，任何人只要有创新的想法，就可以登陆专利平台申请专利。同时专利申请与保护策略形成完善的专利保护网，追求利益最大化，这也是国际最先进的做法❸。

（2）专利分析系统

海尔早期的竞争情报工作从手工卡片时代就已开始。1988年，海尔就建立了简便易查、全面实用的检索专利卡片系统，该系统搜集了自1974年至1986年世界25个主要工业国家有关冰箱的1.4万条专利文献题录。1990年，海尔订购了三种中国专利公报和制冷领域的专利说明书。1995年，海尔就建立了中国家电行业专利信息库，定期提供最新的专利信息，跟踪研究发达国家和国内同行的技术水平、发展状况和市场需求，紧紧抓住了进入欧美市场的切入点、时机、销售方式和海外销售商。

海尔通过定期的专利跟踪与分析，把握对手研发的主攻方向以及产品的主要技术特征，在开发自己专利产品的同时，就可以"站在巨人的肩膀上"，避免低水平的重复生产。海尔对已有产品项目进行国内外技术动态信息监控，从相关专

---

❶ 喻子达，张玉梅. 海尔的知识产权与标准化战略 [J]. 信息技术与标准化，2006（6）：45-48.
❷ 喻子达，张玉梅. 海尔的知识产权与标准化战略 [J]. 信息技术与标准化，2006（6）：45-48.
❸ 喻子达，张玉梅. 海尔的知识产权与标准化战略 [J]. 信息技术与标准化，2006（6）：45-48

利和技术领域对国内外目标公司从不同角度进行专利跟踪，形成强大的综合专利情报资料库，做到随查随用。海尔建立和使用中外专利数据库系统，并按产品门类、技术领域建立了有针对性的专利文献库，跟踪世界上最先进的科技成果，为创新项目提供方向。为避免海外盲目投资而发生侵权风险，海尔调取多年来跟踪冰箱技术在美国的专利文献库，对相似技术进行排查，并委托专利代理律师，对排查出的多项相关技术内容逐一进行侵权检索分析。在不构成侵权的情况下，努力提高技术应用水平。海尔通过专利文献检索，从国际范围内挖掘技术创新点、寻找技术合作开发方、进行方案比较等，有助于选准课题、避免重复开发、明确攻关重点、缩短开发周期、提高产品工艺可靠性、提高效率，并为技术引进、出口贸易、海外建厂等提供决策依据。开发人员在着手开发某个产品或技术之前，都会主动检索、分析在先专利，在开发中主动避开并超越在先专利，通过有效创新形成新的知识产权，从而提高了自己的开发效率和水平[1]。

海尔的专利情报分析报告在产品创新决策中起着决定性作用。在对某个技术领域有一个基本认识后，科研人员利用专利情报分析进一步评估技术热点和前景，寻找某些领域内的技术空隙，并在研发项目的实施中进行技术创新和回避设计，通过专利组合分析方法辅助确定研发方向。专利组合分析方法有助于企业确立专利技术所处技术生命周期的具体阶段，以及是否有继续大规模投入开发的价值。

海尔情报系统的一大特点是技术情报与市场情报并重。

海尔有一个核心理念：市场是创新的起点。这一理念明确了竞争情报工作的方向，专利情报不能只追求技术，更要为市场服务。因此，专利技术的发展方向与市场结合成为海尔创新的核心动力。正是基于大量对专利和市场情报的分析，海尔开发出了适合美国大学宿舍使用的冰箱、可以清洗农作物根茎的洗衣机、韩式双动力洗衣机、酒柜、便携式洗衣机和可当工作台的洗碗机等产品。

海尔中央研究院是最重要的情报中心，伴随着海尔的国际化战略，公司在洛杉矶、东京、悉尼、里昂和香港都设立了信息站，及时搜集国内外的科技和市场情报，监测竞争对手的发展趋势和变化。海尔中央研究院的核心工作包括：①动态跟踪、采集、分析全球经济、市场和技术动态，为集团决策提供依据；②为集团在全球制造、采购和服务部门提供研发能力和技术支持；③整合全球科技资源，实现超前技术项目的商品化，为公司国际化发展提供源源不断的技术支持。

同时，海尔还在国内构建了深入县级市场的情报网络，情报站点将搜集到的

---

[1] 喻子达，张玉梅. 海尔的知识产权与标准化战略 [J]. 信息技术与标准化，2006（6）：45-48.

国内外市场需求和情报快速反馈到总部，技术转化部负责对专利情报的分析，并快速将情报分析结果以专项报告、情报课题的形式呈送给高层管理者，同时反馈给彩电和冰箱事业部负责人，中层管理者也能收到行业内的最新信息和重要的情报分析。海尔竞争情报工作以情报分析和情报分享为重点，大大提升了情报价值的利用。

此外，海尔还与国际知名企业进行合作，通过双方技术优势获得一种"增值效应"。海尔已与多个企业建立了不同的技术联盟，如从日本引进三菱重工空调技术，从意大利梅洛尼公司引进滚筒洗衣机技术。海尔与国内外知名企业以项目牵头的形式成立了若干研究中心进行联合研究，这些对海尔的情报网络都是难得的延伸机会❶。

3. 海尔专利战略管理

专利影响的只是一个或若干个企业，标准影响的却是一个行业，甚至是一个国家的竞争力。"技术专利化，专利标准化，标准国际化"，这是当前跨国公司以知识产权保护为由，借技术标准大行知识产权进攻与垄断，遏制中国企业发展的惯用手法。

海尔是参与国际标准、国家标准、行业标准最多的家电企业。2006年4月，因为在"双动力"和不用洗衣粉洗衣机上的颠覆性突破，海尔洗衣机总工程师吕佩师成为中国第一位进入IEC/SC59D——国际电工委员会洗衣机技术委员会的工作组专家，并且同时成为WG13、WG17、WG18、WG20 4个工作组的专家，与世界顶尖的洗衣机专家一起共同研究洗衣机行业的发展方向，参与国际标准的制定。截至2011年年底，在自主知识产权的基础上，海尔累计提报了77项IEC国际标准提案，其中无粉洗涤技术、防电墙技术、家庭多媒体网关等27项国际标准已经发布实施，这表明海尔自主创新技术在国际标准领域得到了认可；海尔主导和参与了296项国家标准的编制、修订，其中275项已经发布，并有10项获得了国家标准创新贡献奖，承担了全国家用电器服务、可靠性、零部件等4个分技术委员会和工作组的秘书处工作。海尔是中国唯一一个进入国际电工委员会市场战略局（IEC/MSB）的家电企业，并且有15名海尔人担任国际标准化工作组的专家，海尔与2/3以上的国际家用电器标准研究及制定机构展开交流合作❷，这标志着海尔集团在经历了从创造产品到创造标准的技术发展历程以后，开始深

---

❶ 海尔、华为、联想和比亚迪的专利情报工作体系（资料来自论坛，无法获得详细参考文献的详细资料）。

❷ http://www.haier.net/cn/research_development/achievements/intellectual_property/.

层次参与国际标准的竞争,在世界标准的舞台上争取更多话语权[1]。

11.2.2 中石化专利管理

1. 专利管理人员的培训与开发

目前中石化的专利专业人才主要有两类：一类是专利管理部门的工作人员，一类是所属研究机构或课题组的技术人员。这两类人在法律和技术方面互有优势，要使二者结合才能更好地发挥作用。

加强对这两类人才的培养是中石化专利工作的重要内容之一。中石化不仅每年组织两次为期15天的专利工程师脱产培训，还选派优秀代表到国外知名的知识产权律师事务所"取经"。2009年，公司先后分两批培养知识产权工程师100名，邀请国内外知名专利律师举办专题讲座6次。此外，中石化还与中国知识产权培训中心合作，完成了中石化知识产权培训教材的编写，针对石油石化专业领域的特点，建立了中国石化知识产权远程教育平台。据记者了解，该公司外语和技术过硬的6名专利工程师，将于近期赴美国知名律师事务所学习跨国企业知识产权管理的经验[2]。

2. 中石化专利管理的规章制度

（1）专利管理部门信息交流制度

中石化加强对所属单位的知识产权考核力度。在对所属单位从事研发的领域、科研投入和现有情况进行分析的基础上，与研究设计、油田和炼化3个业务板块的相关人员分别组织座谈、分析后，将知识产权纳入所属单位的年度考核标准。

（2）大型企业专利管理办法

中石化有着一套不断完善的专利管理制度体系。例如，1998年制定的《专利管理办法》是中石化的基础性专利管理制度。这个制度随着企业自身发展变化及相关法律法规的修改而不断完善。2010年，中石化对《专利管理办法》等文件进行了相应的修改，同时根据企业知识产权管理的实际需求，制定或修订了《专有技术管理办法》《科技成果管理办法》等一系列规章制度，并在此基础上集中修订了与知识产权密切相关的13个合同或协议范本，健全了企业专利管理的相关制度[3]。

---

[1] 喻子达,张玉梅.海尔的知识产权与标准化战略[J].信息技术与标准化,2006(6):45-48.
[2] 裴宏.中石化：独具特色的专利管理体系[N].2010-05-05(005).
[3] 裴宏.中石化：独具特色的专利管理体系[N].2010-05-05(005).

3. 中石化专利管理的工作流程

（1）专利申请

现在，中石化的专利管理已经深入创新过程的每一个环节，每一个研发课题组都配有来自知识产权部门的专利工程师，帮助他们厘清思路，挖掘专利，撰写专利申请文件等。此外，中石化还着力在每个研发部门培养从事研发工作的专利工程师，保证每个研发部门或者每个课题组都有精通专利的技术人员。

（2）专利保护

中石化不但保护自己的知识产权，同时也尊重和保护他人的知识产权。第一，使用正版的计算机软件。第二，严格遵守项目管理、科技论文、技术交流中有关保密的规定，严格技术开发、技术引进、技术许可、技术转让合同中涉及的保密条款和相关的专利管理的规定。第三，在自己的技术开发过程中，认真做好专利的分析工作，这里当然也包括侵权分析等工作。

中石化一批核心技术已经开始形成了专利和专有技术相结合，母专利和子专利相结合的初级网络型专利保护网。集团公司的核心技术催化裂化技术已申请了310项专利，拥有中外专利153项；加氢裂化和加氢精制技术也申请中外专利279项，拥有中外专利100项。

中石化强调每一项专利的专利权人都必须是公司，这一点区别于其他一些公司。同时中石化在企业内部实施对知识产权和创新技术的有偿使用，树立尊重知识、尊重人才、尊重知识产权的风气[1]。

4. 中石化专利管理的风险防范

中石化在企业技术创新活动中对创新技术进行综合评估，综合考虑外国企业和国内相关企业专利的市场占有情况；分析创新技术或产品工业实施、生产、使用、销售、进口行为发生后，侵犯他人知识产权的可能与风险；分析所开发的新技术的专利市场占有策略；在购买他人技术或出售技术时，不但要考虑技术的先进性以及市场、资金和价格、投资收益等因素，同时也要考虑法律因素，考虑知识产权因素，考虑许可证贸易的方式和条件，并通过企业管理将上述工作纳入企业的管理制度、程序和环节。

中石化很少被外国公司起诉，因为公司把工作做在了前面，实际上是在搞开发的同时，一直在作侵权分析。每开发一项技术，都要作分析，有些技术光分析技术文献就要分析几千篇甚至上万篇，因为中石化非常注重企业的商誉，企业的商誉具有很大的价值[2]。

---

[1] 裴宏. 中石化：独具特色的专利管理体系 [N]. 2010-05-05 (5).
[2] 张薇，李凝. 马燕的中石化专利战略 [N]. 科技日报，2001-05-28 (5).

5. 中石化专利管理的信息系统

针对专利申请量大、时效性强、管理难度大等特点，中石化组织开发了包括专利申请、审批、统计、时效提醒、费用管理等于一体的知识产权管理软件，实现了网上申报、审批，简化了审批程序❶。

6. 中石化专利战略管理

截止到 2011 年年底，中国石化已累计申请专利 23031 件，其中向境外累计申请专利 1787 件；累计获得专利授权 11939 件，其中累计获得境外专利授权 804 件❷，并围绕炼油和化工领域的核心技术，如催化裂化技术，形成了严密的专利网或专利家族。

重视知识产权的创造，重视原始创新，加强基础研究和应用基础研究，在跟踪中实现超越，中石化认真研究各个领域的专利的现状和竞争态势，制定相应的专利战略，规避他人的保护范围，并达到和超越别人的技术水平。

中石化也是通过引进、消化、吸收再创新的专利来实现公司专利的创造和保护。公司也用集成创新的方法，形成了一批具有自主知识产权并可自有运作的成套机制，比如说百万吨乙烯和千万吨炼油的发明技术。2006 年中石化建成了海南 800 万吨炼油厂，13 套主要技术当中只有 1 套是引进的，其他全部由中石化自有运作。2008 年 4 月，全部采用中国石化技术在青岛的 1000 万吨炼油也顺利开工。

中石化其他在石油化工方面的聚丙烯的技术，也形成了很好的知识产权。在清洁燃料方面，如汽油、柴油，中石化有 5000 多件专利来保证清洁燃料的生产。中石化在专利方面，也不是封闭的，公司采取了专利共享或者交叉许可，或者是购买专利等方法，加大与国内外大公司和研究机构的合作。

中石化将继续加强人才培养和制度建设。目前，公司正在研究制定企业知识产权战略，将对每个核心领域竞争力的提高、人才的培养、管理制度的制定等提出详细的指导意见，具有实实在在的应用价值❸。

---

❶ 裴宏. 中石化：独具特色的专利管理体系 [N]. 2010-05-05 (5).
❷ http://www.sinopecgroup.com/kjcx/Pages/suohuozhunali2012.aspx.
❸ 杨元一. 中石化集团：产权集中，两极管理 [Z]. http://ip.people.com.cn/GB/141383/152256/9193130.html，2009-04-24.

11.3 私营大型企业专利管理

11.3.1 联想专利管理

1. 联想专利管理的组织架构

随着公司国际业务的拓展,联想发现公司在专利领域面临的威胁越来越大,对此集团高层非常重视。2000年时,联想成立了技术发展部对专利进行统一管理,这一举措使公司的专利工作纳入正轨,专利数量大幅上升,一年内达到300多项。而从2001年以来,联想的专利思维更加明确,为了确保专利战略的实施,集团在产品链管理部设立了专利信息中心,全面负责公司的专利信息检索、专利申请、维护及侵权案件的分析处理,并在全公司范围内策划实施专利知识的普及培训。

这一中心成立之后,联想集团内部从立项到研发,从产品化到量产制造阶段,建立了一套矩阵式专利管理系统。在整个流程中,公司都配备了相关级别的专利人员进行相应的专利规划、挖掘、完善和申报工作。项目经理也变成了专利开发链条的一员,必须通过集团的专利资格认证,才能担任这一职责。有了这样的专利管理结构,联想公司慢慢形成了自己的专利网络布置,增强了对专利战的反方措施[1]。

2. 联想专利管理的规章制度

(1) 保密制度

联想集团的条法部制定了《联想集团公司知识产权保密协议》。协议共8条,对职务开发结果的具体内容,商业秘密的定义和类型以及员工在知识产权领域的权利和义务作了明确规定。如员工自己作出的所有职务开发结果应立即向公司报告;非职务开发结果如果与公司业务密切相关,或是在公司职务开发结果基础上形成的,则应以适当价格转让给公司;在聘用期间和聘用终止后,不泄露、不使用商业秘密;在受聘期间,不得向企业竞争对手提供咨询性、顾问性服务或受其聘用等。

联想集团条法部总经理唐旭东介绍说,与职工签订知识产权保密协议只是1997年年底刚刚出台的《联想集团知识产权管理办法》中的一个组成部分。与

---

[1] 王晋刚. 联想 "农村包围城市" [Z]. http://www.sipo.gov.cn/sipo/ztxx/zscqbft/zgqyyipzl/200605/t20060531_101427.htm, 2005-07-27.

保密协议配套，还有技术成果报告书、计算机软件创作报告书、新产品知识产权状态报告书等，用来对企业新产生专利、技术成果等进行过程监控❶。

（1）职务发明奖酬制度

联想的技术创新活力来自于一批年轻的技术骨干及两千余名基础研发人员。2002年年底，技术人员已经占到联想管理人员比例的28%，并且该比例还在逐年攀升。

联想在引进和使用人才方面，推出了一套特别的技术晋升体系。它改变了以往公司员工进取提升只有行政职务"独木桥"可过的局面，开辟了技术人员的职业发展通道，从制度上保障了技术人员应获得的名誉与待遇。这一体系包括研发、工程、技术支持三个序列，三个序列都共同分成从技术员、工程师至副总工程师的8个等级。每一序列的每一级都制定了公开的评价标准，与待遇挂钩。到现在，评审工作已进行过两次，1800多名技术人员被评上相应等级。

到联想工作至今不过两年的祝永进，在短短一年多的时间里就创造了十几项的职务发明，仅发明专利申请他个人就拥有7项，按技术晋升体系，联想迅速将其破格晋升为资深工程师❷。

（2）大型企业专利管理办法

在研发过程中，联想集团实施了严格的知识产权管理制度。比如做规划时要提出专利指标，立项时要进行专利检索，项目推进过程中要适时进行专利追踪，专利代理律师要及时介入，不允许任何有价值的创新成果错失法律保护等❸。

联想近年来为了顺利开展知识产权保护，逐步制定和完善企业的知识产权战略，下决心从制度管理的层面有效保护企业的各项知识产权，逐步制定和完善了企业内部制定、废止、修改、执行有关知识产权的各项内部规章制度。具体来说是指"一个制度和五个办法"，包括《联想集团知识产权总体管理制度》《联想集团专利管理办法》《联想集团计算机软件管理办法》《联想集团商业秘密管理办法》等❹。

3. 联想专利投资管理

如果每一项科技成果都要由企业亲力完成，生产成本会过于高昂且容易因开发周期过长而错过产品上市的黄金时机。在这种情况下，支付专利实施许可费购买他人的专利和商标则不失为一条较为便捷的途径。联想对IBM的PC业务实施

---

❶ 王政. 联想集团保护知识产权有新招［J］. 中国科技月报，1998（1）：40.
❷ 肖黎明. 联想的全球化路径与知识产权战略［J］. 法人杂志，2008（1）：60-64.
❸ 王晋刚. 联想"农村包围城市"［Z］. http://www.sipo.gov.cn/sipo/ztxx/zscqbft/zgqyyipzl/200605/t20060531_101427.htm，2005-07-27.
❹ 肖黎明. 联想的全球化路径与知识产权战略［J］. 法人杂志，2008（1）：60-64.

的并购主要就是为了获得 IBM 的品牌以及 IBM 的笔记本核心技术。通过并购，联想不仅拥有了一支 2000 多人的高素质研发队伍，获得了国际上最先进的 PC 研发技术，而且拥有了 5000 多件专利，从而在短时间内为企业自身积累了丰厚的创新资源❶。

4．专利管理的工作流程

（1）专利开发

在研发阶段，联想集团现在运行的二级技术创新体系，有力地支持了技术转化工作，使之变得较为顺畅。公司级的联想研究院、软件设计中心和工业设计中心三个公司级的创新平台构成了第一个平台，研发的着眼点是盯着那些能为企业的未来发展起到关键作用、并能为企业带来持续价值的技术，研究的是未来两三年的技术；而事业部级的研发机构是第二级研究平台，完成相关技术成果的应用化、产品化工作，研究的是一年内的技术。两级研发，可以将公司的远期专利战略和短期专利战略集合起来，实现技术与市场的互动❷。

联想通过多年来的摸索和积累，针对自主研发、技术创新规划的制定过程已经形成了一个较为完善、成熟的体系。其通过组织公司内部各研发及创新单元全体参与，联想学术委员会的业界权威专家及院士成员等外脑智力的输入，及公司级研发决策委员会的决策，制定了支持核心业务、突破战略业务及未来研发积累的三条技术创新主线。

目前，联想已经建立了以中国北京、日本东京和美国罗利三大研发基地为支点的全球研发架构，1800 多名极富创新精神的世界级工程师、科学家和科研精英组建起以中、美、日三地为核心的全球一体化研发团队。他们与各业务部门建立了紧密协同、高效创新的链接机制，全力打造创新技术，满足极具挑战的客户需求。

联想为技术创新建立了世界一流的、24 小时不间歇的全球研发运作体系，这其中包括与 Intel 联合的未来技术中心，与微软、英特尔、蓝戴斯克、IBM、赛门铁克五家厂商联合创立的联想技术创新中心、EMC 实验室、可靠性实验室、破坏性实验室、音响效果实验室、主板 4CORNOR 测试实验室等遍布全球的 46 个实验室。在中国大陆，联想还拥有北京、深圳、上海和成都四大研发机构。在美国北卡三角科技园和中国北京，联想还设立了业内独一无二的创新中心，向客户、商业合作伙伴、系统集成商和独立软件开发商提供新型个人计算协同方案，

---

❶ 肖黎明．联想的全球化路径与知识产权战略 [J]．法人杂志，2008（1）：60-64．
❷ 王晋刚．联想"农村包围城市" [Z]．http：//www.sipo.gov.cn/sipo/ztxx/zscqbft/zgqyyipzl/200605/t20060531_101427.htm，2005-07-27．

以迎接当前严峻的客户端 IT 挑战，创建了一个为客户和开发人员协同解决当今 IT 行业最严峻挑战的平台。凭借全球研发实力，联想的创新更加贴合 IT 发展的最前沿❶。

（2）专利保护

联想作为中国 IT 行业的领军企业，已经通过与行业间上下游企业的合作，全面实施知识产权保护。自 2005 年 11 月份起，联想发起了"联想电脑预装增值软件计划"，在微软、用友、金山等公司的配合下，联想在中国市场上销售的电脑产品开始大批量预装 Windows 操作系统，以及金山、用友和联想自主研发的多种创新增值软件。2006 年 4 月 18 日，联想与微软签订正版操作系统授权使用协议，涉及金额超过 10 亿美元，是中国有史以来最大的一笔知识产权使用合同。这一举措开辟了一条堵塞盗版、保护知识产权的有效途径，计划实施后短短两个月时间里，联想配套销售了 60 万套微软操作系统，比例由之前的不到 10％一跃为 65％。同时，联想全球对微软的采购额更将高达约 100 亿元❷。

5．联想专利管理的信息系统

企业建立竞争情报系统还有一项重要的功能是战略反馈。也就是说，对已经搜集到的情报、决策和执行过程进行事后反思。

柳传志多次谈到将"复盘"作为联想的核心方法论，并认为"复盘"是联想取得成功的重要因素。所谓复盘，就像下围棋或象棋之后，无论输赢都要重摆一遍的方法。联想之所以这样做，是为了搞清楚在企业整个行动过程中，导致成功或失败的真正原因是什么，是由于幸运，还是因为自身能力？复盘会让你发现很多事情夹杂着偶然因素，下次再这样操作未必行得通，也就是要发现真正具有规律性的东西。

在联想控股，复盘工作包括三个环节：第一，要不断检验和校正目标是否正确；第二，在每一个小的里程碑节点中，检验当初决定的正确与否和执行情况；第三，在过程中总结规律。

在联想文化中，复盘有一套规范的流程。公司成立了一个复盘项目小组，根据公司的项目前后梳理；复盘一开始就有详细的文档，小组会根据所有项目的历史情况、现在的结果以及小组对事情的反思和总结写出复盘报告。在十年时间里，联想已经总结出复盘文档达 240 多个。

复盘的价值主要体现在四个方面：①找到假设中对因果关系的认知偏差、决策失误和行动缺陷，发现问题并改变行为。在竞争情报工作中，复盘有助于确认

---

❶ 肖黎明. 联想的全球化路径与知识产权战略 [J]. 法人杂志, 2008（1）: 60-64.
❷ 肖黎明. 联想的全球化路径与知识产权战略 [J]. 法人杂志, 2008（1）: 60-64.

情报的哪些来源是更准确和更真实的，它对鉴别不同情报的价值是非常重要的工具；②复盘过程是行动的直接参与者发现问题、分析问题与解决问题的过程，由亲自参与实践的人提出关键性的建议，并让参与复盘的人们把经验教训带回到实践中，知识转移的距离最短，效率更高；③在单一情景下所获得的经验或教训并不一定正确，复盘可以不断修正或减小在认知和行动中的错误，在知识与行动者之间高度关联；④组织之间阅历的分享，复盘把失败或试错当做最有价值的老师，避免类似的错误重犯。虽然复盘是一种"秋后算账"，但它有利于竞争情报系统的调节、修正和改进，尤其是情报人员纠错意识的强化。❶

6. 联想专利战略管理

联想的总体发展战略可以总结为：柳传志的"贸-工-技"，用他的话来表达是："我们后发展的国家，要利用手中的市场优势。你想卖产品吗？我帮你卖；我这里劳动力成本低，可以加工；然后我再学技术，从实用技术到自主开发，这样就过来了，我们的技术也是最符合市场的了，不会无的放矢。"

在1999年之前，联想手中只拥有过时的技术，如最早的联想汉卡，还有主板无跳线技术等，1996年时这个中国IT界的大哥大只有一件专利，是一个十足的专利贫乏的"高科技企业"。更重要的是，在"技、工"压倒一切的环境下，联想的创新能力受到抑制，在电脑"组装"和销售之外的产品领域屡屡碰壁。从这个意义上说，联想要做的更多是补课的工作。

以1999年联想研究院的成立为标志，联想集团开始了"技"的努力。开始积累科技研发人才，进行技术研究。联想集团采取的是中国革命式的"农村包围城市"的专利战略，从外围研发做起，逐步逼近中心技术。现在，联想集团已开始走上系统化创新道路，在高性能服务器、无线通信产品、信息安全技术、大型跨平台的软件中间件、嵌入式系统技术等领域有所突破，这正应了杨元庆的一句话："你们可以质疑我们的能力，你们可以质疑联想的技术，但是，你们绝不能怀疑联想追求技术的决心。"在全体员工的努力下，这两年联想的专利申请不仅数量直线急升，而且质量也有很大提高。技术含量较高的发明专利在2000年前只有屈指可数的两项，到2000年就增至十几项，2001年变为58项。对部分项目，联想正在申请国外专利。

2002年4月1日至2003年3月31日一年时间内，联想集团共申请国家专利572件，其中发明专利占到50%以上，被国家知识产权局授予全国企业技术创新和拥有知识产权最多的企业，并初步形成具有自主知识产权的核心技术体系。

---

❶ 海尔、华为、联想和比亚迪的专利情报工作体系（资料来自论坛，无法获得详细参考文献的详细资料）。

联想总裁柳传志有一个非常明确的指导思想，即一个企业研发的真正价值在于其能否将技术与发明不断运用于产品，这也是"贸-工-技"原则的延伸和发展。

联想研发者的眼光最长不超过未来的两三年，这是不发达国家的企业的一种最稳妥的专利发展战略。在技术积累薄弱和研发资金紧张的条件下，企业研发的目的不能只是为技术而技术，技术优势要能很快转化为产品优势，要能很快在市场上赚钱，为下一轮的技术研发与产品提升提供资金。

联想研究院的定位是以市场需求为导向，以研发应用型科技为主，同时致力于拥有高层次的代表计算机发展水准的研究成果。"三年来我们做的全是小规模的项目，打小仗，目的是树立信心，做出成绩逐步推动文化氛围的建设。直到今天，我才敢跟员工说可以做中期的项目，但目前还不敢做长期的项目。三五年的技术我们还看不到"。

11.3.2 华为专利管理

1. 华为专利管理的组织架构

华为于1995年成立了知识产权部。在企业的科研、生产和经营活动中，由知识产权部门负责企业的专利申请、开发、转让、诉讼、保护。华为不仅设立了知识产权领导小组，负责整个公司知识产权战略的决策和推动，还采用集中管理和分散管理有机结合的方式来管理公司的知识产权事务。目前，华为公司已经基本形成了由公司总部知识产权部和分公司知识产权部组成的专利工作网。即在公司总部的直接领导下，与公司科技开发部相结合，负责全公司的专利管理工作。公司在组织机构设置上对与专利管理有关的部门管理职责做了明确规定。由于组织机构健全，管理职责明确，公司有关专利管理的沟通渠道畅通❶。

2. 华为专利管理的人力资源

（1）专利管理人员的培训与开发

华为的所有新员工在上岗之前的公司文化培训中，一个重要的内容就是知识产权保护培训；同时还在各个业务部门进行扫荡培训，普及专利知识；在具体的工作中，还对特别目的的需求，有针对性地进行重点培训，使员工在研发工作中时刻注意到有关知识产权问题，避免专利侵权、及时申请专利保护❷。

（2）专利管理人员的绩效与奖酬

华为公司采用的激励手段主要分为为组织权力和经济利益两种。组织权力指

---

❶ 资料来自论坛《华为创新与知识产权工作经验》，无法获取详细参考文献资料。
❷ 同上。

的是提供给个人的机会与组织中的权力，经济利益包括：工资、奖金、福利和股权。由于组织中的职位是有限的，所以激励的手段更多的还是依靠工资、奖金和股权。

1997年开始，华为公司就与国际著名管理顾问公司美国的Hay公司合作，建立起了以职位体系为基础、以绩效与薪酬体系为核心的现代人力资源管理制度，其中包括了任职资格体系、职级架构、薪酬体系、员工素质模型，加强了人力资源的开发[1]。

3. 华为专利管理的规章制度

（1）职务发明奖励制度

对于研发人员，华为更注重进行长效激励，具体的激励措施有：

①全员持股：华为的全员持股实质是内部股，是根据能力、贡献、潜力分配给员工的数量不等的股票，由员工出钱或贷款购买。这种开中国企业内部管理先河的内部股份最大的优势就是其在华为资金紧张的时候成为公司最关键、最可靠的资金链；而员工在公司形势大好的情况下兑现的分红也是相当丰厚的，从而把企业利益和个人利益很好地结合起来形成利益共同体。由于股权的数量是随着工作年限以及工作成绩的累加，这样充分调动了员工的工作积极性，又增强了员工的主人翁精神，实现了双赢局面。当年相当一部分大学毕业生在最初选择去向时放弃中国移动、摩托罗拉等知名企业的很大一个原因就是冲着在同行业中久负盛名的华为丰厚的股权。华为的全员持股制度将全体员工纳入了一个共同事业体之中，每个人的创造力和责任心都得到了充分的调动，从而保证了企业在强手如林的市场上始终保持了旺盛的竞争力。现在华为以期权的方式替代股权，让骨干员工都成为企业的虚拟股东，在基本维持原始股东地位的同时，实现了知识的资本化，从而极大地调动起了员工的积极性和创造性。

②年终奖金：在华为的薪酬体系里，奖金的数量占到了所有报酬的近1/4，公司在每年7、8月份都会有一个规模非常宏大的"发红包"活动，这份"红包"的大小是根据员工的贡献、表现、职务等进行分发股票和奖金。而作为公司核心技术的研发系统，员工领到的"红包"当然也比别的部门要高。

③丰厚的福利待遇：华为的福利待遇是基于员工真正想从福利获得什么为出发点的，除了保障经济层面的各类保险、交通补贴、出差补贴、外派补贴及其他津贴外，还保证了非经济层面的优美工作环境、健全的生活娱乐设施等。构建针对研发人员的全方位激励机制为核心的激励支持系统是以人力资源管理为核心构

---

[1] 闫承国. 华为公司的知识产权战略研究［D］. 哈尔滨：哈尔滨工程大学硕士学位论文，2009.

建的全方位激励机制，是内部营销人本思想的根本要求。首先，针对研发人员的内部营销活动的核心就在于对研发人员的重视，重视他们的满意度和工作的积极性、主动性，体现这种重视需要激励系统的支持。其次，研发人员自动自发的服务意识、以顾客为中心的意识以及这种意识与行动的结合，都需要研发人员付出额外的努力，做出一定的牺牲。因此，为维持研发人员高水平的研发能力，相应的激励就显得格外重要。最后，研发人员的特点决定了他们崇尚自由，爱好广泛，有强烈的主动学习和创新意愿，强烈需要得到组织和社会的认可和尊重，不喜欢被管制❶。

（2）大型企业专利管理办法

在华为的知识产权制度体系中，包含两个层面的内容。一个是公司级制度，这类制度用于规范公司内所有员工的活动，并保证知识产权业务在全公司范围的发展；一个是业务级规范，主要针对具体业务进行实体和程序上的规范化，保障每一项业务在整体上有序发展。

为了规范专利管理工作，促进企业的技术创新、形成企业自主知识产权，华为公司制定了专门的《专利管理办法》，同时，为了保证专利的顺利获得，华为为员工编发了《国内专利申请流程》《国外专利申请流程》《专利国外申请指导》《专利分析流程》《专利分析指南》等资料，下发了《专利申请加快处理需求管理规定》等文件。

多年以来，华为为了保护自己的知识产权，投入了大量人力和物力，除了要求每名员工都与公司签订保密条款外，还有其他多种保密措施。比如说，华为很早就实行了电脑操作分级别管理，员工根据职位和职责范围，享有不同的权限，下级是不可能看到上级电脑资料的；在技术开发领域，实行高度分工，每一项技术研发都由很多人分步完成，每一名参与的技术人员都只能接触到本人所负责的那一块，无法完整掌握核心技术❷。

4. **华为专利管理的工作流程**

（1）专利开发

华为在1999年年初，与IBM咨询公司合作，全面采用世界领先企业的产品开发理念，建立了科学高效的集成产品开发流程（IPD），IPD主要是适用于研发管理，华为从项目形成到最终研发都严格按照该管理系统进行，以提高研发效率。

IPD是关于产品开发（从产品概念产生到产品发布的全过程）的一种理念和

---

❶ 孔飞燕．华为公司研发人员管理模式研究［D］．兰州：兰州大学硕士学位论文，2009．
❷ 闫承国．华为公司的知识产权战略研究［D］．哈尔滨：哈尔滨工程大学硕士学位论文，2009．

方法，它强调以市场和客户需求作为产品开发的驱动力，在产品设计中构建产品质量、成本、可制造性和可服务性等方面的优势。更为重要的是，IPD将产品开发作为一项投资进行管理。在产品开发的每一个重要阶段，都从商业的角度而不只是从技术的角度进行评估，以确保产品投资回报的实现或尽可能减少投资失败所造成的损失。

华为的CDMA开发进程严格按照IPD的计划进行，这使得华为CDMAIX产品的开发、测试、生产和市场发布都有条不紊、不急不躁，确保了华为的CDMAIX系统一经推出就达到了可规模商用化的水平。据不完全统计，IPD使华为整体的研发成本降低了40%。

IPD也带来了研发人员激励方式的改变。在高人力密度研发时期，基层研发人员实行统一工资制。IPD研发体系要求高度信息沟通，并对项目开发进程做详细记录。研发体系变革后，基础研发人员的个人薪金完全与项目小组的研发成果和个人贡献挂钩，中层研发经理的薪金则按项目研发制度和客户满意度进行考评。IPD的实施使华为的创新成果更快、更高质量地转化为经得起市场考验的产品，这也是最近一两年来华为的技术实力和产品地位迅速提升的一个主要因素[1]。

现在华为的年研发投入已逾40亿元人民币。华为的研究所现在覆盖全球，除了北京、深圳、上海、南京、西安、成都的六大国内研究所外，华为还在海外设立了五家研究所，分处美国硅谷、美国达拉斯、瑞典、印度和俄罗斯。其中深圳总部的中央软件部和上海、印度、南京研究所都已经达到经KPMG（毕马威）认证的CMM五级软件管理标准。目前，业内所公认的是，华为在其所涉及的3G领域已经达到了国际先进水平，甚至某些技术，如R4软交换技术等，已经处于全球领先的地位。

华为每年都拿出不少于收入的10%投入到新技术研发中，才使得自己的技术和专利每年以100%的速度增长。但是华为的研发不是盲目地追求创新和高技术含量，而是秉承"满足客户需求"的宗旨。因为它们知道现在的新技术不断问世已大大超越了人类的现实需求。超前的技术，当然是人类的瑰宝，但不易为人们接受的超前技术是要付出大量成本的，有时会导致公司破产。所以华为的研发战略是以市场驱动而非技术驱动，强调以新的技术手段实现客户需求。产品研发活动是一个跨部门的团队运作，任何产品一经立项就成立由市场、开发、服务、制造、财务、采购、质量等人员组成的团队，对产品整个开发过程进行管理和决策，确保产品一推到市场就满足客户需要，通过服务、制造、财务、采购等

---

[1] 闫承国. 华为公司的知识产权战略研究 [D]. 哈尔滨：哈尔滨工程大学硕士学位论文，2009.

流程后端部门的提前加入，在产品设计阶段，就充分考虑和体现可安装、可维护、可制造的需求，以及成本和投资回报。适应市场，而不是单纯的就技术而论技术；鼓励创新，而不搞盲目出新，这就是华为自主创新的成功之路[1]。

(2) 专利申请

2011年华为累计申请中国专利36,344件，国际PCT申请10,650件，外国专利10,978件，共获得专利授权23,522件，其中90%以上为发明型专利[2]。公司知识产权部对开发流程进行全程监控，随时掌握项目进展情况，督促开发人员及时将创新技术申请专利，同时加强专利文献的分析和利用。知识产权部介入到预研和产品项目的各个结构化评审点，项目组在项目的概念、计划阶段提交知识产权可行性分析报告，包括专利文献的分析和利用、专利申请的计划、对外合作中的知识产权归属等问题，由知识产权部进行评审；这一阶段明确了专利主题和责任人，在项目的开发过程中，业务部的总体组和知识产权部的负责人进行完成情况的监控，在市场发布评审点主要对专利申请的完成情况进行检验。如果由于没有进行专利分析而没有及时申请专利，给公司造成损失的，将追究直接负责人的责任。同时，在团队的绩效考核中纳入专利申请考核这一指标，使部门的主管、领导更加重视专利工作，申请专利不只是个人可以得到奖励，也关系到整个团队的荣辱[3]。

(3) 专利运用

华为在国内外先后成立了多家合资公司，许多是和国外的企业进行合资，例如3COM、西门子，以及最近的华为和赛门特克成立的华赛。能够与世界一流的公司成立合资公司，并且以技术入股，专利发挥了重要的作用。

(4) 专利保护

在华为，即使是核心员工流失，也随时可以用知识产权这张严密的网络保护其在各个领域的技术权利，并在这个基础上逐步推进。华为将知识产权战略渗透到各种内部制度，使员工无论职位高低，其参与和形成的知识产权变成华为公司内部的"公有权利"，相应地，任何一个员工，无论职位高低，都没有理由，也没有能力带走哪怕是华为"弃而不用"的或者是过时的"公有权利"。所以，华为用知识产权管理制度构筑了坚实的内部防御体系。

5. 华为专利管理的信息系统

华为技术有限公司不仅重视专利信息的收集与管理，更重视专利信息的分析与

---

[1] 熊熊．华为每年投40亿搞研发，已有全球8000多项专利 [Z]．http://tech.sina.com.cn/t/2005-09-22/0955726551.shtml, 2005-09-22.
[2] http://www.huawei.com/ucmf/groups/public/documents/annual_report/hw_126989.pdf.
[3] 资料来自论坛《华为创新与知识产权工作经验》，无法获取详细参考文献资料。

某一技术领域的所有专利文献，采用定量分析和定性分析相结合的方法，既考察专利文献的法律信息如申请日、公告日、授权日、申请人等，又研究专利文献的技术内容，对于主要的核心专利，往往还要研究其具体的技术细节及技术发展趋势，如专利申请量随时间的变化、不同领域的专利分布等。从而了解主要厂商在该领域内的发展历程、发展现状以及最新进展，为本公司的决策提供科学依据。

华为公司建立了专利数据库，知识产权部有专门的检索人员，为研发、市场部门提出的情报需求提供检索服务，为他们提供最快、最全面的情报信息服务。同时为了广大的员工可以更方便、快捷地检索专利，公司已经开发建设了自己的专利检索平台，这样员工可以随时查找到所需的国内、外专利文献。

在专利分析方面，公司所有新项目的开发，事先都必须进行专利文献检索，以提高研究开发起点，缩短开发时间，并根据分析结果确定总体技术方案，充分借鉴别人的专利文献的同时，避免专利侵权；在公司项目合作谈判涉及专利问题时，都会对对方的专利进行检索，确定其申请数量、法律状态、技术参考价值等，防止欺诈；在公司产品进入海外市场之前，将相关国家的法律制度、相关专利申请情况等信息进行检索、分析，确定海外专利申请策略。

专利信息从以下几个方面为本公司的研究开发和策略制定决策的依据：根据专利申请量（专利申请总量或年度申请量）随时间的变化情况，分析该技术的发展史、发展总趋势和现在所处阶段（技术成熟度），根据各产品或分技术领域的专利申请量预测新技术的发展方向和市场趋势，为公司发展策略的制定提供参考。从各厂商在不同分领域，不同技术路线上的专利量分析出该厂商的技术策略。从对关键技术问题进行专利分析，找出不同的技术路线和技术解决方案。

对中国专利的特别分析，找出可能与之冲突的专利进行分析，提出规避、无效、撤销专利权的意见，防止侵犯他人专利权。通过相关专利技术的分析比较来确定技术保护策略，或分析技术的专利性。检索分析技术贸易中涉及的专利技术的法律状况和可行性利用，防止欺诈。对各国的专利申请和授权情况进行分析，确定产品的市场范围。

在华为，专利文献的检索和分析，已经贯穿于公司产品的研究开发、市场销售、投资合作等的全过程，对公司的决策方向起了至关重要的作用❶。

6. 华为专利战略管理

（1）华为专利战略的制定和实施

在华为，知识产权战略是与公司总体战略密不可分的组成部分，非常具体而

---

❶ 资料来自论坛《华为创新与知识产权工作经验》，无法获取详细参考文献资料。

切合实际。华为坚持顾客价值观的演变引导产品方向；在自主研发的基础上进行广泛的开放合作；保证按销售金额的10％拨付研发经费，必要时还加大拨付比例。公司建立了完善的知识产权战略规划和制度，成立了由各产品线的最高领导组成的知识产权管理办公室，负责公司重大知识产权决策，包括制定和实施公司知识产权总体战略，并设立了专门的知识产权部，服务于全公司4万多名研发人员。

在知识产权战略实施过程中，研发、市场、知识产权部紧密配合，研发在立项时就预先进行知识产权风险分析，市场随时在一线反馈回知识产权问题，知识产权部对产品是否落入专利的保护范围给出法律指导意见，通力合作，寻求有效的知识产权解决方案，发挥知识产权对公司业务的牵引和支持作用。

华为注重通过多种途径获得知识产权，公司应首先重视自己进行技术研究开发，获得原始性创新成果；其次，通过合资合作，与友商构成知识产权战略联盟；还通过收购某些国外小型公司获得先进的专利技术等。

在知识产权保护的具体策略上，华为坚持不仅要将创新性强、有市场前景的技术，前瞻性地尽早完成知识产权保护，还注重对技术合作、委托开发过程中产生的创新技术进行保护。

华为清醒地认识到，在技术上需要韬光养晦，必须承认国际厂商在技术上的领先性。由于市场的开放、技术标准的开放与透明，在技术领域关键专利的分散化，为交叉许可专利奠定了基础，使相互授权使用对方的专利将更加普遍化。

技术的突破不可能一蹴而就，基本专利的成长过程十分漫长而艰难，因此华为强调要耐得住寂寞、甘于平淡。华为一直倡导并建立了相应的机制，坚定地走出去，积极融入国际性行业组织中，广泛地与业界同道交流、合作、协调，特别是积极参与到行业论坛以及行业标准开发组织中，共同致力于行业的成长和发展。

（2）华为专利进攻战略

国内制造业和国际同行相比的重大差异在于，国际领域已经形成了巨大的知识产权壁垒。如果没有大量专利做后盾，华为便不可能进入欧洲、北美等发达国家的市场。通信领域技术复杂多样，需要采用共同的技术标准才能实现产品互联互通，一个企业不可能独占全面技术，只有"你中有我，我中有你"，这样才能获得商业成功。华为不仅申请了大量国内外专利，还参加了国际电信联盟（ITU）、第三代合作伙伴计划（3GPP）等91个国际标准组织，积极参与国际标准的制定，仅2008年就提交了4100多件提案。强大的知识产权为华为进入欧洲、美国、日本等发达国家和地区铺平了道路。

华为在知识产权方面投入巨大，也得到了非常可观的回报。几年来，华为在与爱默生、3COM、赛门铁克等国际一流公司的合资合作过程中，知识产权发挥了很大的作用。华为的很多项目，都是以知识产权为根本，如"移动通信分布式基站项目"就申请专利22件，成功地在全球20多个国家和地区应用，实现了大量的利润和税收。如今，华为公司已经与国际主要知名电信营运商结成了战略伙伴关系，在知识产权领域的进步是华为提升其竞争力的基础❶。

(3) 华为专利防御战略

2003年1月22日，全球最大网络通讯设备厂商思科系统公司（Cisco Systems Networking Technology Co. Ltd）向美国德州东区马歇尔辖区法院起诉，指控华为技术有限公司及其在美国的两家全资子公司 Huawei America. Inc 与 Future Wei Technologies. Inc 侵犯了思科拥有的知识产权。起诉主要集中在以下几条：①抄袭思科 IOS 源代码；②抄袭思科技术文档；③抄袭思科公司"命令行接口"；④侵犯思科在路由协议方面至少5项专利，同时还侵犯了思科的商业秘密、商标权等。请求法院颁布临时和永久禁令，并判令华为赔偿损失。证据也浩浩荡荡，罗列了整整86页。而且还有一名华为的前雇员出庭作证：华为抄袭思科，连瑕疵都一样。

2003年1月24日，华为公司即做出回应，称自己一贯尊重他人知识产权，注意保护自己的知识产权；同时积极采取对策应对诉讼。当时的策略是边打边撤，尽快停止了涉嫌侵权的路由器在美国市场的销售，停止其他使用同样软件代码的产品销售，减少侵权损害，以期减少可能在未来发生的天价的侵权赔偿额。同时，华为加快了与3COM的联合。2003年3月，总部设在香港的"华为-3COM公司"初步设立。3COM公司的CEO立即站出来为华为作证，指出："3COM公司将在美国用自己的品牌名称来转销'华为-3COM公司'（由华为公司提供）的某些企业级网络交换机和路由器。3COM公司有900多项美国专利及950多项在美国申请待发的专利。3COM公司以自己的声誉、创新的传统，及对知识产权的无比尊重作为对合资公司及我们将以自己品牌销售的产品支持的后盾。在上述提到的事件中，思科正在寻求广泛的初步禁止令，它将禁止华为及任何与之合作的实体销售 Quidway 路由器系列产品、VRP 操作系统和任何使用 VRP 操作系统的路由器或交换机。本人相信这样的禁止令将对3COM公司和合资企业造成严重的困境，因为它将禁止销售全系列的产品，而完全没有考虑这些产品是否侵犯了思科的任何知识产权。"

2003年10月，思科与华为达成一个初步协议，同意引入独立第三方进行技

---

❶ 王伦强. 华为公司知识产权战略的启示 [J]. 观察家, 2011 (11): 68-71.

术审核，并在完成审核之前中止诉讼，暂停6个月。2004年4月6日，思科向美地方法院提交申请，请求法院继续延期审理该公司同华为的专利纠纷6个月。

3个月后，诉讼的三方达成和解协议，华为已经同意修改其命令行界面、用户手册、帮助界面和部分源代码，以消除思科公司的疑虑。在此诉讼案宣告结束之前，中立第三方已经审核了该诉讼所涉及的华为公司存在问题的产品，华为同意停止销售诉讼中所提及的产品；并且华为同意在全球范围内只销售经过修改后的新产品；将其相关产品提交给一个中立的第三方专家进行审核，并向美国德州东区法院马歇尔分院提交了终止诉讼的申请。在这一诉讼中，华为成功而灵活地运用了专利诉讼防御战略，使自己的损失降到了最低限度，同时从另一个角度来看，这个事件使更多的人认识了华为，提高了华为的国际知名度❶。

---

❶ 李霞．"思科"斗"华为"的启示［J］．国际市场，2003（5）：50-51.